"수능1등급 을 결정짓는
고난도 유형 대비서 "

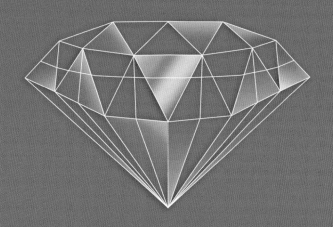

HIGH-END
수능 하이엔드

지은이

NE능률 수학교육연구소
NE능률 수학교육연구소는 혁신적이며 효율적인 수학 교재를 개발하고
수학 학습의 질을 한 단계 높이고자 노력하는 NE능률의 연구 조직입니다.

권백일 양정고등학교 교사
김용환 오금고등학교 교사
최종민 중동고등학교 교사
이경진 중동고등학교 교사
박현수 현대고등학교 교사

수능 고난도 상위 5문항 정복

HIGH-END
수능 하이엔드

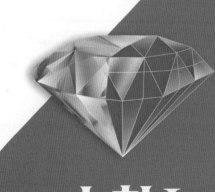

수학 I

Structure

▌기출에서 뽑은 실전 개념

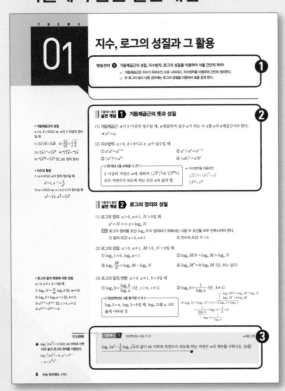

▌1등급 완성 3단계 문제 연습

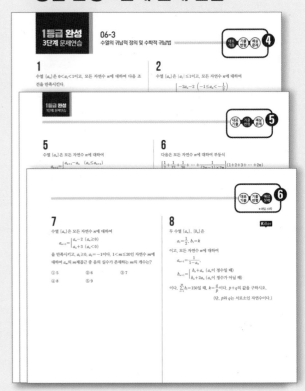

❶ 주제별 해결 전략

오답률에 근거하여 빈출 고난도 주제를 선별하였고, 해당 주제의 문제를 풀 때 반드시 기억하고 있어야 할 문제 해결 전략을 제시하였습니다.

❷ 기출에서 뽑은 실전 개념

개념이나 공식의 단순 나열이 아니라 문제 풀이에서 실제적으로 자주 이용되는 실전 개념을 뽑아 정리하였습니다. 또한, 해당 개념이 적용된 기출을 발췌하여 제시함으로써 이해를 도왔습니다.

❸ 기출 예시

실전 개념을 적용할 수 있는 기출 문제를 제시하였습니다.

❹ 대표 기출

해당 주제의 수능, 모평, 학평 기출 문제 중에서 반드시 풀어야 할 고난도 문제를 엄선하여 실었습니다.

❺ 기출 변형

오답률이 높은 기출 문항 중 우수 문항을 변형하여 수록하였습니다. 개념의 확장, 조건의 변형 등을 통해 기출 문제를 좀 더 철저히 이해하고 비슷한 유형이 출제되는 경우에 대비할 수 있습니다.

❻ 예상 문제

신경향 문제나 출제가 기대되는 문제는 예상 문제로 수록하였습니다. 각 주제에서 1등급을 결정짓는 최고난도 문제는 KILLER로 제시하였습니다.

- 최근 10개년 **오답률 상위 5순위 문항**을 분석, 자주 출제되는 **고난도 유형 선별!**
- 주제별 최적화된 전략 및 기출에 기반한 **실전 개념 제시!**
- 대표 기출 – 기출 변형 – 예상 문제의 **3단계 문제 훈련**을 통한 고난도 유형 완전 정복!

▶ 고난도 미니 모의고사

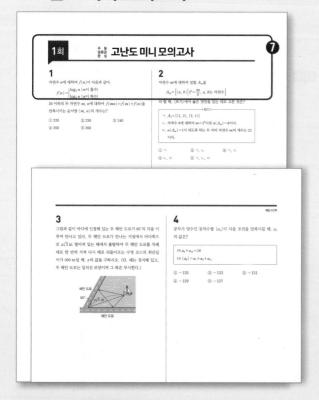

▶ 전략이 있는 명쾌한 해설

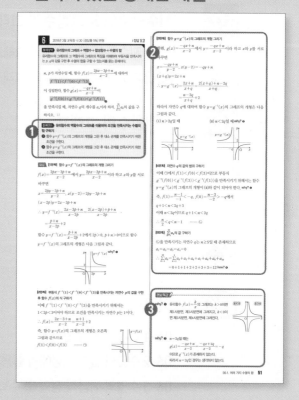

❼ 고난도 미니 모의고사
수능, 모평, 학평 기출 및 그 변형 문제와 예상 문제로 구성된 미니 모의고사 4회를 제공하였습니다. 미니 실전 테스트로 수능 실전 감각을 유지할 수 있습니다.

① 출제 코드
문제에서 해결의 핵심 조건을 찾아 풀이에 어떻게 적용되는지 제시하였습니다.

② 단계별 풀이
풀이 과정을 의미있는 개념의 적용을 기준으로 단계별로 제시함으로써 문제 해결의 흐름을 파악할 수 있도록 하였습니다.

③ 풍부한 부가 요소와 첨삭
해설 특강, 다른 풀이, 핵심 개념 등의 부가 요소와 첨삭을 최대한 자세하고 친절하게 제공하였습니다. 특히 원리를 이해하는 why, 해결 과정을 보여주는 how를 제시하여 이해를 도왔습니다.

학습 계획표
Study Plan

※ 1차 학습 때 틀렸거나 확실하게 알고 풀지 못한 문제는 2차 학습을 하도록 합니다.

	주제	행동 전략	성취도					
			1차			**2차**		
01	**지수, 로그의 성질과 그 활용** (10문항)	· 거듭제곱근의 성질, 지수법칙, 로그의 성질을 이용하여 식을 간단히 하라.	월 일			월 일		
			성취도 ○	△	×	성취도 ○	△	×
02	**지수함수와 로그함수의 그래프** (15문항)	· 밑의 크기에 따른 그래프의 개형을 파악하라. · 두 그래프가 만나는 조건이 주어지면 먼저 교점의 좌표를 설정하라.	월 일			월 일		
			성취도 ○	△	×	성취도 ○	△	×
03	**삼각함수의 그래프** (8문항)	· 삼각함수의 그래프의 개형을 파악하라. · 삼각함수의 성질을 이용하여 식을 간단히 하라.	월 일			월 일		
			성취도 ○	△	×	성취도 ○	△	×
04	**삼각함수의 활용** (8문항)	· 사인법칙 또는 코사인법칙을 적용할 수 있는 삼각형을 찾아라. · 원의 성질을 이용하라.	월 일			월 일		
			성취도 ○	△	×	성취도 ○	△	×
05	**등차수열과 등비수열** (8문항)	· 등차수열과 등비수열의 일반항과 합의 공식을 정확히 이해하고 활용하라.	월 일			월 일		
			성취도 ○	△	×	성취도 ○	△	×
06	**여러 가지 수열** (22문항)	· 여러 가지 수열의 합을 구할 때는 일반항을 먼저 구하라. · 귀납적으로 정의된 수열의 일반항을 구할 때는 $n=1, 2, 3, \cdots$을 차례대로 대입하여 규칙성을 발견하라.	월 일			월 일		
			성취도 ○	△	×	성취도 ○	△	×
	고난도 미니 모의고사 1회 (6문항)		월 일			월 일		
			성취도 ○	△	×	성취도 ○	△	×
	고난도 미니 모의고사 2회 (6문항)		월 일			월 일		
			성취도 ○	△	×	성취도 ○	△	×
	고난도 미니 모의고사 3회 (6문항)		월 일			월 일		
			성취도 ○	△	×	성취도 ○	△	×
	고난도 미니 모의고사 4회 (6문항)		월 일			월 일		
			성취도 ○	△	×	성취도 ○	△	×

01

지수, 로그의 성질과 그 활용

행동전략 ❶ 거듭제곱근의 성질, 지수법칙, 로그의 성질을 이용하여 식을 간단히 하라!

✔ 거듭제곱근은 지수가 유리수인 수로 나타내고, 지수법칙을 이용하여 간단히 정리한다.

✔ 두 로그의 밑이 다른 경우에는 로그의 성질을 이용하여 밑을 같게 한다.

◆ 거듭제곱근의 성질

$a>0$, $b>0$이고 m, n이 2 이상의 정수일 때

(1) $\sqrt[n]{a}\sqrt[n]{b}=\sqrt[n]{ab}$ (2) $\dfrac{\sqrt[n]{a}}{\sqrt[n]{b}}=\sqrt[n]{\dfrac{a}{b}}$

(3) $(\sqrt[n]{a})^m=\sqrt[n]{a^m}$ (4) $\sqrt[m]{\sqrt[n]{a}}=\sqrt[mn]{a}$

(5) $\sqrt[np]{a^{mp}}=\sqrt[n]{a^m}$ (단, p는 양의 정수)

◆ 지수의 확장

(1) $a\neq0$이고 n이 양의 정수일 때

$$a^0=1,\ a^{-n}=\dfrac{1}{a^n}$$

(2) $a>0$이고 m, n $(n\geq2)$이 정수일 때

$$a^{\frac{1}{n}}=\sqrt[n]{a},\ a^{\frac{m}{n}}=\sqrt[n]{a^m}$$

∥기출에서 뽑은∥ 실전 개념 ❶ 거듭제곱근의 뜻과 성질

(1) 거듭제곱근: n이 2 이상의 정수일 때, n제곱하여 실수 a가 되는 수 x를 a의 n제곱근이라 한다.

→ $x^n=a$

(2) 지수법칙: $a>0$, $b>0$이고 x, y가 실수일 때

① $a^x a^y=a^{x+y}$ ② $a^x \div a^y=a^{x-y}$

③ $(a^x)^y=a^{xy}$ ④ $(ab)^x=a^x b^x$

┌─ **2018년 4월 교육청 나 27** ┐

2 이상의 자연수 n에 대하여 $(\sqrt{3^n})^{\frac{1}{2}}$과 $\sqrt[n]{3^{100}}$이 모두 자연수가 되도록 하는 모든 n의 값의 합

→ 지수법칙을 이용하면

$(\sqrt{3^n})^{\frac{1}{2}}=\left(3^{\frac{n}{2}}\right)^{\frac{1}{2}}=3^{\frac{n}{4}}$

$\sqrt[n]{3^{100}}=3^{\frac{100}{n}}$

∥기출에서 뽑은∥ 실전 개념 ❷ 로그의 정의와 성질

(1) 로그의 정의: $a>0$, $a\neq1$, $N>0$일 때

$$a^x=N \iff x=\log_a N$$

참고 로그가 정의될 조건: $\log_a N$이 정의되기 위해서는 다음 두 조건을 모두 만족시켜야 한다.

     ① 밑의 조건: $a>0$, $a\neq1$ ② 진수의 조건: $N>0$

(2) 로그의 성질: $a>0$, $a\neq1$, $M>0$, $N>0$일 때

① $\log_a 1=0$, $\log_a a=1$ ② $\log_a MN=\log_a M+\log_a N$

③ $\log_a \dfrac{M}{N}=\log_a M-\log_a N$ ④ $\log_a M^k=k\log_a M$ (단, k는 실수)

◆ 로그의 밑의 변환에 의한 성질

$a>0$, $a\neq1$, $b>0$일 때

(1) $\log_{a^m} b^n=\dfrac{n}{m}\log_a b$ (단, $m\neq0$)

(2) $\log_a b\times\log_b a=1$ (단, $b\neq1$)

(3) $a^{\log_c b}=b^{\log_c a}$ (단, $c>0$, $c\neq1$)

(4) $a^{\log_a b}=b^{\log_b a}=b$

(3) 로그의 밑의 변환: $a>0$, $a\neq1$, $b>0$일 때

① $\log_a b=\dfrac{\log_c b}{\log_c a}$ (단, $c>0$, $c\neq1$)   ② $\log_a b=\dfrac{1}{\log_b a}$ (단, $b\neq1$)

┌─ **2020학년도 6월 평가원 나 8** ┐

$\log_5 5=a$, $\log_5 3=b$일 때, $\log_5 12$를 a, b로 옳게 나타낸 것

┌ $\log_a MN=\log_a M+\log_a N$
│ $\log_a M^k=k\log_a M$

→ $\log_5 12=\log_5 (2^2\times3)=2\log_5 2+\log_5 3$

$=\dfrac{2}{\log_2 5}+\log_5 3=\dfrac{2}{a}+b$

└ $\log_a b=\dfrac{1}{\log_b a}$

행동전략

❶ $\log_4\left(2n^{\frac{3}{2}}\right)=k$ (k는 40 이하의 자연수)로 놓고 로그의 정의를 이용한다.

$\log_4\left(2n^{\frac{3}{2}}\right)=k$, $n^3=4^{2k-1}$

$\therefore n=4^{\frac{2k-1}{3}}$

∥기출예시 ❶ 2021학년도 수능 가 27   **○해답 2쪽**

$\log_4 2n^2-\dfrac{1}{2}\log_2 \sqrt{n}$의 값이 40 이하의 자연수가 되도록 하는 자연수 n의 개수를 구하시오. [4점]
❶

1

다음 조건을 만족시키는 20 이하의 모든 자연수 n의 값의 합을 구하시오.

> $\log_2(na-a^2)$과 $\log_2(nb-b^2)$은 같은 자연수이고 **①**
>
> $0<b-a\leq\dfrac{n}{2}$인 두 실수 a, b가 존재한다. **②**

2

다음 조건을 만족시키는 최고차항의 계수가 1인 이차함수 $f(x)$ **①** 가 존재하도록 하는 모든 자연수 n의 값의 합을 구하시오.

> ㈎ x에 대한 방정식 $(x^n-64)f(x)=0$은 서로 다른 두 실근 을 갖고, 각각의 실근은 중근이다. **②**
> ㈏ 함수 $f(x)$의 최솟값은 음의 정수이다. **①**

행동전략

① $\log_2(na-a^2)$과 $\log_2(nb-b^2)$이 같은 자연수가 되도록 하는 a, b의 관계식을 세운다.

② 부등식을 변형하여 a, b의 값의 범위를 각각 구한다.

행동전략

① 이차함수 $y=f(x)$의 그래프가 x축과 만나는 점의 개수를 구한다.

② n의 값에 따라 방정식 $(x^n-64)f(x)=0$의 실근의 개수를 파악한다.

3

x에 대한 이차방정식 $x^2-\sqrt[4]{162}\,x+a=0$의 두 근이 $\sqrt[4]{2}$, b일 때, $2\le n\le100$인 자연수 n에 대하여 $(\sqrt[3]{ab})^2$이 어떤 자연수의 n제곱근이 되도록 하는 n의 개수를 구하시오.

(단, a, b는 상수이다.)

4

세 양수 a, b, k와 $c\ge2$인 자연수 c가 다음 조건을 만족시킬 때, k^3의 값을 구하시오.

> (가) $2^a=5^b=\sqrt[c]{k}$
>
> (나) $\log_3(3a+b)-\log_3 c=\log_3 ab+1$

NOTE   1st ○ △ ×   2nd ○ △ ×

☐

☐

☐

NOTE   1st ○ △ ×   2nd ○ △ ×

☐

☐

☐

5

$\log_2(-2x^2+ax+6)$의 값이 자연수가 되도록 하는 양수 x의 개수가 6일 때, 모든 자연수 a의 값의 합을 구하시오.

6

자연수 n에 대하여 $f(n)$, $g(n)$이 다음과 같다.

$$f(n)=\begin{cases} \sqrt[9]{4^{n+2}} & (n\text{이 홀수}) \\ \sqrt[8]{3^{n-1}} & (n\text{이 짝수}) \end{cases}, \ g(n)=\begin{cases} \log_3 n & (n\text{이 홀수}) \\ \log_2 n & (n\text{이 짝수}) \end{cases}$$

10 이하의 두 자연수 a, b에 대하여 다음 조건을 만족시키는 모든 순서쌍 (a, b)의 개수를 구하시오.

> ㈎ $f(a) \times f(b)$는 자연수이다.
>
> ㈏ $g(a) \times g(b)$는 음이 아닌 정수이다.

7

다음 조건을 만족시키는 100 이하의 자연수 a, b, c $(a < b < c)$ 의 순서쌍 (a, b, c)에 대하여 $a+b+c=k$라 할 때, 가능한 모든 k의 값의 합을 구하시오.

㉮ 세 수 a, b, c 중에서 두 수와 세 수 $\log_2 a$, $\log_2 b$, $\log_2 c$ 중에서 두 수는 서로 같다.

㉯ $\log_2 a + \log_2 b + \log_2 c$의 값은 자연수이다.

8

$l \geq 2$, $m \geq 2$인 두 자연수 l, m에 대하여 16의 l제곱근 중 실수인 것을 a, 81의 m제곱근 중 실수인 것을 b라 하자. 두 집합

$A = \{(a, b) \mid a^5 b^6$이 자연수$\}$,

$B = \{y \mid y = \log_6 ab,\ y$는 자연수이고 $(a, b) \in A\}$

에 대하여 집합 B의 모든 원소의 합을 S라 할 때, $n(A) + S$의 값을 구하시오.

9

세 집합

$$X=\{1, 2, 3, 4\},\ Y=\{1, 2, 4, 8\},\ Z=\{1, 3, 9, 27\}$$

에 대하여 일대일대응인 두 함수 $f:X\longrightarrow Y$, $g:Y\longrightarrow Z$가 다음 조건을 만족시킨다.

---

⑦ $2^{f(1)}=4^{g(4)}$

④ $(g\circ f)(4)=9$

④ $f^{-1}(4)<3$

④ $\log_2 f(3)=\log_3 g(2)$

$\log_3 f(2)\times \log_2 g(1)$의 값을 구하시오.

10

좌표평면 위의 두 점 A, B를 $1:2$로 내분하는 점과 외분하는 점을 각각 $P(x_1, y_1)$, $Q(x_2, y_2)$라 하자. 네 점 A, B, P, Q가 다음 조건을 만족시킬 때, $(ab)^2$의 값을 구하시오.

---

⑦ 두 점 A, B의 x좌표는 각각 $\log_4 a$, $\log_2 b$이다.

(단, $b>a>1$)

④ $|x_2|+1=3|x_1|$, $x_1\times x_2=-\dfrac{5}{4}$

02

지수함수와 로그함수의 그래프

행동전략 ❶ 밑의 크기에 따른 그래프의 개형을 파악하라!

- ✓ 밑의 크기에 주목한다. 즉, $0<(밑)<1$인지 $(밑)>1$인지 확인한다.
- ✓ 지수함수는 정의역에 따른 치역의 변화를 관찰하고, 로그함수는 치역에 따른 정의역의 변화를 관찰한다.
- ✓ 지수함수와 로그함수가 함께 주어진 경우에는 두 함수의 밑을 확인한 후 역함수 관계인지 파악하고, 역함수 관계인 경우 두 함수의 그래프가 직선 $y=x$에 대하여 서로 대칭임을 이용한다.

행동전략 ❷ 두 그래프가 만나는 조건이 주어지면 먼저 교점의 좌표를 설정하라!

- ✓ 그래프의 평행이동 또는 대칭이동을 확인하고 그로부터 결정되는 교점을 파악한다.
- ✓ 절댓값 기호를 포함한 함수의 그래프는 먼저 x축과의 교점의 좌표를 구한다.
- ✓ 지수함수와 로그함수가 서로 역함수 관계에 있을 때, 두 그래프의 교점의 좌표는 두 함수 중 하나의 그래프와 직선 $y=x$의 교점의 좌표와 같다.

◆ **지수함수 $y=a^x$ $(a>0, a\neq1)$의 그래프**

(1) • $a>1$일 때, x의 값이 증가하면 y의 값도 증가한다.
  • $0<a<1$일 때, x의 값이 증가하면 y의 값은 감소한다.
(2) 그래프는 점 $(0, 1)$을 지난다.
(3) 그래프의 점근선은 x축 (직선 $y=0$)이다.

◆ **로그함수 $y=\log_a x$ $(a>0, a\neq1)$의 그래프**

(1) • $a>1$일 때, x의 값이 증가하면 y의 값도 증가한다.
  • $0<a<1$일 때, x의 값이 증가하면 y의 값은 감소한다.
(2) 그래프는 점 $(1, 0)$을 지난다.
(3) 그래프의 점근선은 y축 (직선 $x=0$)이다.

┃ 기출에서 뽑은 실전 개념 ❶ 지수함수와 로그함수의 그래프의 성질

(1) 지수함수 $y=a^x$ $(a>0, a\neq1)$의 그래프

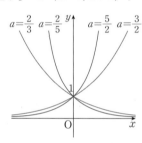

$a=\dfrac{2}{3}$ $a=\dfrac{2}{5}$ $a=\dfrac{5}{2}$ $a=\dfrac{3}{2}$

직선 $y=x$에 대하여 대칭이다.

(2) 로그함수 $y=\log_a x$ $(a>0, a\neq1)$의 그래프

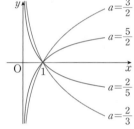

$a=\dfrac{3}{2}$ $a=\dfrac{5}{2}$ $a=\dfrac{2}{5}$ $a=\dfrac{2}{3}$

① $0<(밑)<1$일 때, 밑이 클수록 그래프는 y축에서 멀어진다.
② $(밑)>1$일 때, 밑이 클수록 그래프는 y축에 가까워진다.

① $0<(밑)<1$일 때, 밑이 클수록 그래프는 x축에서 멀어진다.
② $(밑)>1$일 때, 밑이 클수록 그래프는 x축에 가까워진다.

(3) 지수함수와 로그함수의 그래프의 평행이동과 점근선

① $y=a^x$ $\xrightarrow[\text{$x$ 대신 $x-m$, y 대신 $y-n$ 대입}]{\text{x축의 방향으로 m만큼, y축의 방향으로 n만큼 평행이동}}$ $y=a^{x-m}+n$

  $\begin{cases} \text{점근선: } y=0 \\ \text{반드시 지나는 점: } (0, 1) \end{cases}$ $\begin{cases} \text{점근선: } y=n \\ \text{반드시 지나는 점: } (m, 1+n) \end{cases}$

② $y=\log_a x$ $\xrightarrow[\text{$x$ 대신 $x-m$, y 대신 $y-n$ 대입}]{\text{x축의 방향으로 m만큼, y축의 방향으로 n만큼 평행이동}}$ $y=\log_a(x-m)+n$

  $\begin{cases} \text{점근선: } x=0 \\ \text{반드시 지나는 점: } (1, 0) \end{cases}$ $\begin{cases} \text{점근선: } x=m \\ \text{반드시 지나는 점: } (1+m, n) \end{cases}$

행동전략

❶ 곡선 $y=f(x)$와 x축의 교점의 좌표를 구한다.
 방정식 $\log_a(bx-1)=0$을 풀어 x의 값을 구한다.

❷ 평행이동을 파악하여 곡선 $y=g(x)$의 점근선의 방정식을 구한다.
 함수 $y=g(x)$의 그래프는 함수 $y=\log_b x$의 그래프를 x축의 방향으로 $\dfrac{1}{a}$만큼, y축의 방향으로 $\log_b a$만큼 평행이동한 것이므로 점근선의 방정식은 $x=\dfrac{1}{a}$이다.

┃ 기출예시 ❶ 2015학년도 6월 평가원 B 19

○해답 9쪽

$0<a<1<b$인 두 실수 a, b에 대하여 두 함수
$$f(x)=\log_a(bx-1), \quad g(x)=\log_b(ax-1)$$

$g(x)=\log_b(ax-1)=\log_b a\left(x-\dfrac{1}{a}\right)$
$=\log_b\left(x-\dfrac{1}{a}\right)+\log_b a$

이 있다. 곡선 $y=f(x)$와 x축의 교점이 곡선 $y=g(x)$의 점근선 위에 있도록 하는 a와 b 사이의 관계식과 a의 범위를 옳게 나타낸 것은? [4점]

($x=\dfrac{1}{a}$)

① $b=-2a+2$ $\left(0<a<\dfrac{1}{2}\right)$ ② $b=2a$ $\left(0<a<\dfrac{1}{2}\right)$ ③ $b=2a$ $\left(\dfrac{1}{2}<a<1\right)$

④ $b=2a+1$ $\left(0<a<\dfrac{1}{2}\right)$ ⑤ $b=2a+1$ $\left(\dfrac{1}{2}<a<1\right)$

실전 개념 ② 특수한 상황에서 그래프 위의 점의 좌표 표현

(1) 평행이동 또는 대칭이동을 이용한 경우: 그래프 위의 점도 같은 만큼 평행이동 또는 대칭이동된다.

┤ 2014년 7월 교육청 A 8 ├

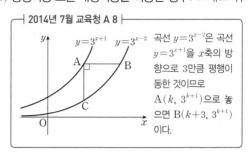

곡선 $y=3^{x-2}$은 곡선 $y=3^{x+1}$을 x축의 방향으로 3만큼 평행이동한 것이므로 A(k, 3^{k+1})으로 놓으면 B($k+3$, 3^{k+1})이다.

┤ 2014년 3월 교육청 B 13 ├

곡선 $y=2^x$을
① x축에 대하여 대칭이동한 후 ($y=-2^x$)
② y축의 방향으로 a만큼 평행이동한 그래프이다.
→ A(0,1) $\xrightarrow{①}$ 점 (0, -1) $\xrightarrow{②}$ B(0, $-1+a$)

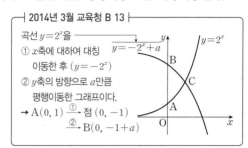

(2) 절댓값 기호를 포함한 경우: x축과의 교점의 좌표를 구한다.
└ (절댓값 기호 안의 식)=0인 x의 값을 구한다.

┤ 2016학년도 6월 평가원 B 18 ├

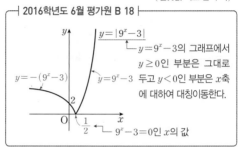

$y=9^x-3$의 그래프에서 $y≥0$인 부분은 그대로 두고 $y<0$인 부분은 x축에 대하여 대칭이동한다.
└ $9^x-3=0$인 x의 값

┤ 2020년 4월 교육청 가 28 ├

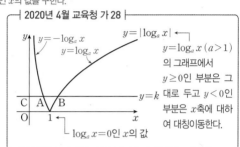

$y=\log_a x$ ($a>1$)의 그래프에서 $y≥0$인 부분은 그대로 두고 $y<0$인 부분은 x축에 대하여 대칭이동한다.
└ $\log_a x=0$인 x의 값

(3) 서로 역함수 관계에 있는 경우: 두 그래프가 직선 $y=x$에 대하여 서로 대칭임을 이용한다.

┤ 2011학년도 6월 평가원 나 8 ├

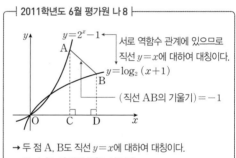
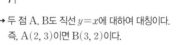

서로 역함수 관계에 있으므로 직선 $y=x$에 대하여 대칭이다.

(직선 AB의 기울기)$=-1$

→ 두 점 A, B도 직선 $y=x$에 대하여 대칭이다. 즉, A(2,3)이면 B(3,2)이다.

┤ 2011학년도 수능 가 16 ├

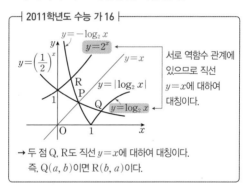

서로 역함수 관계에 있으므로 직선 $y=x$에 대하여 대칭이다.

→ 두 점 Q, R도 직선 $y=x$에 대하여 대칭이다. 즉, Q(a, b)이면 R(b, a)이다.

◆ 절댓값 기호를 포함한 식의 그래프

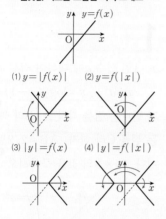

(1) $y=|f(x)|$ (2) $y=f(|x|)$
(3) $|y|=f(x)$ (4) $|y|=f(|x|)$

◆ $a>0$, $a≠1$일 때, 지수함수 $y=a^x$과 로그함수 $y=\log_a x$는 서로 역함수 관계이므로 그 그래프는 직선 $y=x$에 대하여 대칭이다.

$a>1$

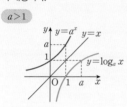

$0<a<1$

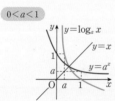

기출예시 ② 2015년 3월 교육청 A 18 ○ 해답 9쪽

그림과 같이 직선 $y=-x+a$가 두 곡선 $y=2^x$, $y=\log_2 x$와 만나는 점을 각각 A, B라 하고, x축과 만나는 점을 C라 할 때, 점 A, B, C ❶ └ C(a, 0) 가 다음 조건을 만족시킨다.

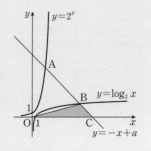

(가) $\overline{AB}:\overline{BC}=3:1$ ← 점 B는 선분 AC를 3 : 1로 내분하는 점이다.
❷
(나) 삼각형 OBC의 넓이는 40이다.
❸

점 A의 좌표를 A(p, q)라 할 때, $p+q$의 값은? (단, O는 원점이고, a는 상수이다.) [4점]
└ 점 B의 좌표는 B(q, p)가 된다.

① 10 ② 15 ③ 20
④ 25 ⑤ 30

행동전략

❶ 두 함수 $y=2^x$과 $y=\log_2 x$가 서로 역함수 관계에 있음을 이용하여 두 점 A, B의 좌표를 나타낸다.
두 점 A, B는 직선 $y=x$에 대하여 대칭이므로 A(p, q)이면 B(q, p)이다.

❷ 선분의 길이의 비를 이용하여 a, q를 p에 대한 식으로 나타낸다.
두 점 A(p, q), C(a, 0)에 대하여 $\overline{AC}$를 3:1로 내분하는 점 B의 좌표는 $\left(\dfrac{3×a+1×p}{3+1}, \dfrac{3×0+1×q}{3+1}\right)$

❸ 삼각형 OBC의 넓이를 구하기 위해 필요한 값을 확인한다.
$\dfrac{1}{2}×$(점 C의 x좌표)
$×$(점 B의 y좌표)$=40$

1

$a>1$인 실수 a에 대하여 직선 $y=-x+4$가 두 곡선

$$y=a^{x-1},\ y=\log_a(x-1)$$ ❶

과 만나는 점을 각각 A, B라 하고, 곡선 $y=a^{x-1}$이 y축과 만나는 점을 C라 하자. $\overline{AB}=2\sqrt{2}$일 때, 삼각형 ABC의 넓이는 S ❷ 이다. $50\times S$의 값을 구하시오.

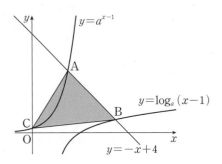

2

그림과 같이 1보다 큰 실수 k에 대하여 두 곡선 $y=\log_2|kx|$ ❶ 와 $y=\log_2(x+4)$가 만나는 서로 다른 두 점을 A, B라 하고, 점 B를 지나는 곡선 $y=\log_2(-x+m)$이 곡선 $y=\log_2|kx|$ ❷ 와 만나는 점 중 B가 아닌 점을 C라 하자. 세 점 A, B, C의 x 좌표를 각각 x_1, x_2, x_3이라 할 때, 〈보기〉에서 옳은 것만을 있 ❸ 는 대로 고른 것은? (단, $x_1<x_2$이고, m은 실수이다.)

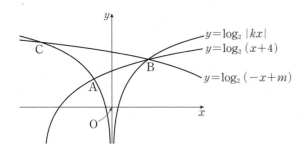

| 보기 |

ㄱ. $x_2=-2x_1$이면 $k=3$이다.

ㄴ. $x_2^2=x_1x_3$

ㄷ. 직선 AB의 기울기와 직선 AC의 기울기의 합이 0일 때, $m+k^2=19$이다.

① ㄱ   ② ㄷ   ③ ㄱ, ㄴ

④ ㄴ, ㄷ   ⑤ ㄱ, ㄴ, ㄷ

행동전략

❶ 두 곡선 $y=a^{x-1}$, $y=\log_a(x-1)$이 어떤 직선에 대하여 대칭인지 파악한다.

❷ 선분 AB의 중점이 어떤 직선 위에 있는지 파악한다.

행동전략

❶, ❷ 두 방정식 $\log_2|kx|=\log_2(x+4)$, $\log_2|kx|=\log_2(-x+m)$을 풀어 교점의 x좌표를 구한다.

❸ 주어진 그래프로부터 x_1, x_2, x_3의 부호를 파악한다.

3

두 곡선 $y=2^x$과 $y=-x^2+2$가 만나는 두 점을 $A(x_1, y_1)$, $B(x_2, y_2)$ $(x_1<x_2)$라 하고, 두 곡선 $y=\log_2 x$와 $y=-x^2+2$가 만나는 점을 $C(x_3, y_3)$이라 하자. 〈보기〉에서 옳은 것만을 있는 대로 고른 것은?

┤ 보기 ├

ㄱ. $-\dfrac{3}{2}<x_1<-1$

ㄴ. $\dfrac{1}{2}<y_1y_2<1$

ㄷ. $x_2-x_3>y_3-y_2$

① ㄱ   ② ㄱ, ㄴ   ③ ㄱ, ㄷ

④ ㄴ, ㄷ   ⑤ ㄱ, ㄴ, ㄷ

4

함수 $y=\left(\dfrac{3}{2}\right)^{x-1}-\dfrac{2}{3}$의 그래프를 x축의 방향으로 -1만큼, y축의 방향으로 $\dfrac{7}{3}$만큼 평행이동한 그래프를 나타내는 함수를 $y=g(x)$라 하자. 직선 $y=-x+k$가 두 함수 $y=g(x)$, $y=\left(\dfrac{3}{2}\right)^{x-1}-\dfrac{2}{3}$의 그래프와 만나는 점을 각각 P, Q라 할 때, $\overline{PQ}=2\sqrt{2}$이다. 상수 k의 값은?

① $\dfrac{2}{3}$ ② 1 ③ $\dfrac{4}{3}$

④ $\dfrac{5}{3}$ ⑤ 2

NOTE   1st ○ △ ×   2nd ○ △ ×

NOTE   1st ○ △ ×   2nd ○ △ ×

5

두 함수 $y=\log_2|3x|$와 $y=\log_2(x+4)$의 그래프가 만나는 서로 다른 두 점을 각각 A, B라 하고, $m>4$인 자연수 m에 대하여 두 함수 $y=\log_2|3x|$와 $y=\log_2(x+m)$의 그래프가 만나는 서로 다른 두 점을 각각 C, D라 하자. 점 B의 y좌표와 점 C의 y좌표가 같을 때, 사각형 ABDC의 넓이는? (단, 점 A, C의 x좌표는 각각 점 B, D의 x좌표보다 작고, 세 점 A, B, D는 일직선 위에 있지 않다.)

① $2\log_2 5$ ② 3 ③ $3\log_2 3$

④ 4 ⑤ $2\log_2 6$

6

두 상수 m, n에 대하여 다음 조건을 만족시키는 좌표평면의 점 $A(a, b)$ $(a \neq b)$가 존재한다.

㈎ 점 A는 곡선 $y=\log_2(x-2)-m-1$ 위의 점이다.

㈏ 점 A를 직선 $y=x$에 대하여 대칭이동한 점은 곡선 $y=4^{x+m}-n$ 위에 있다.

〈보기〉에서 옳은 것만을 있는 대로 고른 것은?

--- 보기 ---

ㄱ. $m=0$, $n=-3$이면 점 $A(a, b)$는 오직 하나 존재한다.

ㄴ. 점 $A(a, b)$가 두 개 존재하면 $-3<n<-2$이다.

ㄷ. $n=6$이면 $a=10$이다.

---

① ㄱ ② ㄱ, ㄴ ③ ㄱ, ㄷ

④ ㄴ, ㄷ ⑤ ㄱ, ㄴ, ㄷ

7

$0<a<1$, $k>1$인 두 실수 a, k에 대하여 두 함수

$$y=a^{x-1}, \; y=|a^{-x+1}-k|$$

가 있다. 〈보기〉에서 옳은 것만을 있는 대로 고른 것은?

┤ 보기 ├

ㄱ. 두 함수의 그래프가 제2사분면에서 만나면 $k>2$이다.

ㄴ. 두 함수의 그래프의 교점의 개수가 2이면 $k=2$이다.

ㄷ. $a=\dfrac{1}{4}$이고 $2<k<8$이면 두 함수의 그래프의 모든 교점의 x좌표의 합은 $\dfrac{9}{2}$보다 작다.

① ㄱ　　　　② ㄱ, ㄴ　　　　③ ㄱ, ㄷ

④ ㄴ, ㄷ　　　　⑤ ㄱ, ㄴ, ㄷ

8

함수 $y=4^x$의 그래프를 직선 $y=x$에 대하여 대칭이동한 그래프를 나타내는 함수를 $y=f(x)$라 하고, 함수 $y=\log_2 x$의 그래프를 x축에 대하여 대칭이동한 후 y축의 방향으로 n $(n>0)$만큼 평행이동한 그래프를 나타내는 함수를 $y=g(x)$라 하자. 두 곡선 $y=f(x)$, $y=g(x)$가 만나는 점을 A, 두 곡선 $y=f(x)$, $y=g(x)$가 x축과 만나는 점을 각각 B, C라 하자. $\overline{AB}=\overline{AC}$일 때, 점 A의 좌표는 $(p,\ q)$이다. $p-2^q$의 값을 구하시오.

NOTE　　　　1st ○△✕　2nd ○△✕
☐
☐
☐

NOTE　　　　1st ○△✕　2nd ○△✕
☐
☐
☐

9

$a>1$인 실수 a에 대하여 곡선 $y=\log_4 (x-a)$가 x축과 만나는 점을 A, 직선 $y=\frac{1}{2}$과 만나는 점을 B라 하고, 점 A를 지나고 x축에 수직인 직선이 곡선 $y=2^{x-1}+2$와 만나는 점을 C라 하자. 직선 AB와 수직이고 점 A를 지나는 직선이 곡선 $y=2^{x-1}+2$와 만나는 점을 D라 할 때, 삼각형 ABD의 넓이는 $\frac{5}{2}$이다. 삼각형 BCD의 넓이를 T라 할 때, $10T$의 값을 구하시오.

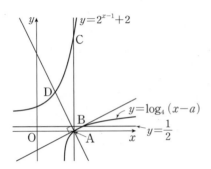

10

두 상수 a, b에 대하여 함수 $f(x)=\log_2 (ax+b)-1$의 그래프는 점 $\left(\frac{1}{8},\ -2\right)$를 지난다. 함수 $y=f(x)$의 그래프를 x축의 방향으로 $-\frac{7}{8}$만큼, y축의 방향으로 1만큼 평행이동한 그래프의 점근선은 함수 $y=3^x-1$의 역함수의 그래프의 점근선과 일치한다. 곡선 $y=f(x)$가 x축, y축과 만나는 점을 각각 A, B라 할 때, 곡선 $y=\log_{\frac{1}{4}}\left(x+\frac{n}{4}\right)$이 선분 AB와 만나도록 하는 자연수 n의 개수를 구하시오. (단, $a\neq0$)

NOTE   1st ○ △ ✕   2nd ○ △ ✕

☐
☐
☐

NOTE   1st ○ △ ✕   2nd ○ △ ✕

☐
☐
☐

● 킬러행동전략 ●

규칙성을 찾아 순서쌍 또는 격자점의 개수를 구하거나, 도형의 방정식과 관련되어 최대 · 최소를 구하는 고난도 문제로 출제된다.

✓ 규칙성을 찾을 때는 경우를 나누는 기준이 되는 경계인 값을 찾는 것이 중요하다. 경계인 값을 찾을 때는 먼저 교점의 좌표를 파악한다.

✓ 간단한 값을 직접 대입하여 점을 나타내어 가면서 규칙을 파악한다.

Killer

1

자연수 n에 대하여 좌표평면에서 다음 조건을 만족시키는 <u>가장 작은 정사각형의 한 변의 길이를 a_n이라 하자.</u> ❸

> (가) 정사각형의 각 변은 좌표축에 평행하고, 두 대각선의 교점은 $(n, 2^n)$이다. ❶
>
> (나) 정사각형과 그 내부에 있는 점 (x, y) 중에서 <u>x가 자연수이고, $y=2^x$을 만족시키는 점은 3개뿐</u>이다. ❷

예를 들어 $a_1=12$이다. $\displaystyle\sum_{k=1}^{7} a_k$의 값을 구하시오.

$n=1, 2$일 때, a_n의 값 구하기 **1**

$n \geq 3$일 때, a_n의 값 구하기 **2**

$\displaystyle\sum_{k=1}^{7} a_k$의 값 구하기 **3**

행동전략

❶ 정사각형의 대각선의 교점이 어떤 곡선 위에 있는지 파악한다.

❷ $n=1, 2, 3, \cdots$일 때, 조건을 만족시키는 정사각형을 좌표평면 위에 나타내어 본다.

❸ 가장 작은 정사각형이 되는 경우는 조건 (나)를 만족시키는 세 점 중 한 점이 정사각형의 변 위에 있는 경우임을 이해한다.

NOTE		1st ○ △ ×	2nd ○ △ ×
☐			
☐			
☐			

2

좌표평면에서 다음 조건을 만족시키는 정사각형 중 두 함수 $y=\log{(2x+3)}$, $y=\log{(3x+5)}$의 그래프와 모두 만나는 것의 개수를 구하시오.

(가) 꼭짓점의 x좌표, y좌표가 모두 자연수이고 한 변의 길이가 1이다.

(나) 꼭짓점의 x좌표는 모두 200 이하이다.

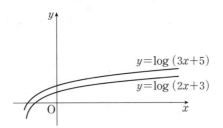

3

좌표평면에서 두 곡선 $y=2^x-n$, $y=3n-2^x$과 y축으로 둘러싸인 영역의 내부 또는 그 경계에 포함되고 x좌표와 y좌표가 모두 자연수인 점의 개수가 100보다 크도록 하는 자연수 n의 최솟값을 구하시오.

NOTE   1st ○ △ ✕   2nd ○ △ ✕
☐
☐
☐

NOTE   1st ○ △ ✕   2nd ○ △ ✕
☐
☐
☐

4

두 정수 a, n에 대하여 직선 $y=n$이 두 함수

$$f(x)=2^{x-1}+a, \ g(x)=-2^x-\frac{a}{2}+9$$

의 그래프와 모두 만나도록 하는 정수 n의 개수가 5일 때, n의 최솟값을 p, 최댓값을 q라 하자. 좌표평면에서 두 곡선 $y=f(x)$, $y=g(x)$와 두 직선 $x=p$, $x=q$로 둘러싸인 영역의 내부 또는 그 경계에 포함되고 x좌표와 y좌표가 모두 정수인 점의 개수를 구하시오.

5

좌표평면에서 x축 위의 점 A와 곡선 $y=\log_2 x$ 위의 점 B에 대하여 점 B의 y좌표가 자연수 n일 때, 다음 조건을 만족시키는 점 A의 개수를 $f(n)$이라 하자.

> ㈎ 점 A의 x좌표는 1보다 크고, 점 B의 x좌표보다 작은 자연수이다.
> ㈏ 선분 AB의 삼등분점을 P, Q라 할 때, 선분 AB 위의 점 중에서 x좌표와 y좌표가 모두 정수인 점은 네 점 A, B, P, Q뿐이다.

$\displaystyle\sum_{n=1}^{10} f(n)$의 값을 구하시오.

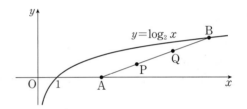

삼각함수의 그래프

행동전략 ① 삼각함수의 그래프의 개형을 파악하라!

  ✔ 삼각함수의 주기, 최댓값과 최솟값을 먼저 구한다.

  ✔ 삼각함수의 그래프의 대칭성을 이용하여 삼각함수가 포함된 방정식 또는 부등식의 해를 구한다.

행동전략 ② 삼각함수의 성질을 이용하여 식을 간단히 하라!

  ✔ 일반각에 대한 삼각함수의 성질을 이용할 때, 각의 부호에 주의한다.

  ✔ $\dfrac{\pi}{2}\pm\theta$의 삼각함수를 θ에 대한 삼각함수로 변형할 때 $\sin \to \cos, \cos \to \sin$임에 주의한다.

◆ 삼각함수의 정의

좌표평면에서 중심이 원점이고 반지름의 길이가 r인 원 위의 동점 $\mathrm{P}(x, y)$에 대하여 동경 OP가 나타내는 일반각의 크기를 θ라 할 때,

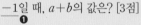

$r=\sqrt{x^2+y^2}$

$\sin \theta=\dfrac{y}{r}, \cos \theta=\dfrac{x}{r},$

$\tan \theta=\dfrac{y}{x} \; (x\neq0)$

◆ 삼각함수의 주기와 최대, 최소

(1) 함수 $y=a\sin(bx+c)+d$와
함수 $y=a\cos(bx+c)+d$

· 주기: $\dfrac{2\pi}{|b|}$

· 최댓값: $|a|+d$

· 최솟값: $-|a|+d$

(2) 함수 $y=a\tan(bx+c)+d$

· 주기: $\dfrac{\pi}{|b|}$

· 최댓값: 없다.

· 최솟값: 없다.

|| 기출에서 뽑은 실전 개념 ① 삼각함수의 그래프의 성질

(1) 함수 $y=\sin x, y=\cos x$의 그래프의 성질

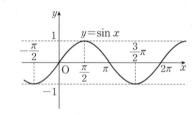
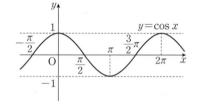

① 정의역: $\{x \mid x$는 모든 실수$\}$ ② 치역: $\{y \mid -1\leq y\leq 1\}$

③ 주기가 2π인 주기함수이다.

④ 함수 $y=\sin x$의 그래프는 원점에 대하여 대칭이고,

   함수 $y=\cos x$의 그래프는 y축에 대하여 대칭이다.

┌─ **2019년 4월 교육청 가 10** ├─

두 상수 a, b에 대하여 함수 $f(x)=a\cos bx$의 그래프가 그림과 같다. (단, $b>0$)

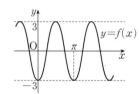 → $f(0)=-3$이므로 $a\cos 0=-3$ ∴ $a=-3$

→ 함수 $y=f(x)$의 그래프에서 주기가 π이고 $b>0$이므로

    $\dfrac{2\pi}{b}=\pi$ ∴ $b=2$

(2) 함수 $y=\tan x$의 그래프의 성질

① 정의역: $\left\{x \mid x\neq n\pi+\dfrac{\pi}{2}, n$은 정수$\right\}$

② 치역: $\{y \mid y$는 모든 실수$\}$

③ 주기가 π인 주기함수이다.

④ 원점에 대하여 대칭이다.

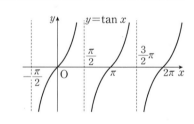

행동전략

❶ 주어진 함수의 최솟값을 파악한다.

  $-1\leq\cos bx\leq1$에서

  $-a+3\leq a\cos bx+3\leq a+3$

  이므로 최솟값은 $-a+3$이다.

❷ 주어진 함수의 주기를 파악한다.

  $b>0$이므로 주기는 $\dfrac{2\pi}{b}$이다.

기출예시 ① 2020년 7월 교육청 가 5   **○ 해답 23쪽**

두 양수 a, b에 대하여 함수 $f(x)=a\cos bx+3$이 있다. 함수 $f(x)$의 주기가 4π이고 <u>최솟값</u>이 ❷
<u>-1</u>일 때, $a+b$의 값은? [3점]
❶

① $\dfrac{9}{2}$ ② $\dfrac{11}{2}$ ③ $\dfrac{13}{2}$

④ $\dfrac{15}{2}$ ⑤ $\dfrac{17}{2}$

실전 개념 ❷ 삼각함수의 성질

① $\sin(-\theta)=-\sin\theta$, $\cos(-\theta)=\cos\theta$, $\tan(-\theta)=-\tan\theta$

② $\sin(\pi\pm\theta)=\mp\sin\theta$, $\cos(\pi\pm\theta)=-\cos\theta$, $\tan(\pi\pm\theta)=\pm\tan\theta$ (복호동순)

③ $\sin\left(\dfrac{\pi}{2}\pm\theta\right)=\cos\theta$, $\cos\left(\dfrac{\pi}{2}\pm\theta\right)=\mp\sin\theta$, $\tan\left(\dfrac{\pi}{2}\pm\theta\right)=\mp\dfrac{1}{\tan\theta}$ (복호동순)

◆ 삼각함수 사이의 관계
(1) $\tan\theta=\dfrac{\sin\theta}{\cos\theta}$
(2) $\sin^2\theta+\cos^2\theta=1$

┤ 2020년 10월 교육청 가 24 ├

$\underset{\underset{=\cos\theta}{\underline{\quad\quad}}}{\sin\left(\dfrac{\pi}{2}+\theta\right)}\underset{\underset{=-\tan\theta}{\underline{\quad\quad}}}{\tan(\pi-\theta)}=\dfrac{3}{5}$일 때,
$30(1-\sin\theta)$의 값

$\cos\theta\times(-\tan\theta)=-\sin\theta=\dfrac{3}{5}$

이므로 $\sin\theta=-\dfrac{3}{5}$

$\therefore 30(1-\sin\theta)=30\times\dfrac{8}{5}=48$

┤ 2023학년도 수능 공통 5 ├

$\tan\theta<0$이고 $\underset{\underset{=-\sin\theta}{\underline{\quad\quad}}}{\cos\left(\dfrac{\pi}{2}+\theta\right)}=\dfrac{\sqrt{5}}{5}$일 때, $\cos\theta$의 값

$\sin\theta=-\dfrac{\sqrt{5}}{5}$이고, $\tan\theta<0$, $\sin\theta<0$이므로 θ는 제4사분면의 각
이다.
따라서 $\cos\theta>0$이므로

$\cos\theta=\sqrt{1-\sin^2\theta}=\sqrt{1-\left(-\dfrac{\sqrt{5}}{5}\right)^2}=\dfrac{2\sqrt{5}}{5}$

실전 개념 ❸ 삼각함수가 포함된 방정식 또는 부등식의 풀이

(1) 삼각함수가 포함된 방정식의 풀이

(ⅰ) 주어진 방정식을 $\sin x=a$ (또는 $\cos x=a$ 또는 $\tan x=a$) 꼴로 변형한다.

(ⅱ) 삼각함수의 그래프를 이용하여 주어진 범위 내에서 x의 값을 구한다.

◆ $\sin x$, $\cos x$, $\tan x$가 혼합되어 있을 때에는 한 종류의 삼각함수로 정리한 후 방정식 또는 부등식을 푼다.

┤ 2017년 4월 교육청 가 9 ├

$0\le x<2\pi$일 때, 방정식 $|\sin 2x|=\dfrac{1}{2}$의 모든 실근의 개수

→ 방정식 $|\sin 2x|=\dfrac{1}{2}$의 실근의 개수는 함수 $y=|\sin 2x|$의 그래프와

직선 $y=\dfrac{1}{2}$의 교점의 개수와 같으므로 함수의 그래프와 직선을 그려 개

수를 구할 수 있다.

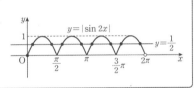

(2) 삼각함수가 포함된 부등식의 풀이

(ⅰ) 주어진 부등식을 $\sin x<k$ (또는 $\cos x<k$ 또는 $\tan x<k$) 꼴로 나타낸다.

(ⅱ) 부등호를 등호로 바꾸어 방정식을 푼다.

(ⅲ) 삼각함수의 그래프를 이용하여 주어진 부등식을 만족시키는 x의 값의 범위를 구한다.

┤ 2018년 4월 교육청 가 9 ├

$0\le x<2\pi$에서 부등식 $2\sin x+1<0$의 해

→ $2\sin x<-1$에서 $\sin x<-\dfrac{1}{2}$

즉, 주어진 부등식의 해는 함수 $y=\sin x$의 그래프가 직선 $y=-\dfrac{1}{2}$보다

아래쪽에 있는 부분의 x의 값의 범위이다.

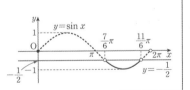

기출예시 ❷ 2021학년도 6월 평가원 가 14 ● 해답 23쪽

$0\le\theta<2\pi$일 때, x에 대한 이차방정식

$$x^2-(2\sin\theta)x-3\cos^2\theta-5\sin\theta+5=0$$

이 실근을 갖도록 하는 θ의 최솟값과 최댓값을 각각 α, β라 하자. $4\beta-2\alpha$의 값은? [4점]
❶, ❷

① 3π　　　　② 4π　　　　③ 5π

④ 6π　　　　⑤ 7π

행동전략

❶ 주어진 이차방정식이 실근을 가질 조건을 구한다.
이차방정식의 판별식을 D라 할 때, 이 이차방정식이 실근을 가지려면 $D\ge 0$

❷ 삼각함수 사이의 관계를 이용하여 ❶에서 얻은 식을 한 종류의 삼각함수로 정리한 후 삼각함수의 그래프를 그려 θ의 값의 범위를 구한다.

1

닫힌구간 $[-2\pi,\ 2\pi]$에서 정의된 두 함수

$$f(x)=\sin kx+2,\ g(x)=3\cos 12x \quad \text{❶}$$

에 대하여 다음 조건을 만족시키는 자연수 k의 개수는?

실수 a가 두 곡선 $y=f(x),\ y=g(x)$의 교점의 y좌표이면

$$\{x\,|\,f(x)=a\}\subset\{x\,|\,g(x)=a\} \quad \text{❷}$$

이다.

---

① 3   ② 4   ③ 5

④ 6   ⑤ 7

2

음이 아닌 세 정수 a, b, n에 대하여

$$(a^2+b^2+2ab-4)\cos\frac{n}{4}\pi+(b^2+ab+2)\tan\frac{2n+1}{4}\pi=0 \quad \text{❶}$$

일 때, $a+b+\sin^2\dfrac{n}{8}\pi$의 값은? (단, $a\geq b$)

       ❷

① 4   ② $\dfrac{19}{4}$ ③ $\dfrac{11}{2}$

④ $\dfrac{25}{4}$ ⑤ 7

행동전략

❶ 두 함수 $f(x)$, $g(x)$의 주기를 파악한다.
❷ 방정식 $f(x)=a$의 실근이 모두 방정식 $g(x)=a$의 실근임을 파악한다.

행동전략

❶ 두 함수 $y=\cos\dfrac{n}{4}\pi$, $y=\tan\dfrac{2n+1}{4}\pi$의 주기를 파악한다.
❷ n의 값에 따라 삼각함수의 성질을 이용하여 주어진 식을 변형한다.

3

$0<\theta<\dfrac{\pi}{4}$인 θ에 대하여 〈보기〉에서 옳은 것만을 있는 대로 고른 것은?

─────┤ 보기 ├─────

ㄱ. $\cos\left(\theta+\dfrac{\pi}{4}\right)<\sin\left(\theta+\dfrac{\pi}{4}\right)$

ㄴ. $\log_{\cos\theta}\sin\theta<\log_{\cos\theta}\sin 2\theta$

ㄷ. $\left(\sin\dfrac{\pi}{6}\right)^{-\cos\theta}<\left(\sin\dfrac{\pi}{6}\right)^{-\cos 2\theta}$

① ㄱ   ② ㄴ   ③ ㄱ, ㄴ

④ ㄴ, ㄷ   ⑤ ㄱ, ㄴ, ㄷ

4

양수 a에 대하여 집합 $\{x\mid -a\le x\le 2a\}$에서 정의된 함수

$$f(x)=3\sin\dfrac{\pi x}{a}$$

가 있다. 그림과 같이 함수 $y=f(x)$의 그래프 위의 세 점 O(0, 0), A(p, q), B(2, 0)이 있다. 함수 $y=f(x)$의 그래프와 직선 OA가 제3사분면에서 만나는 점을 C, 함수 $y=f(x)$의 그래프와 직선 AB가 제4사분면에서 만나는 점을 D라 하자. 삼각형 ACD의 넓이가 $6\sqrt{3}$일 때, $(pq)^2$의 최댓값을 구하시오. (단, $0<p<a$)

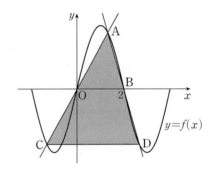

5

두 함수 $f(x)=\cos\dfrac{\pi x}{2}$, $g(x)=\sin\dfrac{\pi x}{2}$가 있다. $-1<t<1$

인 실수 t에 대하여 x에 대한 방정식

$$\{f(x)-t\}\{g(x)+t\}=0$$

의 실근 중에서 집합 $\{x\,|\,0<x\leq4\}$에 속하는 가장 작은 값을 $\alpha(t)$, 가장 큰 값을 $\beta(t)$라 하자. 〈보기〉에서 옳은 것만을 있는 대로 고른 것은?

─┤ 보기 ├─

ㄱ. $0\leq t\leq\dfrac{\sqrt2}{2}$이면 $4\leq\alpha(t)+\beta(t)\leq5$이다.

ㄴ. $\left\{t\,|\,f(\alpha(t))+g(\beta(t))=0\right\}=\left\{t\,\middle|\,-\dfrac{\sqrt2}{2}\leq t\leq\dfrac{\sqrt2}{2}\right\}$

ㄷ. $\{f(\alpha(t))\}^2+\{g(\beta(t))\}^2=\dfrac{1}{2}$을 만족시키는 모든 $\beta(t)$

　　의 값의 합은 6이다.

① ㄱ　　　　　② ㄱ, ㄴ　　　　　③ ㄱ, ㄷ

④ ㄴ, ㄷ　　　　⑤ ㄱ, ㄴ, ㄷ

6

두 자연수 a, b에 대하여 $0\leq x\leq4$에서 정의된 두 함수

$$f(x)=\cos\pi(ax+b),\ g(x)=\sin\pi(ax+b)$$

가 있다. 〈보기〉에서 옳은 것만을 있는 대로 고른 것은?

─┤ 보기 ├─

ㄱ. b가 홀수일 때, 방정식 $f(x)=-1$의 근의 개수는 $2a+1$

　　이다.

ㄴ. $-1<k<1$일 때, 방정식 $f(x)=k$의 서로 다른 모든 실근

　　의 합은 $8a$이다.

ㄷ. $-1<k<1$일 때, 방정식 $g(x)=k$의 서로 다른 모든 실근

　　의 합의 최댓값을 M, 최솟값을 m이라 하면 $M-m=4$

　　이다.

① ㄱ　　　　　② ㄴ　　　　　③ ㄱ, ㄴ

④ ㄱ, ㄷ　　　　⑤ ㄱ, ㄴ, ㄷ

7

좌표평면에서 원점 O와 두 점 A, B를 꼭짓점으로 하는 직각삼각형 OAB가 있다. $\angle \mathrm{AOB} = \dfrac{\pi}{2}$이고 점 A의 좌표가 $(\sqrt{95},\ 7)$일 때, 동경 OB가 나타내는 각의 크기를 $\theta\ (0 \leq \theta < \pi)$라 하자. $0 \leq x < 2\pi$일 때, 방정식

$$\frac{\sqrt{2}}{2}\cos\left(x + \frac{\pi}{4}\right) + \cos\theta = 0$$

의 모든 실근의 합은 $\dfrac{q}{p}\pi$이다. $p+q$의 값을 구하시오.

(단, p와 q는 서로소인 자연수이다.)

8

$x \geq 0$에서 정의된 함수 $f(x)$가 다음 조건을 만족시킨다.

(가) $0 \leq x \leq \pi$일 때, $f(x) = 2\sin x$

(나) $n\pi \leq x \leq (n+1)\pi$ (n은 자연수)인 모든 실수 x에 대하여

$$f(x) = \frac{1}{2}f(x - \pi)$$

가 성립한다.

자연수 k에 대하여 방정식 $f(x) = \dfrac{1}{2^{k-1}}$의 서로 다른 실근의 개수를 $g(k)$라 하자. $g(k) \geq 6$을 만족시키는 k의 최솟값을 m이라 할 때, 방정식 $f(x) = \dfrac{1}{2^{m-1}}$의 모든 실근의 합은 $\dfrac{q}{p}\pi$이다. $p+q$의 값을 구하시오. (단, p와 q는 서로소인 자연수이다.)

NOTE 1st ○ △ ✕ 2nd ○ △ ✕

NOTE 1st ○ △ ✕ 2nd ○ △ ✕

04 삼각함수의 활용

행동전략 ① 사인법칙 또는 코사인법칙을 적용할 수 있는 삼각형을 찾아라!
- ✔ 삼각형의 변의 길이, 각의 크기 등 주어진 조건에서 구할 수 있는 값을 정리한다.
- ✔ 삼각형의 넓이를 구할 때에도 주어진 조건을 먼저 확인한다.

행동전략 ② 원의 성질을 이용하라!
- ✔ 원주각의 크기, 원에 내접하는 사각형의 성질 등 원과 관련된 성질을 이용한다.
- ✔ 원에 내접하는 삼각형이 주어질 때 사인법칙을 이용하여 외접원의 반지름의 길이를 구한다.

◆ **사인법칙의 변형**
(1) $\sin A = \dfrac{a}{2R}$, $\sin B = \dfrac{b}{2R}$, $\sin C = \dfrac{c}{2R}$
(2) $a = 2R \sin A$, $b = 2R \sin B$, $c = 2R \sin C$
(3) $a : b : c = \sin A : \sin B : \sin C$

◆ **코사인법칙의 변형**
$\cos A = \dfrac{b^2 + c^2 - a^2}{2bc}$
$\cos B = \dfrac{c^2 + a^2 - b^2}{2ca}$
$\cos C = \dfrac{a^2 + b^2 - c^2}{2ab}$

▌기출에서 뽑은 실전 개념 **1** 사인법칙과 코사인법칙

(1) **사인법칙**: 삼각형 ABC에서 외접원의 반지름의 길이를 R라 하면
$$\frac{a}{\sin A} = \frac{b}{\sin B} = \frac{c}{\sin C} = 2R$$

(2) **코사인법칙**: 삼각형 ABC에서
$$a^2 = b^2 + c^2 - 2bc \cos A, \quad b^2 = c^2 + a^2 - 2ca \cos B,$$
$$c^2 = a^2 + b^2 - 2ab \cos C$$

(3) **삼각형의 넓이**: 삼각형 ABC의 넓이를 S라 하면
$$S = \frac{1}{2}ab \sin C = \frac{1}{2}bc \sin A = \frac{1}{2}ca \sin B$$

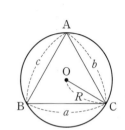

▌기출에서 뽑은 실전 개념 **2** 원의 여러 가지 성질

(1) **원주각의 성질**
원에서 한 호에 대한 원주각의 크기는 모두 같고, 그 호에 대한 중심각의 크기의 $\dfrac{1}{2}$이다.

┤ 2020년 10월 교육청 나 19 ├

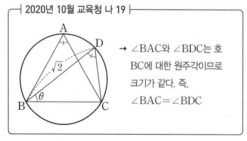

→ ∠BAC와 ∠BDC는 호 BC에 대한 원주각이므로 크기가 같다. 즉, ∠BAC = ∠BDC

(2) **원에 내접하는 사각형의 성질**
원에 내접하는 사각형에서 마주 보는 두 내각의 크기의 합은 180°이다.

┤ 2022학년도 9월 평가원 공통 12 ├

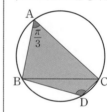

→ 사각형 ABDC가 원에 내접하므로
∠BDC = π − ∠BAC $= \dfrac{2}{3}\pi$

행동전략

① 크기가 같은 원주각에 대한 현의 길이가 같음을 이용한다.
∠BAC = ∠CAD이므로 $\overline{BC} = \overline{CD}$이다.

② 사인법칙을 이용한다.
원의 반지름의 길이를 R라 하면 삼각형 ABC에서
$$\frac{\overline{BC}}{\sin(\angle BAC)} = 2R$$

기출예시 1 2023학년도 수능 공통 11

◎ 해답 34쪽

그림과 같이 사각형 ABCD가 한 원에 내접하고 $\overline{AB} = 5$, $\overline{AC} = 3\sqrt{5}$, $\overline{AD} = 7$, ∠BAC = ∠CAD일 때, 이 원의 반지름의 길이는? [4점]

① $\dfrac{5\sqrt{2}}{2}$ ② $\dfrac{8\sqrt{5}}{5}$ ③ $\dfrac{5\sqrt{5}}{3}$

④ $\dfrac{8\sqrt{2}}{3}$ ⑤ $\dfrac{9\sqrt{3}}{4}$

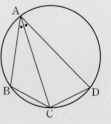

1

그림과 같이 $\overline{AB}=5$, $\overline{BC}=4$, $\cos(\angle ABC)=\dfrac{1}{8}$인 삼각형❶ ABC가 있다. ∠ABC의 이등분선과 ∠CAB의 이등분선이 만나는 점을 D, 선분 BD의 연장선과 삼각형 ABC의 외접원이 만나는 점을 E라 할 때, 〈보기〉에서 옳은 것만을 있는 대로 고른 것은?

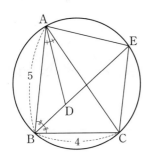

┤ 보기 ├

ㄱ. $\overline{AC}=6$ ❶

ㄴ. $\overline{EA}=\overline{EC}$ ❷

ㄷ. $\overline{ED}=\dfrac{31}{8}$ ❸

① ㄱ
② ㄱ, ㄴ
③ ㄱ, ㄷ
④ ㄴ, ㄷ
⑤ ㄱ, ㄴ, ㄷ

2

그림과 같이 반지름의 길이가 6인 원 O_1이 있다. 원 O_1 위에 서❶ 로 다른 두 점 A, B를 $\overline{AB}=6\sqrt{2}$가 되도록 잡고, 원 O_1의 내부에 점 C를 삼각형 ACB가 정삼각형이 되도록 잡는다. 정삼각형 ACB의 외접원을 O_2라 할 때, 원 O_1과 원 O_2의 공통부분의❶ 넓이는 $p+q\sqrt{3}+r\pi$이다. $p+q+r$의 값을 구하시오.❷

(단, p, q, r는 유리수이다.)

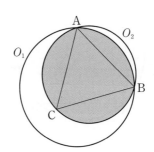

행동전략

❶ 삼각형 ABC에서 코사인법칙을 이용한다.

❷ 호 EA와 호 CE에 대한 원주각의 성질을 이용한다.

❸ 삼각형 EAD가 어떤 삼각형인지 파악한다.

행동전략

❶ 두 원 O_1, O_2의 중심의 위치를 파악한다.

❷ 공통부분의 넓이를 바로 구할 수 없으므로 여러 영역으로 나누어 그 각각의 넓이를 구한다.

3

그림과 같이 반지름의 길이가 $\sqrt{21}$인 원 O에 내접하는 사각형 ABCD에 대하여 $\overline{AB}=6$, $\angle ADC=\dfrac{\pi}{3}$이다. 선분 AC를 $2:1$로 내분하는 점을 P, 직선 BP가 원 O와 만나는 점 중 B가 아닌 점을 Q라 할 때, 선분 PQ의 길이를 구하시오.

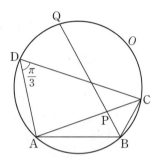

4

그림과 같이 $\overline{AB}=\overline{AC}=4$인 삼각형 ABC가 있다. 선분 AC를 $1:3$으로 내분하는 점 D와 선분 BC 위의 점 E에 대하여

$$\cos(\angle BDC)=-\frac{1}{8}, \quad \overline{DE}=\frac{5}{2}, \quad \angle DEB=\theta$$

일 때, $\sin\theta=\dfrac{q}{p}$이다. $p+q$의 값은?

(단, p와 q는 서로소인 자연수이다.)

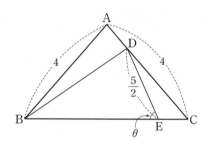

① 18　　　　② 19　　　　③ 20

④ 21　　　　⑤ 22

NOTE　　　　　　　　　　1st ○ △ ✕　2nd ○ △ ✕

- ☐
- ☐
- ☐

NOTE　　　　　　　　　　1st ○ △ ✕　2nd ○ △ ✕

- ☐
- ☐
- ☐

5

$\overline{CD}=2\overline{AB}$, $\angle BAD=\dfrac{2}{3}\pi$이고 반지름의 길이가 1인 원에 내접하는 사각형 ABCD가 있다. 두 대각선 AC, BD의 교점을 E라 할 때, 점 E는 선분 AC를 1 : 3으로 내분한다. 사각형 ABCD의 넓이가 $\dfrac{q}{p}\sqrt{3}$일 때, $p+q$의 값을 구하시오.

(단, p와 q는 서로소인 자연수이고, $\overline{AD}\neq\overline{CD}$이다.)

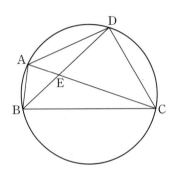

6

그림과 같이

$$\overline{AB}=4, \ \angle BAC=\angle ABD, \ \overline{AC}:\overline{BD}=2:3$$

인 두 삼각형 ABC, ABD가 있다. 점 A에서 선분 BC에 내린 수선의 발을 H라 할 때, $\overline{AH}=1$이다.

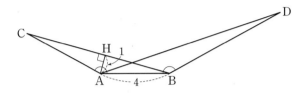

두 삼각형 ABC, ABD의 외접원의 반지름의 길이를 각각 r, R라 할 때,

$$2(3r^2-2R^2)\times\sin^2(\angle BAC)=-4$$

이다. $r+\overline{AD}^2$의 값을 구하시오. $\left(\text{단, }\dfrac{\pi}{2}<\angle BAC<\pi\right)$

7

그림과 같이 세 변의 길이가 모두 다른 삼각형 ABC에서 $\overline{AB}=4$, $\overline{AC}=6$이고, 삼각형 ABC의 외접원의 반지름의 길이는 $\dfrac{8\sqrt{7}}{7}$이다. 선분 AC의 중점을 M이라 할 때, 삼각형 BCM의 외접원의 반지름의 길이는 R이다. $14R^2$의 값을 구하시오.

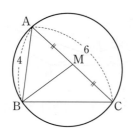

8

그림과 같이 길이가 2인 선분 AB를 지름으로 하고 중심이 O인 반원이 있다. 호 AB 위의 점 P에 대하여 $\angle PAB=\theta\left(\dfrac{\pi}{4}<\theta<\dfrac{\pi}{2}\right)$, 부채꼴 POB에 내접하는 원을 C, 원 C에 내접하는 정삼각형의 한 변의 길이를 a라 하자. $\dfrac{\sin\theta+\cos\theta}{\sin\theta-\cos\theta}=7$일 때, $(9a)^2$의 값을 구하시오.

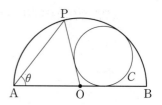

NOTE   1st ○ △ ✕   2nd ○ △ ✕
-
-
-

NOTE   1st ○ △ ✕   2nd ○ △ ✕
-
-
-

05 등차수열과 등비수열

행동전략 ① 등차수열과 등비수열의 일반항과 합의 공식을 정확히 이해하고 활용하라!

- ✓ 첫째항과 공차(또는 공비)를 알거나 임의의 두 항의 값을 알면 등차수열(또는 등비수열)의 일반항을 구할 수 있다.
- ✓ 세 수가 등차수열(또는 등비수열)을 이루면 등차중항(또는 등비중항)의 성질을 이용한다.
- ✓ 등차수열과 등비수열의 합의 공식은 주어진 조건에 따라 알맞은 것을 선택하여 사용한다.
- ✓ 수열의 합과 일반항 사이의 관계를 이용할 때, 첫째항 처리에 유의한다.

기출에서 뽑은 실전 개념 ① 등차수열과 등비수열

(1) 등차수열과 등비수열의 일반항

┌ 2020학년도 수능 나 23 ┐

모든 항이 양수인 등비수열 $\{a_n\}$에 대하여 $\dfrac{a_{16}}{a_{14}}+\dfrac{a_8}{a_7}=12$일 때, $\dfrac{a_3}{a_1}+\dfrac{a_6}{a_3}$의 값

→ 등비수열 $\{a_n\}$의 공비를 r라 하면 모든 항이 양수이므로

$a_1>0,\ r>0$

$\dfrac{a_1r^{15}}{a_1r^{13}}+\dfrac{a_1r^7}{a_1r^6}=12$이므로 $r^2+r=12$ ∴ $r=3$ $(∵ r>0)$

∴ $\dfrac{a_3}{a_1}+\dfrac{a_6}{a_3}=\dfrac{a_1r^2}{a_1}+\dfrac{a_1r^5}{a_1r^2}=r^2+r^3=36$

(2) 등차중항과 등비중항

① 등차중항: 세 수 a, b, c가 이 순서대로 등차수열을 이룰 때 ➡ $b=\dfrac{a+c}{2}$

② 등비중항: 0이 아닌 세 수 a, b, c가 이 순서대로 등비수열을 이룰 때 ➡ $b^2=ac$

(3) 등차수열과 등비수열의 합

┌ 2021학년도 6월 평가원 나 25 ┐

등비수열 $\{a_n\}$의 첫째항부터 제n항까지의 합을 S_n이라 하자. $a_1=1$, $\dfrac{S_6}{S_3}=2a_4-7$일 때, a_7의 값

→ 등비수열 $\{a_n\}$의 공비를 r라 하면 $a_n=r^{n-1}$

$\dfrac{S_6}{S_3}=\dfrac{\dfrac{r^6-1}{r-1}}{\dfrac{r^3-1}{r-1}}=r^3+1$이므로 $r^3+1=2r^3-7$ ∴ $r=2$

∴ $a_7=r^6=2^6=64$

기출예시 1 2011학년도 수능 나 22
◎ 해답 41쪽

공차가 0이 아닌 등차수열 $\{a_n\}$의 세 항 a_2, a_4, a_9가 ❶ 이 순서대로 공비 r인 등비수열을 이룰 때, $6r$ ❷ 의 값을 구하시오. [4점]

◆ 등차수열

(1) 등차수열의 일반항: 첫째항이 a, 공차가 d인 등차수열의 일반항 a_n은
$$a_n=a+(n-1)d$$
(단, $n=1, 2, 3, \cdots$)

(2) 등차수열의 합: 첫째항이 a, 공차가 d, 제n항이 l일 때, 첫째항부터 제n항까지의 합 S_n은
$$S_n=\frac{n(a+l)}{2}$$
$$=\frac{n\{2a+(n-1)d\}}{2}$$

◆ 등비수열

(1) 등비수열의 일반항: 첫째항이 a, 공비가 r인 등비수열의 일반항 a_n은
$$a_n=ar^{n-1}$$ (단, $n=1, 2, 3, \cdots$)

(2) 등비수열의 합: 첫째항이 a, 공비가 r $(r\neq1)$일 때, 첫째항부터 제n항까지의 합 S_n은
$$S_n=\frac{a(1-r^n)}{1-r}=\frac{a(r^n-1)}{r-1}$$

행동전략

❶ 첫째항과 공차를 미지수로 놓고 a_2, a_4, a_9를 첫째항과 공차에 대한 식으로 나타낸다.
등차수열 $\{a_n\}$의 첫째항을 a, 공차를 d라 하면
$$a_2=a+d, a_4=a+3d,$$
$$a_9=a+8d$$

❷ 세 수가 등비수열을 이루므로 등비중항을 이용한다.
$$a_4{}^2=a_2\times a_9$$

기출에서 뽑은 실전 개념 ② 수열의 합과 일반항 사이의 관계

┌ 2014학년도 6월 평가원 A 12 ┐

수열 $\{a_n\}$의 첫째항부터 제n항까지의 합 S_n이 $S_n=n^2-10n$일 때, $a_n<0$을 만족시키는 자연수 n의 개수

→ $n\geq2$일 때
$a_n=S_n-S_{n-1}=n^2-10n-\{(n-1)^2-10(n-1)\}=2n-11$
$n=1$일 때, $a_1=S_1=-9$
∴ $a_n=2n-11$ $(n\geq1)$

$a_n<0$에서 $2n-11<0$ ∴ $n<\dfrac{11}{2}$

따라서 자연수 n은 1, 2, 3, 4, 5의 5개이다.

◆ 수열의 합과 일반항 사이의 관계

수열 $\{a_n\}$에서 첫째항부터 제n항까지의 합을 S_n이라 하면
$$a_1=S_1, a_n=S_n-S_{n-1}\ (n\geq2)$$

1

공차가 d이고 모든 항이 자연수인 등차수열 $\{a_n\}$이 다음 조건 **❶** 을 만족시킨다.

> (가) $a_1 \leq d$ **❷**
>
> (나) 어떤 자연수 $k\,(k \geq 3)$에 대하여 세 항 $a_2,\ a_k,\ a_{3k-1}$이 이 순서대로 등비수열을 이룬다. **❶**

$90 \leq a_{16} \leq 100$일 때, a_{20}의 값을 구하시오.

2

첫째항이 2이고 공비가 정수인 등비수열 $\{a_n\}$과 자연수 m이 **❶** 다음 조건을 만족시킬 때, a_m의 값을 구하시오.

> (가) $4 < a_2 + a_3 \leq 12$ **❶**
>
> (나) $\displaystyle\sum_{k=1}^{m} a_k = 122$ **❷**

행동전략

❶ 등비중항을 이용하여 d와 k 사이의 관계식을 세운다.
❷ ❶에서 세운 식을 이용하여 부등식을 나타낸다.

행동전략

❶ 조건 (가)를 이용하여 공비의 값의 범위를 구한다.
❷ ❶에서 구한 공비의 값에 따라 조건 (나)를 만족시키는 m의 값을 구한다.

● 해답 42쪽

3

공차가 3인 등차수열 $\{a_n\}$에 대하여 세 항 a_2, a_k, a_{10}은 이 순서대로 등차수열을 이루고, 세 항 a_2, a_{10}, a_k는 이 순서대로 등비수열을 이룬다. 수열 $\{a_n\}$의 첫째항부터 제n항까지의 합이 최소가 되도록 하는 자연수 n의 값을 m이라 할 때, $k+m$의 값을 구하시오.

4

자연수 m에 대하여

'$3+2m$은 첫째항이 3이고 공차가 2 이상의 자연수인 등차수열의 제k항이다.'

를 만족시키는 모든 자연수 k의 값의 합을 $A(m)$이라 하자.

예를 들어, $3+2\times2$는 첫째항이 3이고 공차가 2인 등차수열의 제3항, 첫째항이 3이고 공차가 4인 등차수열의 제2항이므로 $A(2)=3+2=5$이다. $A(100)$의 값을 구하시오.

NOTE   1st ○ △ ✕   2nd ○ △ ✕
☐
☐
☐

NOTE   1st ○ △ ✕   2nd ○ △ ✕
☐
☐
☐

5

자연수 m에 대하여 첫째항이 -30이고 공차가 정수인 등차수열 $\{a_n\}$이 다음 조건을 만족시킨다.

> (가) $a_m + a_{m+2} = 0$을 만족시키는 m이 존재한다.
> (나) 모든 자연수 n에 대하여 $a_6 a_7 \leq a_n a_{n+1}$이다.

수열 $\{a_n\}$의 첫째항부터 제n항까지의 합을 S_n이라 할 때, S_{3m}의 최댓값은?

① 223   ② 224   ③ 225

④ 226   ⑤ 227

6

수열 $\{a_n\}$의 첫째항부터 제n항까지의 합을 S_n이라 할 때, 수열 $\{a_n\}$이 모든 자연수 n에 대하여 다음 조건을 만족시킨다.

> (가) $S_{2n+1} = S_{2n-1}$
> (나) $a_{2n+2} = -2a_{2n+1}$

$S_2 = \dfrac{3}{4}$, $S_9 = \dfrac{1}{4}$일 때,

$\log_4 |a_1| + \log_4 |a_{2m+1}| + \log_4 |a_{2m}| < 15$를 만족시키는 자연수 m의 개수를 구하시오.

NOTE   1st ○△×   2nd ○△×

□
□
□

NOTE   1st ○△×   2nd ○△×

□
□
□

7

수열 $\{a_n\}$의 첫째항부터 제n항까지의 합을 S_n이라 할 때, 수열 $\{a_n\}$이 다음 조건을 만족시킨다.

> (가) 모든 자연수 n에 대하여 $a_{n+2}=a_n+4$가 성립한다.
> (나) $S_5-S_3=21$, $S_{21}=497$

a_2-a_1의 값은?

① -9 　　　② -7 　　　③ -5

④ -3 　　　⑤ -1

8

자연수 n에 대하여 좌표평면 위의 점 P_n을 다음 규칙에 따라 정한다.

> (가) 점 P_1의 좌표는 $(4, 16)$이다.
> (나) 점 P_n에서 x축에 내린 수선의 발을 Q_n이라 하고, 선분 P_nQ_n을 $3:1$로 내분하는 점을 R_n이라 한다.
> (다) 점 R_n을 지나고 x축에 평행한 직선이 곡선 $y=x^2$과 제1사분면에서 만나는 점을 P_{n+1}이라 한다.

점 P_n의 x좌표를 a_n이라 하고, 수열 $\{a_n\}$의 첫째항부터 제n항까지의 합을 S_n이라 하자. $8-S_n<\dfrac{1}{1000}$을 만족시키는 자연수 n의 최솟값을 구하시오.

THEME 06

여러 가지 수열

행동전략 ❶ 여러 가지 수열의 합을 구할 때는 일반항을 먼저 구하라!

✓ 주어진 조건들로부터 수열의 일반항 a_n을 구한 후, $\sum$의 성질과 자연수의 거듭제곱의 합을 이용하여 수열의 합을 구한다.

✓ 특히, 분수 꼴인 수열의 합은 부분분수, 분모의 유리화를 이용하여 수열의 합을 구한다.

행동전략 ❷ 귀납적으로 정의된 수열의 일반항을 구할 때는 $n=1, 2, 3, \cdots$을 차례대로 대입하여 규칙성을 발견하라!

✓ 먼저 등차수열, 등비수열의 귀납적 정의인지 확인한다.

✓ 등차수열 또는 등비수열의 귀납적 정의가 아니라면 $n=1, 2, 3, \cdots$을 차례대로 대입하여 직접 규칙을 찾는다.

✓ $n=1, 2, 3, \cdots$을 차례대로 대입하여 규칙을 찾을 때, 각 항의 값을 구하는 과정에서 규칙을 발견해야 하는 경우도 있다.

◆ 자연수의 거듭제곱의 합

(1) $\sum\limits_{k=1}^{n} k = \dfrac{n(n+1)}{2}$

(2) $\sum\limits_{k=1}^{n} k^2 = \dfrac{n(n+1)(2n+1)}{6}$

(3) $\sum\limits_{k=1}^{n} k^3 = \left\{ \dfrac{n(n+1)}{2} \right\}^2$

기출에서 뽑은 실전 개념 ❶ 여러 가지 수열의 합

┌─ 2020학년도 수능 나 25 ─┐

자연수 n에 대하여 다항식 $2x^2-3x+1$을 $x-n$으로 나누었을 때의 나머지를 a_n이라 할 때, $\sum\limits_{n=1}^{7} (a_n-n^2+n)$의 값

→ $f(x)=2x^2-3x+1$로 놓으면 나머지정리에 의하여

$a_n = f(n) = 2n^2 - 3n + 1$

$\therefore \sum\limits_{n=1}^{7} (a_n-n^2+n) = \sum\limits_{n=1}^{7} (n^2-2n+1)$

$= \dfrac{7 \times 8 \times 15}{6} - 2 \times \dfrac{7 \times 8}{2} + 1 \times 7 = 91$

◆ 등차수열 $\{a_n\}$의 귀납적 정의

$\begin{cases} a_1 = a \\ a_{n+1} - a_n = d \end{cases}$

또는 $\begin{cases} a_1 = a \\ 2a_{n+1} = a_n + a_{n+2} \end{cases}$

(단, 첫째항이 a, 공차가 d)

◆ 등비수열 $\{a_n\}$의 귀납적 정의

$\begin{cases} a_1 = a \\ a_{n+1} = ra_n \end{cases}$ 또는 $\begin{cases} a_1 = a \\ a_{n+1}{}^2 = a_n a_{n+2} \end{cases}$

(단, 첫째항이 a, 공비가 r)

기출에서 뽑은 실전 개념 ❷ 수열의 귀납적 정의

(1) 등차수열 또는 등비수열의 귀납적 정의인 경우

→ 주어진 조건에서 첫째항과 공차 또는 공비를 구한 후, 수열의 일반항을 구한다.

(2) 등차수열 또는 등비수열의 귀납적 정의가 아닌 경우

→ $n=1, 2, 3, \cdots$을 차례대로 대입하여 각 항을 구한 후, 규칙성을 추론한다.

주의 각 항의 계산 결과만을 보지 말고, 각 항의 값을 구하는 과정에서 규칙성을 추론한다.

행동전략

❶ a_n에 $n=1, 2, 3, \cdots$을 차례대로 대입하여 a_7을 a_1으로 나타낸다.

$a_1 \geq 0$이므로 $a_2 = a_1 - 2 < 0$,

$a_3 = -2a_2 = -2(a_1 - 2) > 0, \cdots$

기출예시 ❶ 2022년 3월 교육청 공통 20   ○ 해답 46쪽

수열 $\{a_n\}$은 $1 < a_1 < 2$이고, 모든 자연수 n에 대하여

$a_{n+1} = \begin{cases} -2a_n & (a_n < 0) \\ a_n - 2 & (a_n \geq 0) \end{cases}$

을 만족시킨다. $a_7 = -1$일 때, $40 \times a_1$의 값을 구하시오. [4점]

◆ 수학적 귀납법

자연수 n에 대한 명제 $p(n)$이 모든 자연수 n에 대하여 성립함을 증명하려면 다음 두 가지를 보이면 된다.

(i) $n=1$일 때, 명제 $p(n)$이 성립한다.

(ii) $n=k$일 때, 명제 $p(n)$이 성립한다고 가정하면 $n=k+1$일 때도 명제 $p(n)$이 성립한다.

기출에서 뽑은 실전 개념 ❸ 수학적 귀납법의 빈칸 추론 문제 해결 방법

(i) 문제에서 주어진 조건을 이용하고, 빈칸이 있는 식의 위, 아래 식을 비교하여 빈칸에 들어갈 알맞은 식을 찾는다.

(ii) $n=k$일 때 성립한다고 가정한 식을 변형하여 $n=k+1$일 때 주어진 식이 성립하는 것을 보인다.

1

첫째항이 자연수이고 공차가 음의 정수인 등차수열 $\{a_n\}$과 첫째항이 자연수이고 공비가 음의 정수인 등비수열 $\{b_n\}$이 다음 조건을 만족시킬 때, a_7+b_7의 값을 구하시오.

(가) $\displaystyle\sum_{n=1}^{5}(a_n+b_n)=27$ ❶

(나) $\displaystyle\sum_{n=1}^{5}(a_n+|b_n|)=67$ ❶

(다) $\displaystyle\sum_{n=1}^{5}(|a_n|+|b_n|)=81$ ❸

2

수열 $\{a_n\}$의 일반항은

$$a_n=\log_2\sqrt{\dfrac{2(n+1)}{n+2}}$$ ❶

이다. $\displaystyle\sum_{k=1}^{m}a_k$의 값이 100 이하의 자연수가 되도록 하는 모든 자연수 m의 값의 합은? ❷

① 150   ② 154   ③ 158

④ 162   ⑤ 166

행동전략

❶ (가)−(나)에서 등비수열 $\{b_n\}$에 대한 식을 얻는다.

❷ 공비가 음의 정수인 경우를 구한다.

❸ ❷의 경우에 따라 각 항이 정수이고 공차가 음의 정수인 등차수열을 구한다.

행동전략

❶ 로그의 성질을 이용하여 $\sum$가 포함된 식을 정리한다.

❷ ❶에서 구한 식의 값이 100 이하의 자연수가 되도록 하는 조건을 찾는다.

3

좌표평면에서 자연수 n에 대하여 점 $P(6n, 6n)$이 있다. 두 점 $A(a, b)$, $B(c, d)$가 선분 OP를 대각선으로 하고 모든 변이 x축 또는 y축과 평행한 정사각형의 내부에 있고, 다음 조건을 만족시킨다.

> (가) $\dfrac{a}{2} < b < a$
>
> (나) $\overline{OA} = \overline{AB}$, $\overline{OA}^2 + \overline{AB}^2 = \overline{OB}^2$

네 자연수 a, b, c, d의 순서쌍 (a, b, c, d)의 개수를 $T(n)$이라 할 때, $\dfrac{1}{5} \displaystyle\sum_{k=1}^{10} T(k)$의 값을 구하시오. (단, O는 원점이다.)

4

자연수 n에 대하여 두 실수 a와 b가

$$3^a = 4^b = 36^n$$

을 만족시킬 때, 〈보기〉에서 옳은 것만을 있는 대로 고른 것은?

> ───────── 보기 ─────────
>
> ㄱ. $n=1$이면 $b-1 = \log_2 3$
>
> ㄴ. $n=2$이면 $(a-4)(b-2) = 4$
>
> ㄷ. $\displaystyle\sum_{n=1}^{12} (a-2n)(b-n) = 1300$

① ㄱ 　　② ㄱ, ㄴ 　　③ ㄱ, ㄷ

④ ㄴ, ㄷ 　　⑤ ㄱ, ㄴ, ㄷ

5

첫째항이 -30이고 공차가 자연수 d인 등차수열 $\{a_n\}$이 다음 조건을 만족시킨다.

(가) $(\log_2 d - 1)(\log_6 d - 1) < 0$

(나) $|a_m| = |a_{m+6}|$을 만족시키는 자연수 m이 존재한다.

$\displaystyle\sum_{k=1}^{m} |a_k|$의 최댓값을 구하시오.

6

n, p가 자연수일 때, 함수 $f(x) = \dfrac{2px - 3p + n}{x - 2}$에 대하여

$$f^{-1}(1) < f^{-1}(0) < f^{-1}(3)$$

이 성립한다. 함수 $g(x) = \dfrac{-qx + n}{x - 2}$이

$$g^{-1}(f(0)) < g^{-1}(f(3)) < g^{-1}(f(1))$$

을 만족시킬 때, 자연수 q의 개수를 a_n이라 하자. $\displaystyle\sum_{k=1}^{10} a_k$의 값을 구하시오.

7

첫째항이 1인 수열 $\{a_n\}$이 모든 자연수 n에 대하여

$$\sum_{k=1}^{n}(a_{k+1}-a_k)=2n$$

을 만족시킨다. 수열 $\{a_n\}$의 첫째항부터 제n항까지의 합을 S_n

이라 할 때, $\sum_{k=1}^{10}\dfrac{a_{k+1}}{S_kS_{k+1}}=\dfrac{q}{p}$이다. $p+q$의 값을 구하시오.

(단, p와 q는 서로소인 자연수이다.)

8

두 수열 $\{a_n\}$, $\{b_n\}$이 다음 조건을 만족시킨다.

(가) $\sum_{k=1}^{n}(a_k-b_k)=2\sqrt{n}$

(나) $\sum_{k=1}^{n}a_kb_k=4n-1$

$\sum_{k=1}^{10}(a_k^{\,2}-a_kb_k+b_k^{\,2}+8\sqrt{k^2-k}\,)$의 값을 구하시오.

1

좌표평면에서 함수

$$f(x) = \begin{cases} -x+10 & (x<10) \\ (x-10)^2 & (x \geq 10) \end{cases}$$

과 자연수 n에 대하여 점 $(n, f(n))$을 중심으로 하고 반지름의 길이가 3인 원 O_n이 있다. x좌표와 y좌표가 모두 정수인 점 중에서 원 O_n의 내부에 있고 함수 $y=f(x)$의 그래프의 아랫부분에 있는 모든 점의 개수를 A_n, 원 O_n의 내부에 있고 함수 $y=f(x)$의 그래프의 윗부분에 있는 모든 점의 개수를 B_n이라 하자. $\sum\limits_{n=1}^{20}(A_n - B_n)$의 값은?

① 19
② 21
③ 23
④ 25
⑤ 27

2

좌표평면에서 그림과 같이 길이가 1인 선분이 수직으로 만나도록 연결된 경로가 있다. 이 경로를 따라 원점에서 멀어지도록 움직이는 점 P의 위치를 나타내는 점 A_n을 다음과 같은 규칙으로 정한다.

> (i) A_0은 원점이다.
> (ii) n이 자연수일 때, A_n은 점 A_{n-1}에서 점 P가 경로를 따라 $\dfrac{2n-1}{25}$만큼 이동한 위치에 있는 점이다.

예를 들어, 점 A_2와 A_6의 좌표는 각각 $\left(\dfrac{4}{25}, 0\right)$, $\left(1, \dfrac{11}{25}\right)$이다.

자연수 n에 대하여 점 A_n 중 직선 $y=x$ 위에 있는 점을 원점에서 가까운 순서대로 나열할 때, 두 번째 점의 x좌표를 a라 하자. a의 값을 구하시오.

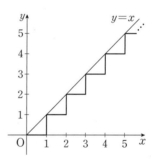

3

3 이상의 자연수 n과 두 점 $A_n(n, 0)$, $B_n\left(\frac{3}{2}n, 0\right)$에 대하여 다음 조건을 만족시키는 삼각형 $A_nB_nD_n$의 넓이를 a_n이라 할 때, $\sum_{k=3}^{10} \frac{1}{a_k} = \frac{q}{p}$이다. $p+q$의 값은?

(단, p와 q는 서로소인 자연수이다.)

(가) 점 C_n은 점 B_n을 지나고 x축에 수직인 직선이 직선 $y = \frac{1}{2}x$와 만나는 점이다.

(나) 점 D_n은 두 선분 B_nC_n, $A_{n+1}C_{n+1}$이 만나는 점이다.

① 599   ② 601   ③ 603

④ 605   ⑤ 607

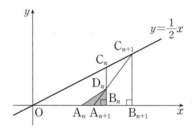

4

Killer

좌표평면에서 자연수 n에 대하여 A_n을 4개의 점

$$(n, 0), (n, 4), (-n, 4), (-n, 0)$$

을 꼭짓점으로 하는 직사각형이라 하고, 이 직사각형 A_n의 경계 및 내부의 점을 $P(x, y)$라 하자. y^2-x의 값 중 정수의 개수를 a_n이라 할 때, 〈보기〉에서 옳은 것만을 있는 대로 고른 것은?

─┤ 보기 ├─

ㄱ. $a_1 = 17$

ㄴ. $a_{n+3} - a_n = 6$

ㄷ. $\sum_{k=1}^{m} a_k > 280$을 만족시키는 자연수 m의 최솟값은 11이다.

① ㄱ   ② ㄴ   ③ ㄱ, ㄴ

④ ㄴ, ㄷ   ⑤ ㄱ, ㄴ, ㄷ

NOTE   1st ○△×   2nd ○△×

NOTE   1st ○△×   2nd ○△×

5

자연수 n에 대하여 네 점

$$(n, 0), (0, n), (-n, 0), (0, -n)$$

을 꼭짓점으로 하는 정사각형을 T_n이라 하자.

원 $(x-3n)^2+(y-3n)^2=r^2$과 T_n이 적어도 한 점에서 만나

도록 하는 양수 r의 최댓값을 a_n, 최솟값을 b_n이라 할 때,

$\sum\limits_{k=1}^{7}\left(a_k+\dfrac{2}{5}b_k^2\right)$의 값을 구하시오.

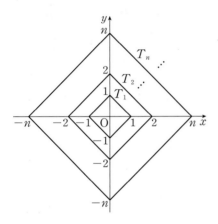

6

자연수 n에 대하여 좌표평면 위의 점 $P_n(x, y)$를 다음 규칙에
따라 점 P_{n+1}로 이동한다.

[규칙 1] $x+y$가 짝수이고 $y=1$이면 점 $P_{n+1}(x+1, 1)$로 이동
한다.

[규칙 2] $x+y$가 짝수이고 $y>1$이면 점 $P_{n+1}(x+1, y-1)$로
이동한다.

[규칙 3] $x+y$가 홀수이고 $x=1$이면 점 $P_{n+1}(1, y+1)$로 이
동한다.

[규칙 4] $x+y$가 홀수이고 $x>1$이면 점 $P_{n+1}(x-1, y+1)$로
이동한다.

점 $P_1(1, 1)$일 때, $P_k(8, 5)$이다. 자연수 k의 값은?

① 69   ② 70   ③ 71

④ 72   ⑤ 73

NOTE   1st ○△✕   2nd ○△✕

☐

☐

☐

NOTE   1st ○△✕   2nd ○△✕

☐

☐

☐

1

수열 $\{a_n\}$은 $0 < a_1 < 1$이고, 모든 자연수 n에 대하여 다음 조건을 만족시킨다.

> (가) $a_{2n} = a_2 \times a_n + 1$
>
> (나) $a_{2n+1} = a_2 \times a_n - 2$

$\underset{\text{❶}}{a_8 - a_{15} = 63}$일 때, $\underset{\text{❷}}{\dfrac{a_8}{a_1}}$의 값은?

① 91　　　　② 92　　　　③ 93

④ 94　　　　⑤ 95

2

수열 $\{a_n\}$은 $|a_1| \leq 1$이고, 모든 자연수 n에 대하여

$$a_{n+1} = \begin{cases} -2a_n - 2 & \left(-1 \leq a_n < -\dfrac{1}{2}\right) \\[2mm] 2a_n & \left(-\dfrac{1}{2} \leq a_n \leq \dfrac{1}{2}\right) \\[2mm] -2a_n + 2 & \left(\dfrac{1}{2} < a_n \leq 1\right) \end{cases}$$

을 만족시킨다. $\underset{\text{❶}}{a_5 + a_6 = 0}$이고 $\underset{\text{❷}}{\displaystyle\sum_{k=1}^{5} a_k > 0}$이 되도록 하는 모든 a_1의 값의 합은?

① $\dfrac{9}{2}$　　　　② 5　　　　③ $\dfrac{11}{2}$

④ 6　　　　⑤ $\dfrac{13}{2}$

행동전략

❶ 두 항 a_8, a_{15}를 a_2에 대한 식으로 나타낸다.

❷ a_2의 값을 구하여 $\dfrac{a_8}{a_1}$의 값을 구한다.

행동전략

❶ $a_6 = -a_5$임을 이용하여 a_5의 값을 구한다.

❷ 주어진 수열에서 조건 $\displaystyle\sum_{k=1}^{5} a_k > 0$을 만족시키는 항들을 추론하여 a_1의 값을 구한다.

3

그림과 같이 모두 합동인 정사각형의 대각선이 일직선 위에 놓이도록 한 꼭짓점을 공유하며 이어 붙인 도형이 있다. 자연수 n에 대하여 점 A_1에서 점 A_{n+1}로 선을 따라 이동할 때, 한 번 지난 점은 다시 지나지 않도록 이동하는 경로의 수를 a_n이라 하자. $\dfrac{a_{2n}}{a_{n+4}}=81$일 때, 자연수 n의 값을 구하시오.

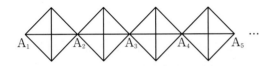

4

두 수열 $\{a_n\}$, $\{b_n\}$은
$$a_1=b_1$$
이고, 모든 자연수 n에 대하여
$$2a_{n+1}=a_n+a_{n+2},$$
$$b_{n+1}=b_n+(-1)^n a_{n+1}$$

이다. $b_{20}=b_{21}$일 때, $\dfrac{b_{21}}{b_{19}}=\dfrac{q}{p}$이다. $p+q$의 값을 구하시오.

(단, 수열 $\{a_n\}$의 모든 항은 서로 다르고, p와 q는 서로소인 자연수이다.)

NOTE   1st ○ △ ✕   2nd ○ △ ✕
□
□
□

NOTE   1st ○ △ ✕   2nd ○ △ ✕
□
□
□

5

수열 $\{a_n\}$은 모든 자연수 n에 대하여

$$a_{n+2}=\begin{cases} a_{n+1}-a_n & (a_n \leq a_{n+1}) \\ a_n - 2a_{n+1} & (a_n > a_{n+1}) \end{cases}$$

을 만족시킨다. $a_2=3$, $a_4=1$이 되도록 하는 모든 a_1의 값의 합은?

① 14   ② 15   ③ 16

④ 17   ⑤ 18

6

다음은 모든 자연수 n에 대하여 부등식

$$\left\{\frac{1}{2}+\frac{1}{12}+\frac{1}{30}+\cdots+\frac{1}{(2n-1)\times 2n}\right\}(1+2+3+\cdots+2n)$$
$$< 2n^2 \qquad \cdots\cdots (*)$$

이 성립함을 수학적 귀납법을 이용하여 증명한 것이다.

┤ 증명 ├

주어진 식 $(*)$의 양변을 $n(2n+1)$로 나누면

$$\frac{1}{2}+\frac{1}{12}+\frac{1}{30}+\cdots+\frac{1}{(2n-1)\times 2n}<\frac{2n}{2n+1} \quad \cdots\cdots ㉠$$

이다. 모든 자연수 n에 대하여

(i) $n=1$일 때,

(좌변)$=\boxed{}$, (우변)$=\dfrac{2}{3}$이므로 ㉠이 성립한다.

(ii) $n=k$일 때, ㉠이 성립한다고 가정하면

$$\frac{1}{2}+\frac{1}{12}+\frac{1}{30}+\cdots+\frac{1}{(2k-1)\times 2k}<\frac{2k}{2k+1} \quad \cdots\cdots ㉡$$

이다. ㉡의 양변에 $\dfrac{1}{(2k+1)\times 2(k+1)}$을 더하면

$$\frac{1}{2}+\frac{1}{12}+\frac{1}{30}+\cdots+\frac{1}{(2k-1)\times 2k}$$
$$+\frac{1}{(2k+1)\times 2(k+1)}<\frac{2k+1}{2k+2}$$

이 성립한다. 한편,

$$\frac{2k+1}{2k+2}-\boxed{}=-\frac{1}{(2k+2)(2k+3)}<0$$

이다. 따라서 $n=k+1$일 때도 ㉠이 성립한다.

(i), (ii)에 의하여 모든 자연수 n에 대하여 ㉠이 성립하므로 $(*)$도 성립한다.

위의 (가)에 알맞은 수를 p, (나)에 알맞은 식을 $f(k)$라 할 때, $30p \times f(6)$의 값은?

① 14   ② 16   ③ 18

④ 20   ⑤ 22

NOTE   1st ○ △ ×   2nd ○ △ ×

NOTE   1st ○ △ ×   2nd ○ △ ×

7

수열 $\{a_n\}$은 모든 자연수 n에 대하여

$$a_{n+1}=\begin{cases} a_n-2 & (a_n\geq 0) \\ a_n+3 & (a_n<0) \end{cases}$$

을 만족시키고, $a_1\geq 0$, $a_3=-1$이다. $1<m\leq 20$인 자연수 m에 대하여 a_m의 m제곱근 중 음의 실수가 존재하는 m의 개수는?

① 5   ② 6   ③ 7

④ 8   ⑤ 9

8   **Killer**

두 수열 $\{a_n\}$, $\{b_n\}$은

$$a_1=\frac{1}{2},\ b_1=k$$

이고, 모든 자연수 n에 대하여

$$a_{n+1}=\frac{1}{1-a_n},$$

$$b_{n+1}=\begin{cases} b_n+a_n & (a_n\text{이 정수일 때}) \\ b_n+2a_n & (a_n\text{이 정수가 아닐 때}) \end{cases}$$

이다. $\displaystyle\sum_{i=1}^{20} b_i=150$일 때, $k=\dfrac{q}{p}$이다. $p+q$의 값을 구하시오.

(단, p와 q는 서로소인 자연수이다.)

수능1등급완성

HIGH-END

수능 하이엔드

고난도 미니 모의고사

수 능
일등급
완 성

고난도 미니 모의고사

1

자연수 n에 대하여 $f(n)$이 다음과 같다.

$$f(n)=\begin{cases} \log_3 n & (n\text{이 홀수}) \\ \log_2 n & (n\text{이 짝수}) \end{cases}$$

20 이하의 두 자연수 m, n에 대하여 $f(mn)=f(m)+f(n)$을 만족시키는 순서쌍 (m, n)의 개수는?

① 220   ② 230   ③ 240

④ 250   ⑤ 260

2

자연수 m에 대하여 집합 A_m을

$$A_m=\left\{(a, b)\,\middle|\,2^a=\frac{m}{b}, a, b\text{는 자연수}\right\}$$

라 할 때, 〈보기〉에서 옳은 것만을 있는 대로 고른 것은?

┤보기├

ㄱ. $A_4=\{(1, 2), (2, 1)\}$

ㄴ. 자연수 k에 대하여 $m=2^k$이면 $n(A_m)=k$이다.

ㄷ. $n(A_m)=1$이 되도록 하는 두 자리 자연수 m의 개수는 23이다.

① ㄱ   ② ㄱ, ㄴ   ③ ㄱ, ㄷ

④ ㄴ, ㄷ   ⑤ ㄱ, ㄴ, ㄷ

3

그림과 같이 바다에 인접해 있는 두 해안 도로가 $60°$의 각을 이루며 만나고 있다. 두 해안 도로가 만나는 지점에서 바다쪽으로 $x\sqrt{3}\,\mathrm{m}$ 떨어져 있는 배에서 출발하여 두 해안 도로를 차례대로 한 번씩 거쳐 다시 배로 되돌아오는 수영 코스의 최단길이가 $300\,\mathrm{m}$일 때, x의 값을 구하시오. (단, 배는 정지해 있고, 두 해안 도로는 일직선 모양이며 그 폭은 무시한다.)

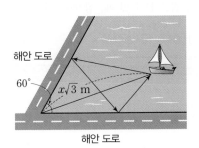

4

공차가 양수인 등차수열 $\{a_n\}$이 다음 조건을 만족시킬 때, a_5의 값은?

> (가) $a_6 + a_{12} = 18$
>
> (나) $|a_8| = a_7 + a_9 + a_{11}$

① -135 ② -133 ③ -131

④ -129 ⑤ -127

5

수직선 위에 점 P_n ($n=1, 2, 3, \cdots$)을 다음 규칙에 따라 정한다.

(가) 점 P_1의 좌표는 $P_1(0)$이다.

(나) $\overline{P_1P_2}=1$이다.

(다) $\overline{P_nP_{n+1}}=\dfrac{n-1}{n+1}\times\overline{P_{n-1}P_n}$ ($n=2, 3, 4, \cdots$)

선분 P_nP_{n+1}을 밑변으로 하고 높이가 1인 직각삼각형의 넓이를 S_n이라 하자. $S_1+S_2+S_3+\cdots+S_{50}=\dfrac{q}{p}$일 때, $p+q$의 값을 구하시오. (단, p와 q는 서로소인 자연수이다.)

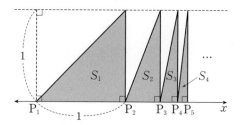

6

자연수 n에 대하여 다음 조건을 만족시키는 가장 작은 자연수 m을 a_n이라 할 때, $\sum\limits_{n=1}^{10} a_n$의 값은?

(가) 점 A의 좌표는 $(2^n, 0)$이다.

(나) 두 점 $B(1, 0)$과 $C(2^m, m)$을 지나는 직선 위의 점 중 x좌표가 2^n인 점을 D라 할 때, 삼각형 ABD의 넓이는 $\dfrac{m}{2}$보다 작거나 같다.

① 109   ② 111   ③ 113

④ 115   ⑤ 117

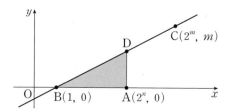

1

좌표평면에서 두 곡선 $y=|\log_2 x|$와 $y=\left(\dfrac{1}{2}\right)^x$이 만나는 두 점을 $P(x_1, y_1)$, $Q(x_2, y_2)$ $(x_1<x_2)$라 하고, 두 곡선 $y=|\log_2 x|$와 $y=2^x$이 만나는 점을 $R(x_3, y_3)$이라 하자. 옳은 것만을 〈보기〉에서 있는 대로 고른 것은?

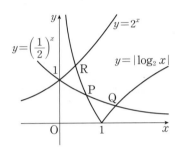

┤ 보기 ├

ㄱ. $\dfrac{1}{2}<x_1<1$

ㄴ. $x_2 y_2 - x_3 y_3 = 0$

ㄷ. $x_2(x_1-1)>y_1(y_2-1)$

① ㄱ   ② ㄷ   ③ ㄱ, ㄴ

④ ㄴ, ㄷ   ⑤ ㄱ, ㄴ, ㄷ

2

좌표평면에서 $a>1$인 자연수 a에 대하여 두 곡선 $y=4^x$, $y=a^{-x+4}$과 직선 $y=1$로 둘러싸인 영역의 내부 또는 그 경계에 포함되고 x좌표와 y좌표가 모두 정수인 점의 개수가 20 이상 40 이하가 되도록 하는 a의 개수를 구하시오.

3

$0 \leq x \leq \pi$일 때, 2 이상의 자연수 n에 대하여 두 곡선 $y=\sin x$ 와 $y=\sin (nx)$의 교점의 개수를 a_n이라 하자. a_3+a_5의 값을 구하시오.

4

수열 $\{a_n\}$의 제n항 a_n을 $\dfrac{n}{3^k}$이 자연수가 되게 하는 음이 아닌 정수 k의 최댓값이라 하자. 예를 들어, $a_1=0$이고 $a_6=1$이다. $a_m=3$일 때, $a_m+a_{2m}+a_{3m}+\cdots+a_{9m}$의 값을 구하시오.

5

첫째항이 자연수이고 공차가 음의 정수인 등차수열 $\{a_n\}$과 첫째항과 공비가 음의 정수인 등비수열 $\{b_n\}$이 다음 조건을 만족시킬 때, $a_3 b_6$의 값을 구하시오.

(가) $\displaystyle\sum_{k=1}^{5}(a_k+b_k)=4$

(나) $\displaystyle\sum_{k=1}^{5}(a_k+|b_k|)=46$

6

첫째항이 a인 수열 $\{a_n\}$은 모든 자연수 n에 대하여

$$a_{n+1}=\begin{cases} a_n+(-1)^n\times 2 & (n\text{이 }3\text{의 배수가 아닌 경우}) \\ a_n+1 & (n\text{이 }3\text{의 배수인 경우}) \end{cases}$$

를 만족시킨다. $a_{15}=43$일 때, a의 값은?

① 35   ② 36   ③ 37

④ 38   ⑤ 39

1

$a>1$인 실수 a에 대하여 곡선 $y=\log_a x$와

원 $C:\left(x-\dfrac{5}{4}\right)^2+y^2=\dfrac{13}{16}$의 두 교점을 P, Q라 하자. 선분 PQ

가 원 C의 지름일 때, a의 값은?

① 3   ② $\dfrac{7}{2}$ ③ 4

④ $\dfrac{9}{2}$ ⑤ 5

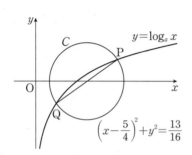

2

네 양수 a, b, c, k가 다음 조건을 만족시킬 때, k^2의 값을 구하시오.

> (가) $3^a=5^b=k^c$
> (나) $\log c=\log 2ab-\log(2a+b)$

3

다음은 $1\leq|m|<n\leq10$을 만족시키는 두 정수 m, n에 대하여 m의 n제곱근 중에서 실수인 것이 존재하도록 하는 순서쌍 (m, n)의 개수를 구하는 과정이다.

(i) $m>0$인 경우

  n의 값에 관계없이 m의 n제곱근 중에서 실수인 것이 존재한다. 그러므로 $m>0$인 순서쌍 (m, n)의 개수는 ☐(가) 이다.

(ii) $m<0$인 경우

  n이 홀수이면 m의 n제곱근 중에서 실수인 것이 항상 존재한다. 한편, n이 짝수이면 m의 n제곱근 중에서 실수인 것은 존재하지 않는다. 그러므로 $m<0$인 순서쌍 (m, n)의 개수는 ☐(나) 이다.

(i), (ii)에 의하여 m의 n제곱근 중에서 실수인 것이 존재하도록 하는 순서쌍 (m, n)의 개수는 ☐(가) $+$ ☐(나) 이다.

위의 (가), (나)에 알맞은 수를 각각 p, q라 할 때, $p+q$의 값은?

① 70 ② 65 ③ 60

④ 55 ⑤ 50

4

함수 $f(x)$가 다음 세 조건을 만족시킨다.

(가) 모든 실수 x에 대하여 $f(x+\pi)=f(x)$이다.

(나) $0\leq x\leq\dfrac{\pi}{2}$일 때, $f(x)=\sin 4x$

(다) $\dfrac{\pi}{2}<x\leq\pi$일 때, $f(x)=-\sin 4x$

이때 함수 $f(x)$의 그래프와 직선 $y=\dfrac{x}{\pi}$가 만나는 점의 개수는?

① 4 ② 5 ③ 6

④ 7 ⑤ 8

해답 69쪽

5

그림과 같이 좌표축 위의 다섯 개의 점 A, B, C, D, E에 대하여 $\overline{AB} \perp \overline{BC}$, $\overline{BC} \perp \overline{CD}$, $\overline{CD} \perp \overline{DE}$가 성립한다. 세 선분 AO, OC, EA의 길이가 이 순서대로 등차수열을 이룰 때, 직선 AB의 기울기는? (단, O는 원점이고 $\overline{OA} < \overline{OB}$이다.)

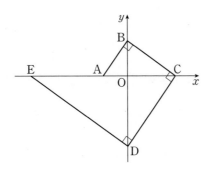

① $\sqrt{2}$ ② $\sqrt{3}$ ③ 2

④ $\sqrt{5}$ ⑤ $\sqrt{6}$

6

첫째항이 2이고 공비가 0이 아닌 정수인 등비수열 $\{a_n\}$이 다음 조건을 만족시킨다.

> (가) $a_3 \leq 4 - a_2$
>
> (나) 자연수 m에 대하여 $\sum\limits_{k=1}^{m} a_{2k} = \sum\limits_{k=1}^{2m+1} a_k - 42$이다.

m이 최솟값을 가질 때, 등비수열 $\{a_n\}$에 대하여 $a_m + a_{m+1} + a_{m+2}$의 값은?

① -10 ② -12 ③ -14

④ -16 ⑤ -18

1

자연수 n에 대하여 $n(n-4)$의 세제곱근 중 실수인 것의 개수를 $f(n)$이라 하고, $n(n-4)$의 네제곱근 중 실수인 것의 개수를 $g(n)$이라 하자. $f(n) > g(n)$을 만족시키는 모든 n의 값의 합은?

① 4   ② 5   ③ 6

④ 7   ⑤ 8

2

3보다 큰 자연수 n에 대하여 $f(n)$을 다음 조건을 만족시키는 가장 작은 자연수 a라 하자.

(가) $a \geq 3$

(나) 두 점 $(2, 0)$, $(a, \log_n a)$를 지나는 직선의 기울기는 $\dfrac{1}{2}$보다 작거나 같다.

예를 들어 $f(5) = 4$이다. $\displaystyle\sum_{n=4}^{30} f(n)$의 값을 구하시오.

3

자연수 a, b에 대하여 곡선 $y=a^{x+1}$과 곡선 $y=b^x$이 직선 $x=t$ $(t\geq1)$와 만나는 점을 각각 P, Q라 하자. 다음 조건을 만족시키는 a, b의 모든 순서쌍 (a,b)의 개수를 구하시오. 예를 들어, $a=4$, $b=5$는 다음 조건을 만족시킨다.

㈎ $2\leq a\leq10$, $2\leq b\leq10$

㈏ $t\geq1$인 어떤 실수 t에 대하여 $\overline{PQ}\leq10$이다.

4

길이가 14인 선분 AB를 지름으로 하는 반원의 호 AB 위에 점 C를 $\overline{BC}=6$이 되도록 잡는다. 점 D가 호 AC 위의 점일 때, 〈보기〉에서 옳은 것만을 있는 대로 고른 것은?

(단, 점 D는 점 A와 점 C가 아닌 점이다.)

--- 보기 ---

ㄱ. $\sin(\angle CBA)=\dfrac{2\sqrt{10}}{7}$

ㄴ. $\overline{CD}=7$일 때, $\overline{AD}=-3+2\sqrt{30}$

ㄷ. 사각형 ABCD의 넓이의 최댓값은 $20\sqrt{10}$이다.

---

① ㄱ　　　　② ㄱ, ㄴ　　　　③ ㄱ, ㄷ

④ ㄴ, ㄷ　　　　⑤ ㄱ, ㄴ, ㄷ

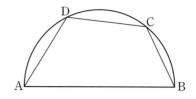

5

두 자연수 a와 b에 대하여 세 수 a^n, $2^4 \times 3^6$, b^n이 이 순서대로 등비수열을 이룰 때, ab의 최솟값을 구하시오.

(단, n은 자연수이다.)

6

수열 $\{a_n\}$의 일반항은 $a_n = n+1$이다.

다음은 모든 자연수 n에 대하여

$$\left(\sum_{k=1}^{n} a_k\right)^2 = \sum_{k=1}^{n} (a_k)^3 - 2\sum_{k=1}^{n} a_k \qquad \cdots\cdots (*)$$

이 성립함을 수학적 귀납법을 이용하여 증명한 것이다.

(ⅰ) $n=1$일 때

$$(\text{좌변}) = \left(\sum_{k=1}^{1} a_k\right)^2 = \boxed{\text{(가)}},$$

$$(\text{우변}) = \sum_{k=1}^{1} (a_k)^3 - 2\sum_{k=1}^{1} a_k = \boxed{\text{(가)}} \text{ 이므로}$$

$(*)$이 성립한다.

(ⅱ) $n=m \ (m \geq 1)$일 때, $(*)$이 성립한다고 가정하면

$$\left(\sum_{k=1}^{m} a_k\right)^2 = \sum_{k=1}^{m} (a_k)^3 - 2\sum_{k=1}^{m} a_k \text{이므로}$$

$$\left(\sum_{k=1}^{m+1} a_k\right)^2 = \left(\sum_{k=1}^{m} a_k + a_{m+1}\right)^2$$

$$= \left(\sum_{k=1}^{m} a_k\right)^2 + 2\left(\sum_{k=1}^{m} a_k\right)a_{m+1} + (a_{m+1})^2$$

$$= \sum_{k=1}^{m} (a_k)^3 - 2\sum_{k=1}^{m} a_k + 2\left(\sum_{k=1}^{m} a_k\right)a_{m+1} + (a_{m+1})^2$$

$$= \sum_{k=1}^{m} (a_k)^3 + \left(\boxed{\text{(나)}}\right)\sum_{k=1}^{m} a_k + (a_{m+1})^2$$

$$= \sum_{k=1}^{m} (a_k)^3 + m^3 + 5m^2 + 7m + 4$$

$$= \sum_{k=1}^{m} (a_k)^3 + (a_{m+1})^3 - (m^2 + 5m + 4)$$

$$= \sum_{k=1}^{m+1} (a_k)^3 - 2\sum_{k=1}^{m+1} a_k$$

이다. 따라서 $n=m+1$일 때에도 $(*)$이 성립한다.

(ⅰ), (ⅱ)에 의하여 모든 자연수 n에 대하여 $(*)$이 성립한다.

위의 (가)에 알맞은 수를 p, (나)에 알맞은 식을 $f(m)$이라 할 때, $f(p)$의 값은?

① 10 　　　　② 11 　　　　③ 12

④ 13 　　　　⑤ 14

수학 I

정답과 해설

수능 고난도 상위 5문항 정복

HIGH-END
수능 하이엔드

수능 고난도 상위 5문항 정복

HIGH-END
수능 하이엔드

정답과 해설

수학 I

본문 6쪽

기출예시 1 |정답 13

$$\log_4 2n^2 - \frac{1}{2}\log_2\sqrt{n} = \log_4 2n^2 - \log_4\sqrt{n}$$
$$= \log_4\frac{2n^2}{\sqrt{n}}$$
$$= \log_4\left(2n^{\frac{3}{2}}\right)$$

$\log_4\left(2n^{\frac{3}{2}}\right) = k$ (k는 40 이하의 자연수)라 하면

$$2n^{\frac{3}{2}} = 4^k$$
$$n^{\frac{3}{2}} = 2^{2k-1},\ n^3 = 4^{2k-1}$$
$$\therefore n = 4^{\frac{2k-1}{3}}$$

$\dfrac{2k-1}{3}$이 자연수이어야 하므로

$$k = 2,\ 5,\ 8,\ \cdots,\ 38$$

따라서 조건을 만족시키는 자연수 n의 개수는 13이다.

1등급 완성 3단계 문제연습

본문 7~11쪽

| **1** 78 | **2** 24 | **3** 16 | **4** 250 | **5** 69 |
| **6** 2 | **7** 29 | **8** 68 | **9** 4 | **10** 32 |

1 2017학년도 6월 평가원 나 30 [정답률 4%] |정답 **78**

출제영역 로그의 정의

로그의 정의를 이해하고 주어진 식을 변형하여 조건을 만족시키는 자연수를 구할 수 있는지를 묻는 문제이다.

다음 조건을 만족시키는 20 이하의 모든 자연수 n의 값의 합을 구하시오. 78

$\log_2(na-a^2)$과 $\log_2(nb-b^2)$은 같은 자연수이고 ❶
$0 < b-a \le \dfrac{n}{2}$인 두 실수 a, b가 존재한다. ❷

출제코드 로그의 정의를 이용하여 부등식을 변형하고, a, b 사이의 관계 파악하기

❶ 두 로그가 같으므로 두 로그의 진수 $na-a^2$, $nb-b^2$이 서로 같아야 하고, 밑이 2인 로그가 자연수이므로 진수가 2^k (k는 자연수) 꼴이어야 한다.
❷ 주어진 부등식을 변형하여 a, b의 값의 범위를 각각 n에 대한 식으로 나타낸다.

해설 |1단계| 두 로그가 같은 자연수라는 조건을 이용하여 a, b에 대한 식 구하기

진수의 조건에서 $na-a^2 > 0$, $nb-b^2 > 0$이므로

$$a^2 - na < 0,\ b^2 - nb < 0$$

즉, $a(a-n) < 0$, $b(b-n) < 0$에서

$$0 < a < n,\ 0 < b < n$$

또, $\log_2(na-a^2) = \log_2(nb-b^2)$에서

$$na - a^2 = nb - b^2$$
$$b^2 - a^2 + na - nb = 0$$
$$(b+a)(b-a) - n(b-a) = 0$$
$$(b-a)(b+a-n) = 0$$

$b - a > 0$이므로

$$n = b + a \qquad \cdots\cdots \ \text{㉠}$$
$$\therefore na - a^2 = (b+a)a - a^2\ (\because\ \text{㉠})$$
$$= ab$$

이때 $\log_2(na-a^2) = \log_2 ab$는 자연수이므로

$$ab = 2^k\ (k=1,\ 2,\ 3,\ \cdots) \qquad \cdots\cdots \ \text{㉡}$$

꼴이어야 한다.

|2단계| $0 < b-a \le \dfrac{n}{2}$에 |1단계|에서 구한 식을 대입하여 a, b의 값의 범위 구하기

한편, ㉠에서 $b = n-a$, $a = n-b$이므로 이를 각각 $0 < b-a \le \dfrac{n}{2}$에 대입하면

$$0 < (n-a) - a \le \frac{n}{2},\ 0 < b - (n-b) \le \frac{n}{2}$$
$$\therefore \frac{n}{4} \le a < \frac{n}{2},\ \frac{n}{2} < b \le \frac{3n}{4}$$

|3단계| ㉠, ㉡의 그래프가 만나기 위한 n의 값의 범위 구하기

주어진 조건을 만족시키려면 오른쪽 그림과 같이 ab평면 위의 직선 $b+a=n$, 즉 $b = -a+n$과 곡선 $ab = 2^k$, 즉 $b = \dfrac{2^k}{a}$이 $\dfrac{n}{4} \le a < \dfrac{n}{2}$인 범위에서 만나는 점이 존재해야 한다.

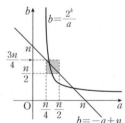

즉, $\dfrac{2^k}{\dfrac{n}{4}} \ge \dfrac{3n}{4}$, $\dfrac{2^k}{\dfrac{n}{2}} < \dfrac{n}{2}$이 성립해야 하므로

$$\frac{3n^2}{16} \le 2^k < \frac{n^2}{4}\ \text{why?}\ ❶$$
$$3n^2 \le 2^k \times 16 < 4n^2$$
$$\therefore 3n^2 \le 2^{k+4} < 4n^2$$

|4단계| 주어진 조건을 만족시키는 n의 값의 합 구하기

$3n^2 \le 2^{k+4} < 4n^2$ ($k=1,\ 2,\ 3,\ \cdots,\ 6$)에서 20 이하인 자연수 n을 구하면

$k=1$일 때, $3n^2 \le 32 < 4n^2$을 만족시키는 n의 값은 3
$k=2$일 때, $3n^2 \le 64 < 4n^2$을 만족시키는 n의 값은 없다.
$k=3$일 때, $3n^2 \le 128 < 4n^2$을 만족시키는 n의 값은 6
$k=4$일 때, $3n^2 \le 256 < 4n^2$을 만족시키는 n의 값은 9
$k=5$일 때, $3n^2 \le 512 < 4n^2$을 만족시키는 n의 값은 12, 13
$k=6$일 때, $3n^2 \le 1024 < 4n^2$을 만족시키는 n의 값은 17, 18

따라서 조건을 만족시키는 20 이하의 자연수 n의 값은

3, 6, 9, 12, 13, 17, 18이고, 그 합은

$$3+6+9+12+13+17+18 = 78$$

why? ❶ a축, b축으로 이루어진 ab평면 위의 직선 $b=-a+n$과 곡선 $b=\dfrac{2^k}{a}$

이 $\dfrac{n}{4}\le a<\dfrac{n}{2}$인 범위에서 만나려면 곡선 $b=\dfrac{2^k}{a}$이 직선 $b=-a+n$

위의 두 점 $\left(\dfrac{n}{4},\dfrac{3n}{4}\right)$, $\left(\dfrac{n}{2},\dfrac{n}{2}\right)$ 사이 또는 점 $\left(\dfrac{n}{4},\dfrac{3n}{4}\right)$을 지나야 한다.

곡선 $b=\dfrac{2^k}{a}$이 점 $\left(\dfrac{n}{4},\dfrac{3n}{4}\right)$을 지날 때

$\dfrac{2^k}{\frac{n}{4}}=\dfrac{3n}{4}$

곡선 $b=\dfrac{2^k}{a}$이 점 $\left(\dfrac{n}{2},\dfrac{n}{2}\right)$을 지날 때

$\dfrac{2^k}{\frac{n}{2}}=\dfrac{n}{2}$

이므로 $\dfrac{n}{4}\le a<\dfrac{n}{2}$에서 직선과 곡선이 만나려면

$\dfrac{2^k}{\frac{n}{4}}\ge\dfrac{3n}{4}$, $\dfrac{2^k}{\frac{n}{2}}<\dfrac{n}{2}$

이어야 한다.

이때 조건 ㈎에서 방정식 $x^n=64$의 실근과 이차방정식 $f(x)=0$의 실근이 같아야 하므로

$$f(x)=\left(x-2^{\frac{6}{n}}\right)\left(x+2^{\frac{6}{n}}\right)=x^2-2^{\frac{12}{n}}$$

즉, 함수 $f(x)$는 $x=0$에서 최솟값 $-2^{\frac{12}{n}}$을 갖는다.

조건 ㈏에서 함수 $f(x)$의 최솟값은 음의 정수이므로 $-2^{\frac{12}{n}}$이 음의 정수이어야 한다.

$\therefore n=2,\,4,\,6,\,12$ **why? ❷**

|3단계| 조건을 만족시키는 n의 값의 합 구하기

(ⅰ), (ⅱ)에 의하여 모든 자연수 n의 값의 합은

$2+4+6+12=24$

why? ❶ 이차함수 $f(x)$는 최고차항의 계수가 1이고 최솟값이 음수이므로 이차함수 $y=f(x)$의 그래프는 오른쪽 그림과 같다.

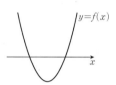

why? ❷ $-2^{\frac{12}{n}}$이 음의 정수이어야 하고 n이 짝수이어야 하므로 n의 값은 12의 약수 중에서 짝수인 자연수이다.

2

출제영역 거듭제곱근＋지수법칙＋이차함수의 그래프

이차함수의 그래프와 거듭제곱근의 성질을 이용하여 주어진 조건을 만족시키는 자연수를 구할 수 있는지를 묻는 문제이다.

> 다음 조건을 만족시키는 최고차항의 계수가 1인 이차함수 $f(x)$❶가 존재하도록 하는 모든 자연수 n의 값의 합을 구하시오. **24**
>
> ㈎ x에 대한 방정식 $(x^n-64)f(x)=0$은 서로 다른 두 실근을 갖고, 각각의 실근은 중근이다.❷
> ㈏ 함수 $f(x)$의 최솟값은 음의 정수이다.❶

출제코드 거듭제곱 꼴을 포함한 방정식 $x^n=k$ $(k>0)$에서 n이 홀수일 때와 짝수일 때로 나누어 조건을 만족시키는 n의 값 구하기

❶ 이차함수 $y=f(x)$의 그래프는 x축과 서로 다른 두 점에서 만난다.
❷ n의 값에 따라 방정식 $x^n=64$의 실근의 개수가 달라진다.
➡ n이 홀수: 실근 1개, n이 짝수: 실근 2개

해설 **|1단계|** 방정식 $f(x)=0$의 실근의 개수 구하기

이차함수 $f(x)$는 최고차항의 계수가 양수이고 최솟값이 음수이므로 방정식 $f(x)=0$은 서로 다른 두 실근을 갖는다. **why? ❶**

|2단계| n이 홀수, 짝수일 때로 나누어 주어진 방정식의 실근 파악하기

(ⅰ) n이 홀수일 때

방정식 $x^n=64$의 실근의 개수는 1이므로 방정식 $(x^n-64)f(x)=0$의 실근은 모두 중근이 될 수 없다.

(ⅱ) n이 짝수일 때

방정식 $x^n=64$의 실근은

$x=\sqrt[n]{64}$ 또는 $x=-\sqrt[n]{64}$

$\therefore x=2^{\frac{6}{n}}$ 또는 $x=-2^{\frac{6}{n}}$

3

출제영역 거듭제곱근＋지수법칙＋이차방정식의 근과 계수의 관계

이차방정식의 근과 계수의 관계를 이용하여 구한 거듭제곱근을 지수가 유리수인 꼴로 나타내고 이 수가 어떤 자연수의 제곱근이 될 조건을 구할 수 있는지를 묻는 문제이다.

> x에 대한 이차방정식 $x^2-\sqrt[4]{162}\,x+a=0$의 두 근이 $\sqrt[4]{2}$, b일 때,❶ $2\le n\le100$인 자연수 n에 대하여 $\left(\sqrt[3]{ab}\right)^2$❷이 어떤 자연수의 n제곱근❸이 되도록 하는 n의 개수를 구하시오. (단, a, b는 상수이다.) **16**

출제코드 지수가 유리수인 수가 어떤 자연수의 제곱근이 되기 위한 조건 파악하기

❶ 이차방정식 $x^2+a_1x+a_2=0$의 두 근이 α, β일 때, 근과 계수의 관계에 의하여 $\alpha+\beta=-a_1$, $\alpha\beta=a_2$이다.
➡ 이차방정식 $x^2-\sqrt[4]{162}\,x+a=0$의 두 근이 $\sqrt[4]{2}$, b이므로 근과 계수의 관계에 의하여 $\sqrt[4]{2}+b=\sqrt[4]{162}$, $\sqrt[4]{2}\times b=a$
❷ 거듭제곱근을 지수가 유리수인 수로 나타내고 지수법칙을 이용하여 간단히 한다.
❸ $\left(\sqrt[3]{ab}\right)^2$을 n제곱하면 어떤 자연수가 된다는 뜻이다.

해설 **|1단계|** 이차방정식의 근과 계수의 관계를 이용하여 a, b의 값 구하기

이차방정식 $x^2-\sqrt[4]{162}\,x+a=0$의 두 근이 $\sqrt[4]{2}$, b이므로 근과 계수의 관계에 의하여

$\sqrt[4]{2}+b=\sqrt[4]{162}$ …… ㉠

$\sqrt[4]{2}\times b=a$ …… ㉡

㉠에서

$\sqrt[4]{2}+b=\sqrt[4]{3^4\times 2}$

$\sqrt[4]{2}+b=3\sqrt[4]{2}$

$\therefore b=2\sqrt[4]{2}$

$b=2\sqrt[4]{2}$를 ㉡에 대입하면

$a=\sqrt[4]{2}\times 2\sqrt[4]{2}=2\sqrt[4]{4}$

|2단계| 지수법칙을 이용하여 $(\sqrt[3]{ab})^2$을 지수가 유리수인 수로 나타내기

$ab=2\sqrt[4]{4}\times 2\sqrt[4]{2}=4\sqrt[4]{8}=2^2\times 2^{\frac{3}{4}}=2^{2+\frac{3}{4}}=2^{\frac{11}{4}}$

이므로

$(\sqrt[3]{ab})^2=(ab)^{\frac{2}{3}}=(2^{\frac{11}{4}})^{\frac{2}{3}}=2^{\frac{11}{6}}$

|3단계| 거듭제곱근의 정의를 이용하여 자연수 n의 개수 구하기

어떤 자연수 N에 대하여 $2^{\frac{11}{6}}$이 N의 n제곱근이면

$N=(2^{\frac{11}{6}})^n=2^{\frac{11}{6}n}$

이때 $N=2^{\frac{11}{6}n}$이 자연수가 되려면 n은 6의 배수이어야 하므로

$\underline{n=6k\,(k=1,\,2,\,3,\,\cdots,\,16)}_{\;\;\sqsubset\;2\leq n\leq 100}$ 꼴이다.

따라서 조건을 만족시키는 n은

$6,\,12,\,18,\,\cdots,\,96$

의 16개이다.

---

4   2020학년도 9월 평가원 나 28 [정답률 20%] 변형 |정답 **250**

출제영역   지수와 로그의 성질

지수와 로그의 성질을 이해하고 주어진 식을 정리하여 조건을 만족시키는 미지수의 값을 구할 수 있는지를 묻는 문제이다.

> 세 양수 a, b, k와 $c\geq 2$인 자연수 c가 다음 조건을 만족시킬 때, k^3의 값을 구하시오.   250
>
> (가) $2^a=5^b=\sqrt[c]{k}$ ❶
>
> (나) $\log_3(3a+b)-\log_3 c=\log_3 ab+1$ ❷

출제코드   지수와 로그의 성질을 이용하여 세 실수 a, b, c 사이의 관계 파악하기

❶ $\log_p q=x\Longleftrightarrow q=p^x$임을 이용한다.

❷ $\log_p x+\log_p y=\log_p xy$, $\log_p x-\log_p y=\log_p\dfrac{x}{y}$임을 이용하여 주어진 식을 정리한다.

해설 |1단계| 지수와 로그의 정의를 이용하여 a, b, c 표현하기

조건 (가)에서

$2^a=5^b=k^{\frac{1}{c}}=M\,(M>1)$

이라 하면

$a=\log_2 M,\ b=\log_5 M,\ \dfrac{1}{c}=\log_k M$

|2단계| 밑이 같은 로그로 a, b, c 표현하기

밑을 M으로 같게 만들면

$\dfrac{1}{a}=\log_M 2,\ \dfrac{1}{b}=\log_M 5,\ c=\log_M k$ …… ㉠

|3단계| 로그의 성질을 이용하여 a, b, c 사이의 관계 파악하기

조건 (나)에서

$\log_3\dfrac{3a+b}{c}=\log_3 ab+\log_3 3$

$\log_3\dfrac{3a+b}{c}=\log_3 3ab$

$\dfrac{3a+b}{c}=3ab$

$\therefore c=\dfrac{3a+b}{3ab}=\dfrac{1}{b}+\dfrac{1}{3a}$ …… ㉡

|4단계| k^3의 값 구하기

㉠을 ㉡에 대입하면

$\log_M k=\log_M 5+\dfrac{1}{3}\times\log_M 2$

양변에 3을 곱하면

$3\log_M k=3\log_M 5+\log_M 2$

$\log_M k^3=\log_M(5^3\times 2)$

$\therefore k^3=5^3\times 2=250$

---

5   2015년 3월 교육청 A 29 [정답률 12%] 변형 |정답 **69**

출제영역   로그＋이차함수의 그래프와 이차방정식의 근

로그의 뜻을 이해하고 이차함수의 그래프를 이용하여 이차방정식의 근을 구할 수 있는지를 묻는 문제이다.

> $\log_2(-2x^2+ax+6)$의 값이 자연수가 되도록 하는 양수 x의 개수가 6일 때, 모든 자연수 a의 값의 합을 구하시오.   69
> ❶ ❷ ❸

출제코드   로그의 값이 자연수가 되기 위한 진수의 조건 찾기

❶ $\log_2(-2x^2+ax+6)=n\,(n$은 자연수$)$으로 놓으면 $-2x^2+ax+6=2^n$이어야 한다.

❷ ❶을 만족시키는 x의 개수가 6이 되는 조건을 찾는다. 이때 $x>0$임에 유의한다.

❸ ❷에서 찾은 조건을 만족시키는 자연수 a의 값을 모두 구한다.

해설 |1단계| 이차함수의 그래프를 이용하여 주어진 조건을 만족시키는 양수 x의 개수가 6이 되는 경우 파악하기

$\log_2(-2x^2+ax+6)=n\,(n$은 자연수$)$으로 놓으면

$-2x^2+ax+6=2^n$ …… ㉠

방정식 ㉠을 만족시키는 양수 x의 개수가 6이므로 $f(x)=-2x^2+ax+6$으로 놓으면 함수 $y=f(x)$의 그래프와 직선 $y=2^n$이 오른쪽 그림과 같이 x좌표가 양수인 6개의 점에서 만나야 한다. **why?❶**

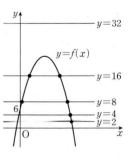

|2단계| 조건을 만족시키는 자연수 a의 값의 합 구하기

$f(x)=-2x^2+ax+6$

$\qquad =-2\left(x-\dfrac{a}{4}\right)^2+\dfrac{a^2}{8}+6$

즉, 함수 $f(x)$의 최댓값이 $\dfrac{a^2}{8}+6$이므로

$16<\dfrac{a^2}{8}+6<32$

이어야 한다.

$\therefore 80<a^2<208$

따라서 조건을 만족시키는 자연수 a의 값은 9, 10, 11, 12, 13, 14이고, 그 합은

$9+10+11+12+13+14=69$

해설 특강 ✎

why? ❶ 이차함수 $y=f(x)$의 그래프가 y축과 만나는 점이 $(0, 6)$이므로 직선 $y=2^n$과 만나는 점 중 x좌표가 양수인 점의 개수는

$n=1, 2$일 때, 각각 1개

$n=3, 4$일 때, 각각 2개

이다.

---

6 2014학년도 수능 A 14 [정답률 53%] 변형 |정답 **2**

출제영역 지수법칙＋로그의 정의

지수법칙, 로그의 정의를 이용하여 특정한 관계식을 만족시키는 자연수의 순서쌍의 개수를 구할 수 있는지를 묻는 문제이다.

> 자연수 n에 대하여 $f(n)$, $g(n)$이 다음과 같다.
>
> $f(n)=\begin{cases}\sqrt[9]{4^{a+2}} & (n\text{이 홀수})\\ \sqrt[8]{3^{a-1}} & (n\text{이 짝수})\end{cases}$, $g(n)=\begin{cases}\log_3 n & (n\text{이 홀수})\\ \log_2 n & (n\text{이 짝수})\end{cases}$ **❶**
>
> 10 이하의 두 자연수 a, b에 대하여 다음 조건을 만족시키는 모든 순서쌍 (a, b)의 개수를 구하시오. 2
>
> ㈎ $f(a)\times f(b)$는 자연수이다. **❷**
> ㈏ $g(a)\times g(b)$는 음이 아닌 정수이다. **❷**

출제코드 a, b가 각각 홀수, 짝수일 때로 나누어 조건을 만족시키는 경우 찾기

❶ n이 홀수인지 짝수인지에 따라 $f(n)$, $g(n)$의 값이 달라지므로 a, b가 각각 홀수, 짝수일 때로 나누어 생각한다.

❷ ❶의 각 경우에 조건을 만족시키는 a, b의 값을 파악한다.

해설 **|1단계|** a, b가 각각 홀수, 짝수일 때로 구분하여 순서쌍 구하기

(ⅰ) a, b가 모두 홀수일 때

$f(a)\times f(b)=\sqrt[9]{4^{a+2}}\times\sqrt[9]{4^{b+2}}=4^{\frac{a+2}{9}}\times 4^{\frac{b+2}{9}}$

$\qquad\qquad\quad =4^{\frac{a+2}{9}+\frac{b+2}{9}}=4^{\frac{a+b+4}{9}}$

$\qquad\qquad\quad =2^{\frac{2(a+b+4)}{9}}$

이 값이 자연수이려면 $a+b+4$의 값이 0 또는 9의 배수이어야 하므로 **why? ❶**

$a+b+4=0$ 또는 $a+b+4=9$ 또는 $a+b+4=18$

또, $g(a)\times g(b)=\log_3 a\times\log_3 b$의 값이 음이 아닌 정수이려면

$a=1$ 또는 $b=1$ 또는 $a=3^k$, $b=3^l$ (k, l은 자연수) ⋯⋯ ㉠

꼴이어야 한다. **why? ❷**

$a+b+4=0$, 즉 $a+b=-4$를 만족시키는 10 이하의 자연수 a, b의 순서쌍 (a, b)는 없다.

$a+b+4=9$, 즉 $a+b=5$를 만족시키는 10 이하의 자연수 a, b의 순서쌍 (a, b)는

$(1, 4)$, $(2, 3)$, $(3, 2)$, $(4, 1)$

이 중 a, b가 모두 홀수인 순서쌍 (a, b)는 없다.

$a+b+4=18$, 즉 $a+b=14$를 만족시키는 10 이하의 자연수 a, b의 순서쌍 (a, b)는

$(4, 10)$, $(5, 9)$, $(6, 8)$, $(7, 7)$,

$(8, 6)$, $(9, 5)$, $(10, 4)$

이때 a, b가 모두 홀수인 순서쌍 (a, b)는

$(5, 9)$, $(7, 7)$, $(9, 5)$

이고, 이 중 ㉠을 만족시키는 순서쌍 (a, b)는 없다.

따라서 주어진 조건을 만족시키는 순서쌍 (a, b)는 없다.

(ⅱ) a는 홀수, b는 짝수일 때

$f(a)\times f(b)=\sqrt[9]{4^{a+2}}\times\sqrt[8]{3^{b-1}}$

$\qquad\qquad\quad =2^{\frac{2(a+2)}{9}}\times 3^{\frac{b-1}{8}}$

이 값이 자연수이려면 $a+2$의 값은 0 또는 9의 배수이고 $b-1$의 값은 0 또는 8의 배수이어야 한다. **why? ❶**

이때 a의 값은 7이고 b의 값은 1, 9이므로 순서쌍 (a, b)는

$(7, 1)$, $(7, 9)$

이 중 a는 홀수, b는 짝수인 순서쌍 (a, b)는 없다.

(ⅲ) a는 짝수, b는 홀수일 때

$f(a)\times f(b)=\sqrt[8]{3^{a-1}}\times\sqrt[9]{4^{b+2}}$

$\qquad\qquad\quad =3^{\frac{a-1}{8}}\times 2^{\frac{2(b+2)}{9}}$

이 값이 자연수이려면 $a-1$의 값은 0 또는 8의 배수이고, $b+2$의 값은 0 또는 9의 배수이어야 한다. **why? ❶**

이때 a의 값은 1, 9이고, b의 값은 7이므로 순서쌍 (a, b)는

$(1, 7)$, $(9, 7)$

이 중 a는 짝수, b는 홀수인 순서쌍 (a, b)는 없다.

(ⅳ) a, b가 모두 짝수일 때

$f(a)\times f(b)=\sqrt[8]{3^{a-1}}\times\sqrt[8]{3^{b-1}}$

$\qquad\qquad\quad =3^{\frac{a-1}{8}}\times 3^{\frac{b-1}{8}}$

$\qquad\qquad\quad =3^{\frac{a-1}{8}+\frac{b-1}{8}}$

$\qquad\qquad\quad =3^{\frac{a+b-2}{8}}$

이 값이 자연수이려면 $a+b-2$의 값이 0 또는 8의 배수이어야 하므로 **why? ❶**

$a+b-2=0$ 또는 $a+b-2=8$ 또는 $a+b-2=16$

또, $g(a) \times g(b) = \log_2 a \times \log_2 b$의 값이 음이 아닌 정수이려면
$a=1$ 또는 $b=1$ 또는 $a=2^k$, $b=2^l$ (k, l은 자연수) ...... ㉡
꼴이어야 한다. **why? ❷**

$a+b-2=0$, 즉 $a+b=2$를 만족시키는 10 이하의 자연수 a, b의 순서쌍 (a, b)는

$(1, 1)$

이 중 a, b가 모두 짝수인 순서쌍 (a, b)는 없다.

$a+b-2=8$, 즉 $a+b=10$을 만족시키는 10 이하의 자연수 a, b의 순서쌍 (a, b)는

$(1, 9)$, $(2, 8)$, $(3, 7)$, $(4, 6)$, $(5, 5)$,
$(6, 4)$, $(7, 3)$, $(8, 2)$, $(9, 1)$

이때 a, b가 모두 짝수인 순서쌍 (a, b)는

$(2, 8)$, $(4, 6)$, $(6, 4)$, $(8, 2)$

이고, 이 중 ㉡을 만족시키는 순서쌍 (a, b)는

$(2, 8)$, $(8, 2)$ **how? ❸**

$a+b-2=16$, 즉 $a+b=18$을 만족시키는 10 이하의 자연수 a, b의 순서쌍 (a, b)는

$(8, 10)$, $(9, 9)$, $(10, 8)$

이때 a, b가 모두 짝수인 순서쌍 (a, b)는

$(8, 10)$, $(10, 8)$

이고, 이 중 ㉡을 만족시키는 순서쌍 (a, b)는 없다.

따라서 주어진 조건을 만족시키는 순서쌍 (a, b)는

$(2, 8)$, $(8, 2)$

|2단계| 순서쌍 (a, b)의 개수 구하기

(i)~(iv)에 의하여 조건을 만족시키는 순서쌍 (a, b)는

$(2, 8)$, $(8, 2)$

의 2개이다.

해설 특강 ✎

why? ❶ 양의 소수 c에 대하여 $c>1$일 때, c^x의 값이 자연수가 되려면 x의 값은 음이 아닌 정수이어야 한다.

why? ❷ M이 양의 소수이고 N_1, N_2가 자연수일 때,
$\log_M N_1 \times \log_M N_2$의 값이 음이 아닌 정수가 되려면
$\log_M N_1 = 0$ 또는 $\log_M N_2 = 0$
또는 $\log_M N_1$, $\log_M N_2$가 모두 자연수
이어야 하므로
$N_1=1$ 또는 $N_2=1$ 또는 $N_1=M^{k_1}$, $N_2=M^{k_2}$ (k_1, k_2는 자연수)
이어야 한다.

how? ❸ $(2, 8)$, $(4, 6)$, $(6, 4)$, $(8, 2)$에서
$(2, 8) \rightarrow (2^1, 2^3)$
$(4, 6) \rightarrow (2^2, 6)$
$(6, 4) \rightarrow (6, 2^2)$
$(8, 2) \rightarrow (2^3, 2^1)$
이므로 각 수가 2의 거듭제곱으로 나타낼 수 있는 순서쌍은 $(2, 8)$, $(8, 2)$의 2개뿐이다.

7

지수와 로그의 성질을 이용하여 주어진 조건을 만족시키는 수를 구할 수 있는지를 묻는 문제이다.

다음 조건을 만족시키는 100 이하의 자연수 a, b, c ($a<b<c$)의 순서쌍 (a, b, c)에 대하여 $a+b+c=k$라 할 때, 가능한 모든 k의 값의 합을 구하시오. 29

(가) 세 수 a, b, c 중에서 두 수와 세 수 $\log_2 a$, $\log_2 b$, $\log_2 c$ 중에서 두 수는 서로 같다. ❶
(나) $\log_2 a + \log_2 b + \log_2 c$의 값은 자연수이다. ❷

출제코드 로그의 값이 자연수가 되기 위한 진수의 조건을 파악하고, 세 수의 곱이 어떤 수의 거듭제곱 꼴이 될 때 세 수의 조건 파악하기

❶ $a<b<c$에서 $\log_2 a < \log_2 b < \log_2 c$이고 $a>\log_2 a$임을 이용하여 어떤 두 수가 서로 같은지 찾아본다.

❷ $\log_2 a + \log_2 b + \log_2 c = \log_2 abc$이므로 $\log_2 abc$의 값이 자연수이기 위한 조건을 파악한다.

해설 **|1단계|** 조건 (나)를 만족시키는 a, b, c의 조건 찾기

조건 (나)에서 $\log_2 a + \log_2 b + \log_2 c = n$ (n은 자연수)으로 놓으면
$\log_2 abc = n$ ∴ $abc = 2^n$
이때 a, b, c ($a<b<c$)는 자연수이므로
음이 아닌 정수 p, q, r ($p<q<r$)에 대하여
$a=2^p$, $b=2^q$, $c=2^r$ **why? ❶** ...... ㉠

|2단계| 조건 (가)를 만족시키는 a, b, c의 조건 찾기

자연수 a에 대하여 $a>\log_2 a$이고, $\log_2 a < \log_2 b < \log_2 c$이므로 조건 (가)에 의하여
$a=\log_2 b$, $b=\log_2 c$ **why? ❷**
∴ $b=2^a$, $c=2^b$ ...... ㉡

|3단계| a, b, c의 합이 될 수 있는 값 구하기

㉠, ㉡에서
(i) $p=0$일 때
$a=2^0=1$, $b=2^1=2$, $c=2^2=4$이므로
$a+b+c=1+2+4=7$
(ii) $p=1$일 때
$a=2^1=2$, $b=2^2=4$, $c=2^4=16$이므로
$a+b+c=2+4+16=22$
(iii) $p=2$일 때
$a=2^2=4$, $b=2^4=16$, $c=2^{16}>100$이므로 $p \geq 2$일 때는 조건을 만족시키는 a, b, c가 존재하지 않는다.
(i), (ii), (iii)에 의하여 가능한 모든 k의 값의 합은
$7+22=29$

해설 특강 ✎

why? ❶ 2^n의 약수는 1, 2, 2^2, ..., 2^n이므로 $abc=2^n$을 만족시키는 자연수 a, b, c는 모두 2^k (k는 음이 아닌 정수) 꼴이다.

why? ❷ $a>\log_2 a$와 마찬가지로, $b>\log_2 b$, $c>\log_2 c$이므로 조건 (가)에서
$\log_2 a < a = \log_2 b < b = \log_2 c < c$

출제영역 거듭제곱근의 정의와 성질

거듭제곱근의 정의와 성질을 이용하여 조건을 만족시키는 실수를 구할 수 있는지를 묻는 문제이다.

> $l \geq 2$, $m \geq 2$인 두 자연수 l, m에 대하여 16의 l제곱근 중 실수인 것을 a, 81의 m제곱근 중 실수인 것을 b라 하자. 두 집합
> $$A = \{(a, b) \mid a^5 b^6 \text{이 자연수}\},$$
> $$B = \{y \mid y = \log_6 ab, y \text{는 자연수이고 } (a, b) \in A\}$$
> 에 대하여 집합 B의 모든 원소의 합을 S라 할 때, $n(A) + S$의 값을 구하시오. **68**

출제코드 16의 l제곱근 중 실수인 것과 81의 m제곱근 중 실수인 것 구하기

❶ $a^5 b^6$이 자연수이고, $b^6 > 0$이므로 $a^5 > 0$임을 알 수 있다.

❷ m이 홀수, 짝수일 때로 나누어 b의 값을 구한다.

해설 |1단계| a의 개수 구하기

$a^5 b^6$이 자연수이고, $b^6 > 0$이므로

$$a^5 > 0$$

$$\therefore a > 0$$

16의 l제곱근 중 실수인 것이 a이므로 a는 방정식 $x^l = 16$의 실근 중 양수이다.

즉, $a = \sqrt[l]{16} = 2^{\frac{4}{l}}$

$a^5 = 2^{\frac{20}{l}}$이 자연수가 되려면

$$l = 2, 4, 5, 10, 20$$

$$\therefore a = 2^2, 2^{\frac{4}{5}}, 2^{\frac{2}{5}}, 2^{\frac{1}{5}}$$

따라서 a^5이 자연수가 되도록 하는 a의 개수는 5이다.

|2단계| b의 개수 구하기

81의 m제곱근 중 실수인 것이 b이므로 b는 방정식 $x^m = 81$의 실근이다.

(i) m이 홀수일 때

$$b = \sqrt[m]{81} = 3^{\frac{4}{m}}$$

$b^6 = 3^{\frac{24}{m}}$이 자연수가 되려면

$m = 3$ —— 24의 양의 약수 중 홀수인 수는 3뿐이다.

$$\therefore b = 3^{\frac{4}{3}}$$

(ii) m이 짝수일 때

$$b = \pm\sqrt[m]{81} = \pm 3^{\frac{4}{m}}$$

$b^6 = 3^{\frac{24}{m}}$이 자연수가 되려면

$$m = 2, 4, 6, 8, 12, 24$$

$$\therefore b = \pm 3^2, \pm 3, \pm 3^{\frac{2}{3}}, \pm 3^{\frac{1}{2}}, \pm 3^{\frac{1}{3}}, \pm 3^{\frac{1}{6}}$$

(i), (ii)에서 b^6이 자연수가 되도록 하는 b의 개수는

$$1 + 12 = 13$$

|3단계| $n(A)$의 값 구하기

따라서 a, b의 순서쌍 (a, b)의 개수는

$$5 \times 13 = 65$$

$$\therefore n(A) = 65$$

|4단계| $ab = 6^k$ (k는 자연수) 꼴이 되는 수를 찾아 S의 값 구하기

한편, $k = \log_6 ab$, 즉 $ab = 6^k$ (k는 자연수) 꼴이 되려면 순서쌍 (a, b)는

$$(2^2, 3^2), (2, 3)$$ —— $ab = 6^k = 2^k \times 3^k$에서 k가 자연수인 a, b의 값은 2, 2^2, 3, 3^2뿐이다.

이어야 한다.

따라서 $ab = 6^2$, 6이므로

$$S = \log_6 6^2 + \log_6 6$$

$$= 2 + 1 = 3$$

$$\therefore n(A) + S = 65 + 3 = 68$$

출제영역 지수와 로그의 성질 + 여러 가지 함수의 성질

지수와 로그의 성질을 이해하고 여러 가지 함수의 성질을 이용하여 함숫값을 구할 수 있는지를 묻는 문제이다.

> 세 집합
> $$X = \{1, 2, 3, 4\}, \quad Y = \{1, 2, 4, 8\}, \quad Z = \{1, 3, 9, 27\}$$
> 에 대하여 일대일대응인 두 함수 $f : X \longrightarrow Y$, $g : Y \longrightarrow Z$가 다음 조건을 만족시킨다.
>
> (가) $2^{f(1)} = 4^{g(4)}$ ❶
> (나) $(g \circ f)(4) = 9$
> (다) $f^{-1}(4) < 3$ ❷
> (라) $\log_2 f(3) = \log_3 g(2)$ ❸
>
> $\log_3 f(2) \times \log_2 g(1)$의 값을 구하시오. **4**

출제코드 두 일대일대응의 함숫값 구하기

❶ 밑을 통일한 후 지수끼리 비교하여 $f(1)$, $g(4)$의 관계를 파악한다.

❷ $f^{-1}(4) = k$이면 $f(k) = 4$이다.

❸ $f(3)$의 값에 따라 경우를 나누어 $g(2)$의 값을 구하여 조건을 만족시키는 경우를 찾는다.

❹ ❶, ❷, ❸에서 구한 함숫값과 일대일대응의 정의를 이용하여 나머지 함숫값을 구한다.

해설 |1단계| 조건 (가)에서 $f(1)$, $g(4)$의 값 구하기

조건 (가)에서 $2^{f(1)} = 4^{g(4)}$이므로 $2^{f(1)} = 2^{2g(4)}$

즉, $f(1) = 2g(4)$에서

$$f(1) = 2, g(4) = 1 \text{ how? ❶}$$

|2단계| 조건 (다)에서 역함수의 성질을 이용하여 함수 f의 함숫값 구하기

조건 (다)에서 $f^{-1}(4) < 3$이므로 $f(x) = 4$를 만족시키는 x의 값은 1 또는 2이다. how? ❷

이때 함수 f가 일대일대응이고 $f(1) = 2$이므로

$$f(2) = 4$$

|3단계| 조건 (라)에서 경우를 나누어 $f(3)$, $g(2)$의 값 구하기

따라서 $f(3) = 1$ 또는 $f(3) = 8$이고, 조건 (라)에서

$\log_2 f(3) = \log_3 g(2)$이므로 다음과 같다.

(ⅰ) $f(3)=1$일 때

$\log_2 f(3)=\log_2 1=0$

$\log_3 g(2)=0$에서 $g(2)=1$

이때 함수 g가 일대일대응이고 $g(4)=1$이므로

$g(2)\ne1$

즉, 조건을 만족시키지 않는다.

(ⅱ) $f(3)=8$일 때

$\log_2 f(3)=\log_2 8=3$

$\log_3 g(2)=3$에서 $g(2)=3^3=27$

(ⅰ), (ⅱ)에 의하여

$f(3)=8$, $g(2)=27$

|4단계| 조건 ㈏에서 일대일대응과 합성함수의 성질을 이용하여 $g(1)$의 값 구하기

이때 $f(4)=1$이므로 조건 ㈏에서

$(g\circ f)(4)=g(f(4))=g(1)=9$

|5단계| 주어진 식의 값 구하기

$\therefore \log_3 f(2)\times\log_2 g(1)=\log_3 4\times\log_2 9=\dfrac{2\log 2}{\log 3}\times\dfrac{2\log 3}{\log 2}$

$\qquad\qquad\qquad\qquad\qquad\qquad =4$

해설특강 ✎

how? ❶ (ⅰ) $g(4)=1$일 때

$\qquad$ $f(1)=2g(4)$이므로 $f(1)=2$

$\qquad$ (ⅱ) $g(4)=3$ 또는 $g(4)=9$ 또는 $g(4)=27$일 때

$\qquad$ $f(1)=2g(4)$이므로 각각 $f(1)=6$, $f(1)=18$, $f(1)=54$

$\qquad$ 함수 f의 치역 Y의 원소 중에서 이를 만족시키는 값은 존재하지 않는다.

$\qquad$ (ⅰ), (ⅱ)에 의하여 $f(1)=2$, $g(4)=1$

how? ❷ $f^{-1}(4)=k$로 놓으면 $f(k)=4$

$\qquad$ $f^{-1}(4)<3$에서 $k<3$이므로 $k=1$ 또는 $k=2$

$\qquad$ $\therefore f(1)=4$ 또는 $f(2)=4$

---

10 |정답**32**

출제영역 로그의 성질＋선분의 내분점과 외분점

선분의 내분, 외분을 이용하여 두 점의 x좌표를 로그가 포함된 식으로 표현하고 조건을 만족시키는 미지수의 값을 구할 수 있는지를 묻는 문제이다.

좌표평면 위의 **두 점 A, B를 1 : 2로 내분하는 점과 외분하는 점**을 각각 $P(x_1, y_1)$, $Q(x_2, y_2)$라 하자. 네 점 A, B, P, Q가 다음 조건을 만족시킬 때, $(ab)^2$의 값을 구하시오. _32_

㈎ 두 점 A, B의 x좌표는 각각 $\log_4 a$, $\log_2 b$이다. (단, $b>a>1$) **❶** **❷**

㈏ $|x_2|+1=3|x_1|$, $x_1\times x_2=-\dfrac{5}{4}$ **❷**

출제코드 로그의 성질을 이용하여 두 실수 a, b의 값 구하기

❶ x_1, x_2를 $\log_4 a$, $\log_2 b$로 나타낸다. 이때 로그의 밑을 같게 하여 계산한다.

❷ $b>a>1$을 이용하여 x_1, x_2의 부호를 파악하여 식을 정리한다.

해설 **|1단계|** 조건 ㈎를 이용하여 두 점 P, Q의 x좌표를 a, b에 대한 식으로 나타내기

두 점 A, B를 1 : 2로 내분하는 점과 외분하는 점이 각각 $P(x_1, y_1)$, $Q(x_2, y_2)$이므로

$x_1=\dfrac{\log_2 b+2\log_4 a}{1+2}=\dfrac{\log_2 b+\log_2 a}{3}$

$\quad=\dfrac{1}{3}\log_2 ab$ $\qquad$ …… ㉠

$x_2=\dfrac{\log_2 b-2\log_4 a}{1-2}=\dfrac{\log_2 b-\log_2 a}{-1}$

$\quad=\log_2 a-\log_2 b=\log_2 \dfrac{a}{b}$ $\qquad$ …… ㉡

한편, $b>a>1$이므로

$ab>1$, $0<\dfrac{a}{b}<1$

$\therefore \log_2 ab>0$, $\log_2 \dfrac{a}{b}<0$ **why? ❶**

|2단계| 조건 ㈏를 만족시키는 a, b의 값 구하기

㉠, ㉡에 의하여 $x_1>0$, $x_2<0$이므로 조건 ㈏에서

$-x_2+1=3x_1$ $\qquad \therefore 3x_1+x_2=1$

㉠, ㉡을 위의 식에 대입하면

$\log_2 ab+\log_2 \dfrac{a}{b}=1$

$\log_2 \left(ab\times\dfrac{a}{b}\right)=1$

$\log_2 a^2=1$

$a^2=2$

$\therefore a=\sqrt{2}$ ($\because a>1$)

또, $x_1\times x_2=-\dfrac{5}{4}$에서

$x_1\times x_2=\dfrac{1}{3}\log_2 ab\times\log_2 \dfrac{a}{b}$

$\qquad\quad =\dfrac{1}{3}(\log_2 a+\log_2 b)(\log_2 a-\log_2 b)$

$\qquad\quad =\dfrac{1}{3}\left(\dfrac{1}{2}+\log_2 b\right)\left(\dfrac{1}{2}-\log_2 b\right)$ ($\because a=\sqrt{2}$)

$\qquad\quad =\dfrac{1}{3}\left\{\dfrac{1}{4}-(\log_2 b)^2\right\}=-\dfrac{5}{4}$

이므로

$\dfrac{1}{4}-(\log_2 b)^2=-\dfrac{15}{4}$

$(\log_2 b)^2=4$

이때 $b>1$에서 $\log_2 b>0$이므로

$\log_2 b=2$

$\therefore b=4$

|3단계| $(ab)^2$의 값 구하기

따라서 $a=\sqrt{2}$, $b=4$이므로

$(ab)^2=(4\sqrt{2})^2=32$

해설특강 ✎

why? ❶ $\log_x y$의 부호

$\qquad$ (1) $\log_x y>0\Longleftrightarrow x>1, y>0$ 또는 $0<x<1, y<0$

$\qquad$ (2) $\log_x y<0\Longleftrightarrow x>1, y<0$ 또는 $0<x<1, y>0$

THEME 02 지수함수와 로그함수의 그래프

본문 12~13쪽

기출예시 1 | 정답 ③

곡선 $y=f(x)$와 x축의 교점의 x좌표는 $\log_a(bx-1)=0$에서

$bx-1=1,\ bx=2$ $\therefore x=\dfrac{2}{b}$

즉, 곡선 $y=f(x)$와 x축의 교점의 좌표는 $\left(\dfrac{2}{b},\ 0\right)$

$g(x)=\log_b(ax-1)=\log_b a\left(x-\dfrac{1}{a}\right)$

$\qquad =\log_b\left(x-\dfrac{1}{a}\right)+\log_b a$

이므로 함수 $y=g(x)$의 그래프는 $y=\log_b x$의 그래프를 x축의 방향으로 $\dfrac{1}{a}$만큼, y축의 방향으로 $\log_b a$만큼 평행이동한 것이다.

즉, 곡선 $y=g(x)$의 점근선의 방정식은 $x=\dfrac{1}{a}$

└ 곡선 $y=\log_b x$의 점근선의 방정식은 $x=0$

그런데 곡선 $y=f(x)$와 x축의 교점이 곡선 $y=g(x)$의 점근선 위에 있어야 하므로

$\dfrac{2}{b}=\dfrac{1}{a}$ $\therefore b=2a$

이때 $0<a<1<b$이므로

$0<a<1<2a$ $\therefore \dfrac{1}{2}<a<1$

따라서 a와 b 사이의 관계식과 a의 범위는

$b=2a\ \left(\dfrac{1}{2}<a<1\right)$

기출예시 2 | 정답 ③

두 함수 $y=2^x$, $y=\log_2 x$는 서로 역함수 관계에 있으므로 두 곡선 $y=2^x$, $y=\log_2 x$는 직선 $y=x$에 대하여 대칭이다.

이때 직선 $y=x$와 수직인 직선 $y=-x+a$가 두 곡선과 만나는 점이 A, B이므로 두 점 A, B는 직선 $y=x$에 대하여 대칭이다.

따라서 점 A(p, q)이므로 점 B(q, p)이다.

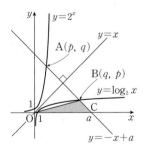

점 C$(a, 0)$이고 $\overline{\text{AB}}:\overline{\text{BC}}=3:1$이므로 점 B는 선분 AC를 $3:1$로 내분하는 점이다.

$\therefore$ B$\left(\dfrac{3\times a+1\times p}{3+1},\ \dfrac{3\times 0+1\times q}{3+1}\right)$, 즉 B$\left(\dfrac{3a+p}{4},\ \dfrac{q}{4}\right)$

이때 B$\left(\dfrac{3a+p}{4},\ \dfrac{q}{4}\right)$는 B$(q, p)$와 같으므로

$\dfrac{3a+p}{4}=q,\ \dfrac{q}{4}=p$

$\therefore 3a+p=4q,\ q=4p$

즉, $3a+p=4\times 4p$에서 $3a=15p$ $\therefore a=5p$

$\therefore \triangle\text{OBC}=\dfrac{1}{2}\times a\times p=\dfrac{1}{2}\times 5p\times p=\dfrac{5}{2}p^2$

$\triangle\text{OBC}$의 넓이가 40이므로

$\dfrac{5}{2}p^2=40,\ p^2=16$ $\therefore p=4\ (\because p>0)$

이때 $q=4p=4\times 4=16$이므로

$p+q=4+16=20$

02-1 지수함수, 로그함수의 그래프의 활용

1등급 완성 3단계 문제연습

본문 14~18쪽

1 192	2 ③	3 ⑤	4 ③	5 ④
6 ⑤	7 ②	8 1	9 125	10 256

1 2022학년도 9월 평가원 공통 21 [정답률 11%] | 정답 **192**

출제영역 지수함수와 로그함수의 그래프의 평행이동＋두 점 사이의 거리＋점과 직선 사이의 거리

지수함수와 로그함수의 그래프의 평행이동과 두 그래프 사이의 관계를 이용하여 조건을 만족시키는 삼각형의 넓이를 구할 수 있는지를 묻는 문제이다.

$a>1$인 실수 a에 대하여 직선 $y=-x+4$가 두 곡선

$y=a^{x-1},\ y=\log_a(x-1)$ ❶

과 만나는 점을 각각 A, B라 하고, 곡선 $y=a^{x-1}$이 y축과 만나는 점을 C라 하자. $\overline{\text{AB}}=2\sqrt{2}$일 때, 삼각형 ABC의 넓이는 S이다. $50\times S$의 값을 구하시오. ❷ 192

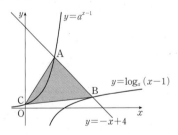

출제코드 두 곡선 $y=a^{x-1}$, $y=\log_a(x-1)$ 사이의 위치 관계를 이용하여 삼각형의 넓이 구하기

❶ 두 곡선 $y=a^{x-1}$, $y=\log_a(x-1)$은 직선 $y=x-1$에 대하여 서로 대칭이다.

❷ 선분 AB의 중점은 직선 $y=x-1$ 위에 있다.

해설 |1단계| 두 곡선 $y=a^{x-1}$, $y=\log_a(x-1)$ 사이의 위치 관계 파악하기

곡선 $y=a^{x-1}$은 곡선 $y=a^x$을 x축의 방향으로 1만큼 평행이동한 것이고, 곡선 $y=\log_a(x-1)$은 곡선 $y=\log_a x$를 x축의 방향으로 1만큼 평행이동한 것이므로 두 곡선 $y=a^{x-1}$, $y=\log_a(x-1)$은 직선 $y=x-1$에 대하여 서로 대칭이다. **why? ❶**

|2단계| **선분 AB의 길이를 이용하여 a의 값 구하기**

다음 그림과 같이 두 직선 $y=x-1$, $y=-x+4$의 교점을 P라 하자.

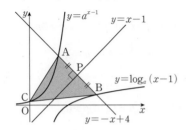

두 식 $y=x-1$, $y=-x+4$를 연립하여 풀면

$$x=\frac{5}{2}, \quad y=\frac{3}{2}$$

$$\therefore \mathrm{P}\left(\frac{5}{2}, \frac{3}{2}\right)$$

또, 점 P는 선분 AB의 중점이므로

$$\overline{\mathrm{AP}}=\frac{1}{2}\overline{\mathrm{AB}}=\sqrt{2}$$

점 A의 좌표를 $(k, -k+4)$로 놓으면

$$\sqrt{\left(k-\frac{5}{2}\right)^2+\left\{(-k+4)-\frac{3}{2}\right\}^2}=\sqrt{2}$$

$$\sqrt{2\left(k-\frac{5}{2}\right)^2}=\sqrt{2}$$

$$\left(k-\frac{5}{2}\right)^2=1$$

$$k-\frac{5}{2}=\pm1$$

$$\therefore k=\frac{3}{2}\left(\because k<\frac{5}{2}\right)$$

즉, $\mathrm{A}\left(\frac{3}{2}, \frac{5}{2}\right)$이고 점 A가 곡선 $y=a^{x-1}$ 위의 점이므로

$$a^{\frac{1}{2}}=\frac{5}{2}$$

$$\therefore a=\left(\frac{5}{2}\right)^2=\frac{25}{4}$$

|3단계| **삼각형 ABC의 넓이 구하기**

곡선 $y=a^{x-1}$이 y축과 만나는 점 C의 좌표는

$\mathrm{C}\left(0, \frac{1}{a}\right)$, 즉 $\mathrm{C}\left(0, \frac{4}{25}\right)$

이고, 점 C와 직선 $y=-x+4$, 즉 $x+y-4=0$ 사이의 거리는

$$\frac{\left|\frac{4}{25}-4\right|}{\sqrt{1^2+1^2}}=\frac{96}{25\sqrt{2}}$$

따라서 삼각형 ABC의 넓이는

$$S=\frac{1}{2}\times2\sqrt{2}\times\frac{96}{25\sqrt{2}}=\frac{96}{25}$$

$$\therefore 50\times S=50\times\frac{96}{25}=192$$

해설특강 ✏

why? ❶ 두 함수 $y=a^x$, $y=\log_a x$의 그래프는 직선 $y=x$에 대하여 서로 대칭 이다.

세 함수의 그래프를 각각 x축의 방향으로 1만큼 평행이동하여도 세 함 수의 그래프 사이의 위치 관계는 그대로 유지되므로 두 함수 $y=a^{x-1}$, $y=\log_a(x-1)$의 그래프는 직선 $y=x-1$에 대하여 서로 대칭이다.

출제영역 **로그함수의 그래프**

로그함수의 그래프에서 교점, 직선의 기울기를 이용하여 명제의 참, 거짓을 판별 할 수 있는지를 묻는 문제이다.

그림과 같이 1보다 큰 실수 k에 대하여 두 곡선 $y=\log_2|kx|$와 $y=\log_2(x+4)$가 만나는 서로 다른 두 점을 A, B라 하고, 점 B 를 지나는 곡선 $y=\log_2(-x+m)$이 곡선 $y=\log_2|kx|$와 만나 는 점 중 B가 아닌 점을 C라 하자. 세 점 A, B, C의 x좌표를 각 각 x_1, x_2, x_3이라 할 때, 〈보기〉에서 옳은 것만을 있는 대로 고른 것은? (단, $x_1<x_2$이고, m은 실수이다.)

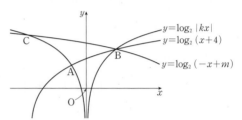

─────── **보기** ───────

ㄱ. $x_2=-2x_1$이면 $k=3$이다.

ㄴ. $x_2{}^2=x_1x_3$

ㄷ. 직선 AB의 기울기와 직선 AC의 기울기의 합이 0일 때, $m+k^2=19$이다.

① ㄱ   ② ㄷ   ✓③ ㄱ, ㄴ

④ ㄴ, ㄷ   ⑤ ㄱ, ㄴ, ㄷ

출제코드 세 함수 $y=\log_2|kx|$, $y=\log_2(x+4)$, $y=\log_2(-x+m)$ 의 그래프를 이용하여 명제의 참, 거짓 판별하기

❶, ❷ 두 방정식 $\log_2|kx|=\log_2(x+4)$, $\log_2|kx|=\log_2(-x+m)$ 을 풀어 교점의 x좌표를 구한다.

➡ $x>0$일 때와 $x<0$일 때로 경우를 나누어 절댓값 기호를 없앤다.

❸ 주어진 그래프로부터 $x_1<0$, $x_2>0$, $x_3<0$임을 알 수 있다.

해설 **|1단계|** 두 곡선 $y=\log_2|kx|$, $y=\log_2(x+4)$의 교점을 이용하여 ㄱ의 참, 거짓 판별하기

ㄱ. $\log_2|kx|=\log_2(x+4)$에서

$|kx|=x+4$

$x_1<0$이므로

$-kx_1=x_1+4 \qquad \therefore x_1=-\frac{4}{k+1} \qquad \cdots\cdots ㉠$
  └─ $k>1$이므로 $kx_1<0$

$x_2>0$이므로

$kx_2=x_2+4 \qquad \therefore x_2=\frac{4}{k-1} \qquad \cdots\cdots ㉡$
  └─ $k>1$이므로 $kx_2>0$

$x_2=-2x_1$에서

$$\frac{4}{k-1}=\frac{8}{k+1}$$

$$k+1=2k-2$$

$$\therefore k=3 \ (참)$$

|2단계| 두 곡선 $y=\log_2|kx|$, $y=\log_2(-x+m)$의 교점을 이용하여 ㄴ의 참, 거짓 판별하기

ㄴ. $\log_2|kx|=\log_2(-x+m)$에서

$|kx|=-x+m$

$x_2 > 0$이므로 $kx_2 = -x_2 + m$에서

$m = (k+1)x_2 = \dfrac{4(k+1)}{k-1}$ $(\because \text{ⓛ})$ $\quad$ ...... ⓒ

$x_3 < 0$이므로 $-kx_3 = -x_3 + m$에서

$x_3 = -\dfrac{m}{k-1} = -\dfrac{4(k+1)}{(k-1)^2}$ $(\because \text{ⓒ})$ $\quad$ ~~$k>1$이므로 $kx_3<0$~~

$\therefore x_1 x_3 = -\dfrac{4}{k+1} \times \left\{ -\dfrac{4(k+1)}{(k-1)^2} \right\}$ $(\because \text{⊙})$

$= \left(\dfrac{4}{k-1} \right)^2$

$= x_2{}^2$ (참)

|3단계| ㄴ을 이용하여 ㄷ의 참, 거짓 판별하기

ㄷ. ㄴ에서 $x_2{}^2 = x_1 x_3$, 즉 $\dfrac{x_2}{x_1} = \dfrac{x_3}{x_2}$이고 ⊙, ⓛ에 의하여

$\dfrac{x_2}{x_1} = \dfrac{\dfrac{4}{k-1}}{-\dfrac{4}{k+1}}$

$= \dfrac{-k-1}{k-1}$

$= -1 - \dfrac{2}{k-1} < -1$

$\dfrac{x_2}{x_1} = r$ $(r < -1)$라 하면

$x_2 = x_1 r,\ x_3 = x_1 r^2$

세 점 A, B, C의 y좌표를 각각 y_1, y_2, y_3이라 하면

$y_1 = \log_2 |kx_1|,\ y_2 = \log_2 |kx_2|,\ y_3 = \log_2 |kx_3|$

두 직선 AB, AC의 기울기의 합이 0이므로

$\dfrac{y_2 - y_1}{x_2 - x_1} + \dfrac{y_3 - y_1}{x_3 - x_1}$

$= \dfrac{\log_2 |kx_2| - \log_2 |kx_1|}{x_1(r-1)} + \dfrac{\log_2 |kx_3| - \log_2 |kx_1|}{x_1(r^2-1)}$

$= \dfrac{\log_2 \left| \dfrac{x_2}{x_1} \right|}{x_1(r-1)} + \dfrac{\log_2 \left| \dfrac{x_3}{x_1} \right|}{x_1(r^2-1)}$

$= \dfrac{\log_2 (-r)}{x_1(r-1)} + \dfrac{\log_2 r^2}{x_1(r^2-1)}$

$= \dfrac{\log_2 (-r)}{x_1(r-1)} + \dfrac{2\log_2 (-r)}{x_1(r-1)(r+1)} = 0$

$1 + \dfrac{2}{r+1} = 0$

$\therefore r = -3$

$x_2 = x_1 r$에서

$\dfrac{4}{k-1} = -\dfrac{4}{k+1} \times (-3)$

$k+1 = 3k-3$

$\therefore k = 2$

이를 ⓒ에 대입하면 $m = 12$이므로

$m + k^2 = 12 + 2^2 = 16$ (거짓)

따라서 옳은 것은 ㄱ, ㄴ이다.

출제영역 지수함수와 로그함수의 그래프＋역함수

지수함수와 로그함수의 그래프의 성질을 이용하여 명제의 참, 거짓을 판별할 수 있는지를 묻는 문제이다.

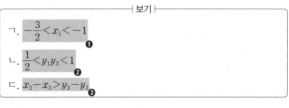

두 곡선 $y=2^x$과 $y=-x^2+2$가 만나는 두 점을 $A(x_1, y_1)$, $B(x_2, y_2)$ $(x_1 < x_2)$라 하고, 두 곡선 $y=\log_2 x$와 $y=-x^2+2$가 만나는 점을 $C(x_3, y_3)$이라 하자. 〈보기〉에서 옳은 것만을 있는 대로 고른 것은?

┌─ 보기 ─┐

ㄱ. $-\dfrac{3}{2} < x_1 < -1$ ❶

ㄴ. $\dfrac{1}{2} < y_1 y_2 < 1$ ❷

ㄷ. $x_2 - x_3 > y_3 - y_2$ ❸

① ㄱ $\qquad$ ② ㄱ, ㄴ $\qquad$ ③ ㄱ, ㄷ

④ ㄴ, ㄷ $\qquad$ ✓⑤ ㄱ, ㄴ, ㄷ

출제코드 지수함수, 로그함수의 그래프와 다항함수의 그래프 사이의 관계 이용하기

❶ 점 A의 주변의 적당한 점의 x좌표의 값을 주어진 함수에 대입하여 x_1, y_1의 값의 범위를 파악한다.

❷ 점 B의 주변의 적당한 점의 x좌표의 값을 주어진 함수에 대입하여 x_2, y_2의 값의 범위를 파악한다.

❸ 직선 BC의 기울기를 이용한다.

해설 **|1단계| 세 점 A, B, C를 좌표평면에 나타내고, 주어진 함수에 적당한 x의 값을 대입하여 ㄱ의 참, 거짓 판별하기**

세 곡선 $y=2^x$, $y=-x^2+2$, $y=\log_2 x$와 세 점 $A(x_1, y_1)$, $B(x_2, y_2)$, $C(x_3, y_3)$을 좌표평면에 나타내면 다음 그림과 같다.

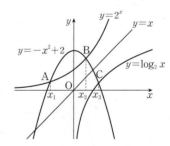

$f(x)=2^x$, $g(x)=-x^2+2$, $h(x)=\log_2 x$로 놓자.

ㄱ. $f\left(-\dfrac{3}{2}\right) > 0$, $g\left(-\dfrac{3}{2}\right) < 0$이므로

$-\dfrac{3}{2} < x_1$ $\quad$ ...... ⊙

$f(-1)=\dfrac{1}{2}$, $g(-1)=1$에서

$f(-1) < g(-1)$이므로

$x_1 < -1$ $\quad$ ...... ⓛ

⊙, ⓛ에서 $-\dfrac{3}{2} < x_1 < -1$ (참)

|2단계| 주어진 함수에 적당한 x의 값을 대입하여 ㄴ의 참, 거짓 판별하기

ㄴ. ㄱ에서 $-\dfrac{3}{2} < x_1 < -1$이므로

$2^{-\frac{3}{2}} < 2^{x_1} < 2^{-1}$

즉, $2^{-\frac{3}{2}}<y_1<2^{-1}$이므로

$$\frac{\sqrt{2}}{4}<y_1<\frac{1}{2} \quad\cdots\cdots\text{©}$$

같은 방법으로 하면

$f\left(\frac{1}{2}\right)=\sqrt{2}$, $g\left(\frac{1}{2}\right)=\frac{7}{4}$에서 $f\left(\frac{1}{2}\right)<g\left(\frac{1}{2}\right)$이므로

$$x_2>\frac{1}{2}$$

$f(1)=2$, $g(1)=1$에서 $f(1)>g(1)$이므로

$$x_2<1$$

$$\therefore \frac{1}{2}<x_2<1$$

즉, $2^{\frac{1}{2}}<2^{x_2}<2^1$이므로

$$\sqrt{2}<y_2<2 \quad\cdots\cdots\text{②}$$

©, ②에서 $\frac{1}{2}<y_1y_2<1$ (참)

|3단계| 적당한 함숫값과 역함수의 그래프 사이의 위치 관계를 이용하여 ㄷ의 참, 거짓 판별하기

ㄷ. $h(1)=0$, $g(1)=1$에서 $h(1)<g(1)$이므로

$$x_3>1$$

$h(\sqrt{2})=\frac{1}{2}$, $g(\sqrt{2})=0$에서 $h(\sqrt{2})>g(\sqrt{2})$이므로

$$x_3<\sqrt{2}$$

$$\therefore 1<x_3<\sqrt{2}$$

즉, $\log_2 1<\log_2 x_3<\log_2\sqrt{2}$이므로

$$0<y_3<\frac{1}{2}$$

점 $B(x_2, y_2)$를 직선 $y=x$에 대하여 대칭이동한 점을 $B'(y_2, x_2)$라 하면 ㄴ에서

$$x_2<x_3<y_2, y_3<x_2$$

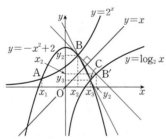

위의 그림과 같이 직선 BB'의 기울기가 -1이므로 직선 BC의 기울기는 -1보다 작다.

따라서 $\frac{y_3-y_2}{x_3-x_2}<-1$이고 $x_3-x_2>0$이므로

$$x_2-x_3>y_3-y_2 \text{ (참)}$$

따라서 ㄱ, ㄴ, ㄷ 모두 옳다.

다른풀이 ㄴ. $-\frac{3}{2}<x_1<-1$, $\frac{1}{2}<x_2<1$이므로

$$-1<x_1+x_2<0$$

즉, $2^{-1}<2^{x_1+x_2}<2^0$이므로

$$\frac{1}{2}<2^{x_1}\times 2^{x_2}<1$$

$$\therefore \frac{1}{2}<y_1y_2<1 \text{ (참)}$$

---

4 2022학년도 수능 공통 9 [정답률 54%] 변형   **|정답 ③**

출제영역 지수함수의 그래프의 평행이동 + 지수함수의 방정식에의 활용

지수함수의 그래프를 평행이동한 함수식을 구하고, 기울기가 -1인 직선과 두 지수함수의 그래프가 만나는 점 사이의 관계를 이용하여 미지수의 값을 구할 수 있는지를 묻는 문제이다.

함수 $y=\left(\frac{3}{2}\right)^{x-1}-\frac{2}{3}$의 그래프를 x축의 방향으로 -1만큼, y축의 방향으로 $\frac{7}{3}$만큼 평행이동한 그래프를 나타내는 함수를 $y=g(x)$ **❶** 라 하자. 직선 $y=-x+k$가 두 함수 $y=g(x)$, $y=\left(\frac{3}{2}\right)^{x-1}-\frac{2}{3}$ **❷** 의 그래프와 만나는 점을 각각 P, Q라 할 때, $\overline{PQ}=2\sqrt{2}$이다. 상수 k의 값은?

① $\frac{2}{3}$ ② 1   ✓③ $\frac{4}{3}$

④ $\frac{5}{3}$ ⑤ 2

출제코드 지수가 포함된 방정식의 해를 구하여 상수 k의 값 구하기

❶ x 대신 $x+1$, y 대신 $y-\frac{7}{3}$을 대입한다.

❷ 기울기가 -1인 직선이 x축과 이루는 예각의 크기가 $45°$임을 이용하여 두 점 P, Q 사이의 관계를 파악한다.

해설 **|1단계|** 평행이동한 그래프를 나타내는 함수 $g(x)$의 식 구하기

$f(x)=\left(\frac{3}{2}\right)^{x-1}-\frac{2}{3}$로 놓으면 함수 $y=f(x)$의 그래프를 x축의 방향으로 -1만큼, y축의 방향으로 $\frac{7}{3}$만큼 평행이동한 것은

$$y-\frac{7}{3}=\left(\frac{3}{2}\right)^{(x+1)-1}-\frac{2}{3}$$

$$y=\left(\frac{3}{2}\right)^x+\frac{5}{3}$$

$$\therefore g(x)=\left(\frac{3}{2}\right)^x+\frac{5}{3}$$

|2단계| 두 함수의 그래프와 직선이 만나는 점의 관계를 이용하여 지수가 포함된 방정식 만들기

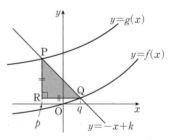

위의 그림과 같이 직선 $y=-x+k$가 두 곡선 $y=g(x)$, $y=f(x)$와 만나는 두 점 P, Q의 x좌표를 각각 p, q ($p<q$)라 하자.

또, 점 P를 지나고 y축에 평행한 직선과 점 Q를 지나고 x축에 평행한 직선이 만나는 점을 R라 하면 삼각형 PQR는 $\angle PQR=45°$인 직각이등변삼각형이다.

$\overline{PQ}=2\sqrt{2}$이므로

$$\overline{PR}=\overline{RQ}=2 \text{ why? ❶}$$

$\overline{PR}=2$에서

$$\left\{\left(\frac{3}{2}\right)^p+\frac{5}{3}\right\}-\left\{\left(\frac{3}{2}\right)^{q-1}-\frac{2}{3}\right\}=2 \quad\cdots\cdots\text{⊙}$$

$\overline{RQ}=2$에서

$q-p=2$ …… ⓛ

|3단계| 지수가 포함된 방정식을 풀고, k의 값 구하기

ⓛ에서 $q=p+2$이므로 이를 ⓗ에 대입하면

$$\left\{\left(\frac{3}{2}\right)^{p}+\frac{5}{3}\right\}-\left\{\left(\frac{3}{2}\right)^{p+1}-\frac{2}{3}\right\}=2$$

$$\left(1-\frac{3}{2}\right)\times\left(\frac{3}{2}\right)^{p}+\frac{7}{3}=2$$

$$\left(-\frac{1}{2}\right)\times\left(\frac{3}{2}\right)^{p}=-\frac{1}{3}$$

$$\left(\frac{3}{2}\right)^{p}=\frac{2}{3} \quad \therefore p=-1$$

따라서 점 $P\left(-1,\ \frac{7}{3}\right)$이고, 직선 $y=-x+k$가 점 P를 지나므로

$$\frac{7}{3}=1+k \quad \therefore k=\frac{4}{3}$$

해설특강

why? ❶ 직각이등변삼각형 PQR에서 $\overline{PR}=\overline{RQ}=a$라 하면

$\overline{PQ}=\sqrt{a^2+a^2}=\sqrt{2}a$

---

5 2009학년도 6월 평가원 가 17 / 나 17 [정답률 39% / 37%] 변형   **|정답 ④**

출제영역 로그함수의 그래프

절댓값 기호가 있는 로그함수의 그래프와 로그함수의 그래프의 교점을 구하여 사각형의 넓이를 구할 수 있는지를 묻는 문제이다.

두 함수 $y=\log_2|3x|$와 $y=\log_2(x+4)$의 그래프가 만나는 서로
다른 두 점을 각각 A, B라 하고, $m>4$인 자연수 m에 대하여 두
함수 $y=\log_2|3x|$와 $y=\log_2(x+m)$의 그래프가 만나는 서로
다른 두 점을 각각 C, D라 하자. 점 B의 y좌표와 점 C의 y좌표가
같을 때, 사각형 ABDC의 넓이는? (단, 점 A, C의 x좌표는 각각
점 B, D의 x좌표보다 작고, 세 점 A, B, D는 일직선 위에 있지
않다.)

① $2\log_2 5$ ② 3   ③ $3\log_2 3$

✓④ 4   ⑤ $2\log_2 6$

출제코드 세 함수 $y=\log_2|3x|$, $y=\log_2(x+4)$, $y=\log_2(x+m)$의
그래프의 위치 관계 파악하기

❶ 절댓값 기호가 있는 식은 먼저 절댓값 기호를 없앤 후 생각한다.
 ➜ $x>0$일 때와 $x<0$일 때로 나누어 생각한다.

❷ $y=\log_2(x+k)$의 그래프는 $y=\log_2 x$의 그래프를 x축의 방향으로 $-k$
만큼 평행이동한 것이므로 점 $(1-k,\ 0)$을 지난다.
 ➜ $y=\log_2(x+4)$의 그래프는 점 $(-3,\ 0)$을 지난다.

❸ $\overline{BC}$는 사각형 ABDC의 대각선이고 x축에
평행하므로 네 점 A, B, C, D의 y좌표를
이용하면 사각형 ABDC의 넓이를 구할 수
있다.

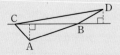

 ➜ □ABDC = △ABC + △BDC

해설 **|1단계|** 좌표평면 위에 그래프를 그려 네 점 A, B, C, D 나타내기

$y=\log_2|3x|=\begin{cases} \log_2 3x & (x>0) \\ \log_2(-3x) & (x<0) \end{cases}$ 이므로 세 함수

$y=\log_2|3x|$, $y=\log_2(x+4)$, $y=\log_2(x+m)$ $(m>4)$
의 그래프는 다음 그림과 같다. **how? ❶**

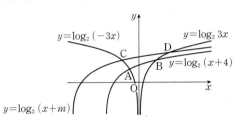

|2단계| 두 점 A, B의 좌표 구하기

두 점 A, B는 함수 $y=\log_2|3x|$의 그래프와 함수 $y=\log_2(x+4)$
의 그래프의 교점이므로 $\log_2|3x|=\log_2(x+4)$에서

$|3x|=x+4$

$x>0$일 때, $3x=x+4$ $\therefore x=2$

$x<0$일 때, $-3x=x+4$ $\therefore x=-1$

이때 점 A의 x좌표는 점 B의 x좌표보다 작으므로

$A(-1,\ \log_2 3)$, $B(2,\ \log_2 6)$ **how? ❷**

|3단계| 두 점 C, D의 좌표 구하기

두 점 C, D는 함수 $y=\log_2|3x|$의 그래프와 함수 $y=\log_2(x+m)$
의 그래프의 교점이므로 $\log_2|3x|=\log_2(x+m)$에서

$|3x|=x+m$

$x>0$일 때, $3x=x+m$ $\therefore x=\frac{m}{2}$

$x<0$일 때, $-3x=x+m$ $\therefore x=-\frac{m}{4}$

이때 점 C의 x좌표는 점 D의 x좌표보다 작으므로

$C\left(-\frac{m}{4},\ \log_2\frac{3m}{4}\right)$, $D\left(\frac{m}{2},\ \log_2\frac{3m}{2}\right)$ **how? ❸**

한편, 점 B의 y좌표와 점 C의 y좌표가 같으므로

$\log_2 6=\log_2\frac{3m}{4}$

$6=\frac{3m}{4}$ $\therefore m=8$

$\therefore C(-2,\ \log_2 6)$, $D(4,\ \log_2 12)$

|4단계| 사각형 ABDC의 넓이 구하기

□ABDC = △ABC + △BDC이고 두 삼각형 ABC, BCD의 높이를
각각 h_1, h_2라 하면

$\overline{BC}=2-(-2)=4$
   └ (점 B의 x좌표)−(점 C의 x좌표)

$h_1=\log_2 6-\log_2 3=\log_2\frac{6}{3}=\log_2 2=1$
   └ (점 C의 y좌표)−(점 A의 y좌표)

$h_2=\log_2 12-\log_2 6=\log_2\frac{12}{6}=\log_2 2=1$
   └ (점 D의 y좌표)−(점 B의 y좌표)

$\therefore$ □ABDC $=\frac{1}{2}\times\overline{BC}\times(h_1+h_2)$

$\qquad\qquad\quad =\frac{1}{2}\times 4\times(1+1)$

$\qquad\qquad\quad =4$

how? ❶ 함수 $y=\log_2(x+4)$의 그래프는 점 $(-3, 0)$을 지나고

함수 $y=\log_2(x+m)$의 그래프는 점 $(-m+1, 0)$을 지난다.

이때 $m>4$이므로 $-m<-4$, 즉 $-m+1<-3$이다.

따라서 함수 $y=\log_2(x+m)$의 그래프가 x축과 만나는 점의 x좌표는 함수 $y=\log_2(x+4)$의 그래프가 x축과 만나는 점의 x좌표보다 작다.

how? ❷ 점 A의 x좌표는 점 B의 x좌표보다 작으므로

점 A의 x좌표는 -1이고, $x=-1$을 $y=\log_2(x+4)$에 대입하면

$y=\log_2(-1+4)=\log_2 3$ $\quad\therefore \mathrm{A}(-1, \log_2 3)$

점 B의 x좌표는 2이고, $x=2$를 $y=\log_2(x+4)$에 대입하면

$y=\log_2(2+4)=\log_2 6$ $\quad\therefore \mathrm{B}(2, \log_2 6)$

how? ❸ 점 C의 x좌표는 점 D의 x좌표보다 작으므로

점 C의 x좌표는 $-\dfrac{m}{4}$이고, $x=-\dfrac{m}{4}$을 $y=\log_2(x+m)$에 대입하면

$y=\log_2\left(-\dfrac{m}{4}+m\right)=\log_2\dfrac{3m}{4}$ $\quad\therefore \mathrm{C}\left(-\dfrac{m}{4}, \log_2\dfrac{3m}{4}\right)$

점 D의 x좌표는 $\dfrac{m}{2}$이고, $x=\dfrac{m}{2}$을 $y=\log_2(x+m)$에 대입하면

$y=\log_2\left(\dfrac{m}{2}+m\right)=\log_2\dfrac{3m}{2}$ $\quad\therefore \mathrm{D}\left(\dfrac{m}{2}, \log_2\dfrac{3m}{2}\right)$

6

2022년 3월 교육청 공통 21 [정답률 13%] 변형　　　|정답 ⑤

출제영역 지수함수와 로그함수의 그래프 + 지수함수의 방정식에의 활용

지수함수와 로그함수의 그래프에 대한 조건을 이용하여 지수가 포함된 방정식을 세우고, 이차방정식의 실근에 대한 조건을 이용하여 주어진 명제의 참, 거짓을 판별할 수 있는지를 묻는 문제이다.

두 상수 m, n에 대하여 다음 조건을 만족시키는 좌표평면의 점 $\mathrm{A}(a, b)\ (a\neq b)$가 존재한다.

> ㈎ 점 A는 곡선 $y=\log_2(x-2)-m-1$ 위의 점이다. ❶
>
> ㈏ 점 A를 직선 $y=x$에 대하여 대칭이동한 점은 곡선 $y=4^{x+m}-n$ 위에 있다. ❶

〈보기〉에서 옳은 것만을 있는 대로 고른 것은?

> |보기|
>
> ㄱ. $m=0$, $n=-3$이면 점 $\mathrm{A}(a, b)$는 오직 하나 존재한다. ❷
>
> ㄴ. 점 $\mathrm{A}(a, b)$가 두 개 존재하면 $-3<n<-2$이다. ❷
>
> ㄷ. $n=6$이면 $a=10$이다.

① ㄱ　　　② ㄱ, ㄴ　　　③ ㄱ, ㄷ

④ ㄴ, ㄷ　　✓⑤ ㄱ, ㄴ, ㄷ

출제코드 지수가 포함된 방정식에서 지수를 치환하여 만든 이차방정식의 근에 대한 조건 파악하기

❶ 지수함수와 로그함수의 그래프 위의 점의 좌표를 함수식에 대입하여 a, b 사이의 관계를 파악한다.

❷ ❶에서 구한 관계식을 연립하여 지수가 포함된 방정식을 세워 근에 대한 조건을 파악한다.

해설 |**1단계**| 두 점 $\mathrm{A}(a, b)$와 (b, a)의 좌표를 각 함수에 대입하여 관계식 구하기

조건 ㈎에서 점 $\mathrm{A}(a, b)$가 곡선 $y=\log_2(x-2)-m-1$ 위의 점이므로

$b=\log_2(a-2)-m-1$

$\log_2(a-2)=b+m+1$, $a-2=2^{b+m+1}$

$\therefore a=2^{b+m+1}+2$ $\qquad$ ……㉠

조건 ㈏에서 점 $\mathrm{A}(a, b)$를 직선 $y=x$에 대하여 대칭이동한 점 (b, a)가 곡선 $y=4^{x+m}-n$ 위의 점이므로

$a=4^{b+m}-n$ $\qquad$ ……㉡

|**2단계**| $2^b=t\ (t>0)$로 놓고 t에 대한 이차방정식 세우기

㉠, ㉡을 연립하면

$4^{b+m}-n=2^{b+m+1}+2$

$2^{2m}\times 2^{2b}-2^{m+1}\times 2^b-(n+2)=0$

$2^b=t\ (t>0)$로 놓으면

$2^{2m}\times t^2-2^{m+1}\times t-(n+2)=0$ $\qquad$ ……㉢

m, n이 상수이므로 t에 대한 이차방정식 ㉢의 근의 개수는 점 A의 개수와 같다.

|**3단계**| ㄱ의 참, 거짓 판별하기

ㄱ. $m=0$이고 $n=-3$이면 ㉢에서

$t^2-2t+1=0$

$(t-1)^2=0$ $\quad\therefore t=1$

즉, $2^b=1$이므로 $b=0$

㉡에서 $a=4^0+3=4$

따라서 조건을 만족시키는 점 A의 좌표는 $(4, 0)$뿐이다. (참)

|**4단계**| ㄴ의 참, 거짓 판별하기

ㄴ. 점 $\mathrm{A}(a, b)$가 두 개 존재하면 이차방정식 ㉢이 서로 다른 두 개의 양수인 근을 가져야 하므로 판별식을 D라 하면

$\dfrac{D}{4}=(-2^m)^2+2^{2m}(n+2)=2^{2m}(n+3)>0$

$\therefore n>-3\ (\because 2^{2m}>0)$ $\qquad$ ……㉣

방정식 ㉢의 두 근의 곱이 양수이어야 하므로

$-\dfrac{n+2}{2^{2m}}>0$

$\therefore n<-2\ (\because 2^{2m}>0)$ $\qquad$ ……㉤

㉣, ㉤에서 $-3<n<-2$ (참) **why? ❶**

|**5단계**| ㄷ의 참, 거짓 판별하기

ㄷ. $n=6$이면 ㉢에서

$2^{2m}\times t^2-2^{m+1}\times t-8=0$

$(2^m\times t-4)(2^m\times t+2)=0$

이때 $2^m\times t>0$이므로

$2^m\times t=4$

$t=2^b$이므로

$2^m\times 2^b=4$, $2^{m+b}=2^2$

$\therefore m+b=2$

㉡에서 $a=4^2-6=10$ (참)

따라서 ㄱ, ㄴ, ㄷ 모두 옳다.

why? ❶ 이차방정식 $ax^2+bx+c=0$의 서로 다른 두 근 α, β가 모두 양수일 조건

$$\Longleftrightarrow \text{판별식 } D>0,\ \alpha+\beta=-\frac{b}{a}>0,\ \alpha\beta=\frac{c}{a}>0$$

7
|정답 ②

지수함수의 그래프＋지수함수의 방정식에의 활용

절댓값이 포함된 지수함수의 그래프를 그려 보고, 미지수의 값에 따른 지수가 포함된 방정식의 근을 판별할 수 있는지를 묻는 문제이다.

$0<a<1$, $k>1$인 두 실수 a, k에 대하여 두 함수
$$y=a^{x-1},\ y=|a^{-x+1}-k|$$
가 있다. 〈보기〉에서 옳은 것만을 있는 대로 고른 것은?

| 보기 |

ㄱ. 두 함수의 그래프가 제2사분면에서 만나면 $k>2$이다. ❶

ㄴ. 두 함수의 그래프의 교점의 개수가 2이면 $k=2$이다. ❷

ㄷ. $a=\dfrac{1}{4}$이고 $2<k<8$이면 두 함수의 그래프의 모든 교점의 x좌표의 합은 $\dfrac{9}{2}$보다 작다. ❷

① ㄱ　　　　✔② ㄱ, ㄴ　　　　③ ㄱ, ㄷ

④ ㄴ, ㄷ　　　⑤ ㄱ, ㄴ, ㄷ

지수가 포함된 방정식을 세우고 조건에 따른 명제의 참, 거짓 판별하기
❶ 두 함수 $y=a^{x-1}$, $y=|a^{-x+1}-k|$의 그래프가 제2사분면에서 만나기 위한 조건을 찾는다.
❷ 지수가 포함된 방정식을 세우고, 근의 조건을 파악한다.

|1단계| 좌표평면 위에 두 함수 $y=a^{x-1}$, $y=|a^{-x+1}-k|$의 그래프를 그리고, 두 그래프의 y절편 비교하기

$f(x)=a^{x-1}$, $g(x)=|a^{-x+1}-k|$로 놓자.

ㄱ. $0<a<1$, $k>1$이므로
$$f(0)=\frac{1}{a}>1,$$
$$g(0)=|a-k|=k-a\ (\because a-k<0)$$
두 함수 $y=f(x)$, $y=g(x)$의 그래프가 제2사분면에서 만나므로 다음 그림과 같다.

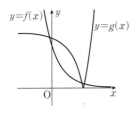

즉, $g(0)>f(0)$에서 $k-a>\dfrac{1}{a}$이므로
$$k>a+\frac{1}{a}$$
이때 $0<a<1$이므로 $a+\dfrac{1}{a}>2$ **why? ❶**
$$\therefore k>2\ (참)$$

|2단계| 두 함수 $y=a^{x-1}$, $y=-a^{-x+1}+k$를 연립하여 지수가 포함된 방정식을 세워 풀기

ㄴ. 두 함수 $y=f(x)$, $y=g(x)$의 그래프의 교점의 개수가 2이므로 다음 그림과 같이 두 함수 $y=a^{x-1}$, $y=-a^{-x+1}+k$의 그래프가 서로 접한다.

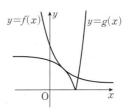

두 함수 $y=a^{x-1}$, $y=-a^{-x+1}+k$에서
$$a^{x-1}=-a^{-x+1}+k$$
$$\frac{1}{a}\times a^x=-a\times a^{-x}+k$$
양변에 $a\times a^x$을 곱하여 정리하면
$$a^{2x}-ak\times a^x+a^2=0$$
$a^x=t\ (t>0)$로 놓으면
$$t^2-akt+a^2=0 \quad\cdots\cdots\ \text{㉠}$$
t에 대한 이차방정식 ㉠이 양수인 중근을 가져야 하므로 판별식을 D라 하면
$$D=(-ak)^2-4a^2=0$$
$$(k^2-4)a^2=0$$
$$k^2=4\ (\because 0<a<1)$$
$$\therefore k=2\ (\because k>1)\ (참)$$

|3단계| |2단계|에서 세운 지수가 포함된 방정식의 해를 구하고, $x=\dfrac{5}{2}$에서 두 곡선의 함숫값 비교하기

ㄷ. $2<k<8$이므로 ㉠에 의하여 두 함수 $y=a^{x-1}$, $y=|a^{-x+1}-k|$의 그래프의 서로 다른 교점의 개수는 3이다.

두 함수 $y=a^{x-1}$, $y=|a^{-x+1}-k|$의 그래프의 교점의 x좌표를 각각 x_1, x_2, $x_3\ (x_1<x_2<x_3)$이라 하자.

이차방정식 ㉠의 서로 다른 두 실근은 a^{x_1}, a^{x_2}이므로 근과 계수의 관계에 의하여
$$a^{x_1}a^{x_2}=a^2$$
$$a^{x_1+x_2}=a^2$$
$$\therefore x_1+x_2=2$$
이때 $x_1+x_2+x_3<\dfrac{9}{2}$이려면 $x_3<\dfrac{5}{2}$이어야 한다.

또, $a=\dfrac{1}{4}$이므로 두 함수 $y=\left(\dfrac{1}{4}\right)^{x-1}$,
$y=\left(\dfrac{1}{4}\right)^{-x+1}-k=4^{x-1}-k$의 교점의 x좌표가 x_3이다.

두 함수 $y=\left(\dfrac{1}{4}\right)^{x-1}$, $y=4^{x-1}-k$의 $x=\dfrac{5}{2}$에서의 함숫값은 각각
$\dfrac{1}{8}$, $8-k$이므로
$$\frac{1}{8}<8-k,\ \text{즉 } k<\frac{63}{8}\ \textbf{why? ❷}$$
이어야 한다.

그런데 $\frac{63}{8} \leq k < 8$일 때, $x_3 \geq \frac{5}{2}$이므로

$$x_1 + x_2 + x_3 \geq \frac{9}{2}\ (거짓)$$

따라서 옳은 것은 ㄱ, ㄴ이다.

해설특강

why? ➊ $a > 0$이므로 산술평균과 기하평균의 관계에 의하여

$$a + \frac{1}{a} \geq 2\sqrt{a \times \frac{1}{a}} = 2\ \left(단, 등호는\ a = \frac{1}{a},\ 즉\ a = 1일\ 때\ 성립\right)$$

why? ➋ $x_3 < \frac{5}{2}$이려면 함수 $y = \left(\frac{1}{4}\right)^{x-1}$의 $x = \frac{5}{2}$에서의 함숫값이 함수 $y = 4^{x-1} - k$의 $x = \frac{5}{2}$에서의 함숫값보다 작아야 한다.

8

|정답 **1**

출제영역 지수함수, 로그함수의 방정식에의 활용+로그의 성질

로그의 성질을 이해하고, 지수, 로그가 포함된 방정식을 풀어 두 곡선의 교점의 좌표를 구할 수 있는지를 묻는 문제이다.

함수 $y = 4^x$의 그래프를 직선 $y = x$에 대하여 대칭이동한 그래프를 나타내는 함수를 $y = f(x)$라 하고, 함수 $y = \log_2 x$의 그래프를 x축에 대하여 대칭이동한 후 y축의 방향으로 $n\ (n > 0)$만큼 평행이동한 그래프를 나타내는 함수를 $y = g(x)$라 하자. 두 곡선 $y = f(x),\ y = g(x)$가 만나는 점을 A, 두 곡선 $y = f(x),\ y = g(x)$➊가 x축과 만나는 점을 각각 B, C라 하자. $\overline{AB} = \overline{AC}$➋일 때, 점 A의 좌표는 (p, q)이다. $p - 2^q$➌의 값을 구하시오.   **1**

출제코드 지수, 로그가 포함된 방정식을 풀어 n의 값 구하기

➊ 두 곡선 $y = f(x),\ y = g(x)$의 교점의 x좌표는 방정식 $f(x) = g(x)$의 해와 같음을 이용하여 점 A의 좌표를 n에 대한 식으로 나타낸다.

➋ $f(x) = 0,\ g(x) = 0$을 각각 만족시키는 x의 값을 구하여 두 점 B, C의 좌표를 n에 대한 식으로 나타낸다.

➌ 길이가 같은 두 선분을 찾아 n의 값을 구한다.

해설 |1단계| 두 함수 $f(x),\ g(x)$ 구하기

함수 $y = 4^x$의 그래프를 직선 $y = x$에 대하여 대칭이동하면

$x = 4^y$, 즉 $y = \log_4 x$

$\therefore f(x) = \log_4 x$

또, 함수 $y = \log_2 x$의 그래프를 x축에 대하여 대칭이동하면

$$y = -\log_2 x$$

함수 $y = -\log_2 x$의 그래프를 y축의 방향으로 n만큼 평행이동하면

$$y = -\log_2 x + n$$

$\therefore g(x) = -\log_2 x + n$

|2단계| 세 점 A, B, C의 좌표를 n에 대하여 나타내기

두 곡선 $y = f(x),\ y = g(x)$가 만나는 점의 x좌표는

$\log_4 x = -\log_2 x + n$에서

$$\frac{1}{2}\log_2 x = -\log_2 x + n$$

$$\log_2 x = \frac{2n}{3}$$

$\therefore x = 2^{\frac{2n}{3}}$

이때 $y = \log_4 2^{\frac{2n}{3}} = \frac{2n}{3}\log_4 2 = \frac{n}{3}$이므로

$$A\left(2^{\frac{2n}{3}},\ \frac{n}{3}\right)$$

곡선 $y = f(x)$가 x축과 만나는 점의 x좌표는

$f(x) = 0$, 즉 $\log_4 x = 0$에서

$$x = 1$$

$\therefore B(1,\ 0)$

곡선 $y = g(x)$가 x축과 만나는 점의 x좌표는

$g(x) = 0$, 즉 $-\log_2 x + n = 0$에서

$\log_2 x = n$ $\therefore x = 2^n$

$\therefore C(2^n,\ 0)$

|3단계| $\overline{AB} = \overline{AC}$임을 이용하여 n의 값 구하기

한편, $\overline{AB} = \overline{AC}$이므로 삼각형 ABC는 이등변삼각형이다.

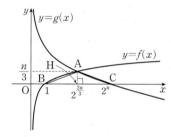

이때 위의 그림과 같이 점 A에서 x축에 내린 수선의 발을 H라 하면

$\overline{HB} = \overline{HC}$ **why? ➊**

$2^{\frac{2n}{3}} - 1 = 2^n - 2^{\frac{2n}{3}}$에서

$$2^n - 2 \times 2^{\frac{2n}{3}} + 1 = 0$$

$2^{\frac{n}{3}} = t\ (t > 0)$로 놓으면

$t^3 - 2t^2 + 1 = 0,\ (t-1)(t^2 - t - 1) = 0$

$\therefore t = 1$ 또는 $t = \frac{1 + \sqrt{5}}{2}\ (\because t > 0)$

(i) $t = 1$일 때

  $2^{\frac{n}{3}} = 1$에서 $\frac{n}{3} = 0$

  $\therefore n = 0$

  이때 $n > 0$이므로 방정식 $2^{\frac{n}{3}} = 1$을 만족시키는 n의 값은 존재하지 않는다.

(ii) $t = \frac{1 + \sqrt{5}}{2}$일 때

  $2^{\frac{n}{3}} = \frac{1 + \sqrt{5}}{2}$에서 $\frac{n}{3} = \log_2 \frac{1 + \sqrt{5}}{2}$

  $\therefore n = 3\log_2 \frac{1 + \sqrt{5}}{2}$

(i), (ii)에 의하여

$$n = 3\log_2 \frac{1 + \sqrt{5}}{2}$$

|4단계| $p-2^q$의 값 구하기

$p=2^{\frac{2n}{3}}=(2^{\frac{n}{3}})^2=\left(\dfrac{1+\sqrt{5}}{2}\right)^2=\dfrac{3+\sqrt{5}}{2}$, $q=\dfrac{n}{3}=\log_2\dfrac{1+\sqrt{5}}{2}$이므로

$p-2^q=\dfrac{3+\sqrt{5}}{2}-2^{\log_2\frac{1+\sqrt{5}}{2}}$

$\quad\quad=\dfrac{3+\sqrt{5}}{2}-\dfrac{1+\sqrt{5}}{2}$

$\quad\quad=1$

해설특강 ✏

why? ❶ 점 A에서 x축에 내린 수선의 발을 H라 하면

$\quad\quad\angle\text{AHB}=\angle\text{AHC}=90\degree$, $\overline{\text{AB}}=\overline{\text{AC}}$, $\overline{\text{AH}}$는 공통

$\quad\quad$이므로 두 직각삼각형 AHB, AHC는 합동이다. (RHS 합동)

$\quad\quad\therefore\ \overline{\text{HB}}=\overline{\text{HC}}$

9

| 정답 **125**

출제영역 지수함수와 로그함수의 그래프

지수와 로그의 성질을 이해하고, 지수와 로그가 포함된 방정식을 풀어 교점의 좌표를 구할 수 있는지를 묻는 문제이다.

$a>1$인 실수 a에 대하여 곡선 $y=\log_4(x-a)$가 x축과 만나는 점을 A, 직선 $y=\dfrac{1}{2}$과 만나는 점을 B라 하고, 점 A를 지나고 x축에 수직인 직선이 곡선 $y=2^{x-1}+2$와 만나는 점을 C라 하자. 직선 AB와 수직이고 점 A를 지나는 직선이 곡선 $y=2^{x-1}+2$와 만나는 점을 D라 할 때, <mark>삼각형 ABD의 넓이는 $\dfrac{5}{2}$이다.</mark> <mark>삼각형 BCD의 넓이❶를 T라 할 때, $10T$의 값을 구하시오.❷</mark> **125**

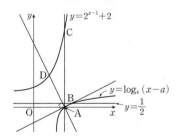

출제코드 지수와 로그가 포함된 방정식을 풀어 교점의 좌표를 구하여 도형의 넓이 구하기

❶ $\overline{\text{AB}}\perp\overline{\text{AD}}$이고, 삼각형 ABD의 넓이가 $\dfrac{5}{2}$임을 이용하여 직선 AD의 기울기와 선분 AD의 길이를 구한다.

❷ 적당한 보조선을 그어 삼각형 BCD의 넓이를 구한다.

해설 |1단계| 세 점 A, B, C의 좌표 구하기

곡선 $y=\log_4(x-a)$가 x축과 만나는 점의 x좌표는

$0=\log_4(x-a)$에서

$x-a=1$ $\quad\therefore\ x=a+1$

$\therefore\ \text{A}(a+1,\ 0)$

곡선 $y=\log_4(x-a)$가 직선 $y=\dfrac{1}{2}$과 만나는 점의 x좌표는

$\dfrac{1}{2}=\log_4(x-a)$에서

$2=x-a$ $\quad\therefore\ x=a+2$

$\therefore\ \text{B}\left(a+2,\ \dfrac{1}{2}\right)$

점 A를 지나고 x축에 수직인 직선이 곡선 $y=2^{x-1}+2$와 만나는 점이 C이므로

$\text{C}(a+1,\ 2^a+2)$

|2단계| $\overline{\text{AB}}\perp\overline{\text{AD}}$와 삼각형 ABD의 넓이를 이용하여 점 D의 좌표 구하기

$\overline{\text{AB}}\perp\overline{\text{AD}}$이고, 삼각형 ABD의 넓이가 $\dfrac{5}{2}$이므로

$\dfrac{1}{2}\times\overline{\text{AB}}\times\overline{\text{AD}}=\dfrac{5}{2}$

이때

$\overline{\text{AB}}=\sqrt{\{(a+2)-(a+1)\}^2+\left(\dfrac{1}{2}-0\right)^2}=\dfrac{\sqrt{5}}{2}$

이므로

$\dfrac{1}{2}\times\dfrac{\sqrt{5}}{2}\times\overline{\text{AD}}=\dfrac{5}{2}$

$\therefore\ \overline{\text{AD}}=2\sqrt{5}$

직선 AB의 기울기는 $\dfrac{\dfrac{1}{2}-0}{(a+2)-(a+1)}=\dfrac{1}{2}$이므로 직선 AD의 기울기는 -2이다.

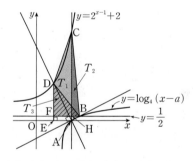

이때 위의 그림과 같이 점 D에서 내린 수선이 x축과 만나는 점을 E라 하고, 직선 $y=\dfrac{1}{2}$이 두 직선 DE, CA와 만나는 점을 각각 F, H라 하자.

직각삼각형 ADE에서 직선 AD의 기울기가 -2이므로 $\overline{\text{AE}}=k$로 놓으면

$\dfrac{\overline{\text{DE}}}{\overline{\text{AE}}}=2$에서 $\overline{\text{DE}}=2k$

$\therefore\ \overline{\text{AD}}=\sqrt{k^2+4k^2}=\sqrt{5}k$

$\overline{\text{AD}}=2\sqrt{5}$이므로 $k=2$

$\therefore\ \overline{\text{AE}}=2,\ \overline{\text{DE}}=4$

$\therefore\ \text{D}(\underbrace{a-1}_{(\text{점 A의 }x\text{좌표})-2},\ 4)$

|3단계| 실수 a의 값 구하기

점 D는 곡선 $y=2^{x-1}+2$ 위의 점이므로

$4=2^{a-2}+2$

$2^{a-2}=2,\ a-2=1$

$\therefore\ a=3$

$A(4, 0)$, $B\left(5, \dfrac{1}{2}\right)$, $C(4, 10)$, $D(2, 4)$, $F\left(2, \dfrac{1}{2}\right)$, $H\left(4, \dfrac{1}{2}\right)$이므로 사각형 CDFH의 넓이를 T_1, 삼각형 CHB의 넓이를 T_2, 삼각형 DFB의 넓이를 T_3이라 하면 삼각형 BCD의 넓이는

$T = T_1 + T_2 - T_3$

$= \dfrac{1}{2} \times \left(\dfrac{7}{2} + \dfrac{19}{2}\right) \times 2 + \dfrac{1}{2} \times 1 \times \dfrac{19}{2} - \dfrac{1}{2} \times 3 \times \dfrac{7}{2}$

$= 13 + \dfrac{19}{4} - \dfrac{21}{4}$

$= \dfrac{25}{2}$

$\therefore 10T = 10 \times \dfrac{25}{2} = 125$

---

10 |정답 256

출제영역 로그함수의 그래프 + 로그함수의 부등식에의 활용
로그함수의 그래프의 평행이동을 이용하고, 로그가 포함된 부등식의 해를 구할 수 있는지를 묻는 문제이다.

> 두 상수 a, b에 대하여 함수 $f(x) = \log_2 (ax + b) - 1$의 그래프는 점 $\left(\dfrac{1}{8}, -2\right)$를 지난다. **❶** 함수 $y = f(x)$의 그래프를 x축의 방향으로 $-\dfrac{7}{8}$만큼, y축의 방향으로 1만큼 평행이동한 그래프의 점근선은 함수 $y = 3^x - 1$의 역함수의 그래프의 점근선과 일치한다. **❷** 곡선 $y = f(x)$가 x축, y축과 만나는 점을 각각 A, B라 할 때, 곡선 $y = \log_{\frac{1}{4}} \left(x + \dfrac{n}{4}\right)$이 선분 AB와 만나도록 **❸** 하는 자연수 n의 개수를 구하시오. (단, $a \neq 0$) 256

출제코드 로그함수의 그래프가 x축, y축과 각각 만나는 점을 이용하여 로그가 포함된 부등식을 세운 후 그 해 구하기

❶ 함수 $y = f(x)$에 주어진 점의 좌표를 대입하여 a, b에 대한 식을 세울 수 있다.
➡ $f\left(\dfrac{1}{8}\right) = -2$

❷ 함수 $y = f(x)$의 그래프를 x축의 방향으로 $-\dfrac{7}{8}$만큼, y축의 방향으로 1만큼 평행이동한 그래프의 점근선은 함수 $y = f(x)$의 그래프의 점근선을 x축의 방향으로 $-\dfrac{7}{8}$만큼 평행이동한 것과 같다.

❸ 선분 AB는 고정되어 있으므로 함수 $y = \log_{\frac{1}{4}} \left(x + \dfrac{n}{4}\right)$의 그래프를 움직여 선분 AB와 만나도록 하는 n의 값의 범위를 구한다.

해설 **|1단계|** 함수 $f(x)$의 그래프가 지나는 점의 좌표와 평행이동한 그래프의 점근선의 방정식을 이용하여 a, b의 값 구하기

함수 $f(x) = \log_2 (ax + b) - 1$의 그래프가 점 $\left(\dfrac{1}{8}, -2\right)$를 지나므로

$\log_2 \left(\dfrac{a}{8} + b\right) - 1 = -2$

$\dfrac{a}{8} + b = \dfrac{1}{2}$

$\therefore a + 8b = 4$ …… ㉠

또, $f(x) = \log_2 (ax + b) - 1 = \log_2 \left\{a\left(x + \dfrac{b}{a}\right)\right\} - 1$이므로

곡선 $y = f(x)$의 점근선의 방정식은 $x = -\dfrac{b}{a}$

즉, 곡선 $y = f(x)$를 x축의 방향으로 $-\dfrac{7}{8}$만큼, y축의 방향으로 1만큼 평행이동한 곡선의 점근선의 방정식은

$x = -\dfrac{b}{a} - \dfrac{7}{8}$

이때 곡선 $y = 3^x - 1$의 점근선의 방정식은 $y = -1$이고, 역함수의 그래프의 점근선은

$x = -1$ ㄴ 직선 $y = x$에 대하여 대칭

즉, $-\dfrac{b}{a} - \dfrac{7}{8} = -1$이므로

$\dfrac{b}{a} = \dfrac{1}{8}$

$\therefore a = 8b$ …… ㉡

㉠, ㉡을 연립하여 풀면

$a = 2$, $b = \dfrac{1}{4}$

|2단계| 곡선 $y = \log_{\frac{1}{4}} \left(x + \dfrac{n}{4}\right)$과 선분 AB가 만날 조건 구하기

$f(x) = \log_2 \left(2x + \dfrac{1}{4}\right) - 1 = \log_2 \left(x + \dfrac{1}{8}\right)$이므로 함수 $y = f(x)$의 그래프가 x축, y축과 만나는 점의 좌표는 각각

$A\left(\dfrac{7}{8}, 0\right)$, $B(0, -3)$

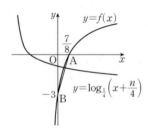

위의 그림과 같이 곡선 $y = \log_{\frac{1}{4}} \left(x + \dfrac{n}{4}\right)$과 선분 AB가 만나려면

$\log_{\frac{1}{4}} \left(0 + \dfrac{n}{4}\right) \geq -3$,

$\log_{\frac{1}{4}} \left(\dfrac{7}{8} + \dfrac{n}{4}\right) \leq 0$

이어야 한다.

|3단계| |2단계|에서 세운 부등식을 풀어 조건을 만족시키는 자연수 n의 개수 구하기

(i) $\log_{\frac{1}{4}} \left(0 + \dfrac{n}{4}\right) \geq -3$에서 $\log_{\frac{1}{4}} \dfrac{n}{4} \geq \log_{\frac{1}{4}} 64$

    밑 $\dfrac{1}{4}$이 1보다 작으므로 $\dfrac{n}{4} \leq 64$ $\therefore n \leq 256$

(ii) $\log_{\frac{1}{4}} \left(\dfrac{7}{8} + \dfrac{n}{4}\right) \leq 0$에서 $\log_{\frac{1}{4}} \left(\dfrac{7}{8} + \dfrac{n}{4}\right) \leq \log_{\frac{1}{4}} 1$

    밑 $\dfrac{1}{4}$이 1보다 작으므로 $\dfrac{7}{8} + \dfrac{n}{4} \geq 1$ $\therefore n \geq \dfrac{1}{2}$

(i), (ii)에 의하여 $\dfrac{1}{2} \leq n \leq 256$

따라서 조건을 만족시키는 자연수 n은 1, 2, 3, …, 256의 256개이다.

02-2 지수함수, 로그함수의 그래프에서 개수 세기

본문 19~21쪽

1 392	**2** 181	**3** 12	**4** 347	**5** 126

1

2012학년도 9월 평가원 가 30 / 나 30 [정답률 22% / 23%] **|정답 392**

출제영역 지수함수의 그래프＋수열의 합

지수함수의 그래프를 이용하여 조건을 만족시키는 정사각형의 한 변의 길이로 이루어진 수열의 합을 구할 수 있는지를 묻는 문제이다.

자연수 n에 대하여 좌표평면에서 다음 조건을 만족시키는 가장 작은 정사각형의 한 변의 길이를 a_n이라 하자.
❸

(가) 정사각형의 각 변은 좌표축에 평행하고, 두 대각선의 교점은 $(n, 2^n)$이다.
(나) 정사각형과 그 내부에 있는 점 (x, y) 중에서 x가 자연수이고, $y=2^x$을 만족시키는 점은 3개뿐이다.
❷

예를 들어 $a_1=12$이다. $\sum_{k=1}^{7} a_k$의 값을 구하시오.　392

┌── $a_1+a_2+\cdots+a_7 \to a_n$의 규칙성을 파악한다.

킬러코드 a_n의 값을 결정짓는 n의 값의 경계 찾기

❶ 정사각형의 두 대각선의 교점은 곡선 $y=2^x$ 위에 있다.
❷ 정사각형과 그 내부에 있는 점 중에서 곡선 $y=2^x$ 위에 있고 x좌표와 y좌표가 모두 자연수인 점은 3개뿐이라는 의미이다.
❸ 주어진 조건을 만족시키는 정사각형이 여러 개 있으므로 그중 가장 작은 정사각형의 한 변의 길이를 n에 대한 식으로 나타낸다.

➡ 가장 작은 정사각형이 되는 경우는 정사각형과 그 내부의 세 점 중 하나가 정사각형의 변 위의 점이 될 때이다.

해설 **|1단계|** $n=1, 2$일 때, a_n의 값 구하기

(ⅰ) $n=1$일 때
두 대각선의 교점이 점 $(1, 2)$이므로 오른쪽 그림과 같이 정사각형과 그 내부에 세 점 $(1, 2^1)$, $(2, 2^2)$, $(3, 2^3)$이 포함되어야 한다.
∴ $a_1=2\times(2^3-2^1)=12$ **how?❶**

(ⅱ) $n=2$일 때
두 대각선의 교점이 점 $(2, 2^2)$이므로 오른쪽 그림과 같이 정사각형과 그 내부에 세 점 $(1, 2^1)$, $(2, 2^2)$, $(3, 2^3)$이 포함되어야 한다.
∴ $a_2=2\times(2^3-2^2)=8$

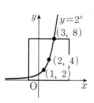

|2단계| $n \geq 3$일 때, a_n의 값 구하기

(ⅲ) $n \geq 3$일 때
두 대각선의 교점이 점 $(n, 2^n)$이므로 오른쪽 그림과 같이 정사각형과 그 내부에 세 점 $(n-2, 2^{n-2})$, $(n-1, 2^{n-1})$, $(n, 2^n)$이 포함되어야 한다. **why?❷**
∴ $a_n=2\times(2^n-2^{n-2})=2^{n-1}\times3$

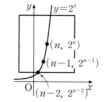

|3단계| $\sum_{k=1}^{7} a_k$의 값 구하기

(ⅰ), (ⅱ), (ⅲ)에 의하여

$$\sum_{k=1}^{7} a_k=12+8+3\times(2^2+2^3+2^4+2^5+2^6) \text{ how?❸}$$

$$=20+3\times\frac{2^2\times(2^5-1)}{2-1}=392$$

해설특강 ✎

how?❶ 두 대각선의 교점의 좌표로부터 정사각형의 한 변의 길이를 구할 수 있다. 즉, 조건 (나)에 의하여 세 점 $(1, 2^1)$, $(2, 2^2)$, $(3, 2^3)$이 정사각형과 그 내부에 있고 이때 가장 작은 정사각형의 한 변이 점 $(3, 2^3)$을 지나므로 a_1의 값을 구할 수 있다.

why?❷ 세 점 $(n-1, 2^{n-1})$, $(n, 2^n)$, $(n+1, 2^{n+1})$이 정사각형과 그 내부에 포함되는 경우 정사각형의 한 변의 길이는
$2\times(2^{n+1}-2^n)=2^{n+1}$
이때 $2\times(2^n-2^{n-2})=\frac{3}{4}\times2^{n+1}$이므로 점 $(n-2, 2^{n-2})$도 이 정사각형의 내부에 포함된다.
즉, 네 점 $(n-2, 2^{n-2})$, $(n-1, 2^{n-1})$, $(n, 2^n)$, $(n+1, 2^{n+1})$이 정사각형과 그 내부에 포함되므로 조건 (나)를 만족시키지 않는다.
마찬가지로 세 점 $(n, 2^n)$, $(n+1, 2^{n+1})$, $(n+2, 2^{n+2})$이 정사각형과 그 내부에 포함되는 경우에도 조건 (나)를 만족시키지 않는다.

how?❸ $\sum_{k=1}^{7} a_k=a_1+a_2+\sum_{k=3}^{7} a_k$이고, $n\geq3$에서 수열 $\{a_n\}$은 $a_3=2^2\times3$, 공비가 2인 등비수열이므로 $\sum_{k=3}^{7} a_k$는 등비수열의 합의 공식을 이용하여 구한다.

2

2013학년도 9월 평가원 가 30 / 나 30 [정답률 18% / 15%] 변형 **|정답 181**

출제영역 로그함수의 그래프＋로그함수의 부등식에의 활용

로그가 포함된 부등식을 이용하여 두 로그함수의 그래프와 만나는 특정한 정사각형의 개수를 구할 수 있는지를 묻는 문제이다.

좌표평면에서 다음 조건을 만족시키는 정사각형 중 두 함수 $y=\log(2x+3)$, $y=\log(3x+5)$의 그래프와 모두 만나는 것의 개수를 구하시오.　181
❶

(가) 꼭짓점의 x좌표, y좌표가 모두 자연수이고 한 변의 길이가 1이다.
(나) 꼭짓점의 x좌표는 모두 200 이하이다.
❷

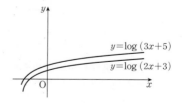

킬러코드 정사각형의 꼭짓점의 좌표를 두 자연수 n, k로 나타낸 후 부등식 세우기

❶ 정사각형이 두 곡선 $y=\log(2x+3)$, $y=\log(3x+5)$와 모두 만나고 한 변의 길이가 1이므로 정사각형의 꼭짓점의 좌표 사이의 관계식을 구할 수 있다.
❷ x좌표가 가장 큰 정사각형의 꼭짓점의 x좌표는 199와 200이다.

해설 |**1단계**| 그림을 그려 두 함수의 그래프가 모두 정사각형과 만나는 경우 파악하기

정사각형의 네 꼭짓점의 좌표를

(n, k), $(n+1, k)$, $(n+1, k+1)$, $(n, k+1)$ (n, k는 자연수)

이라 하자.

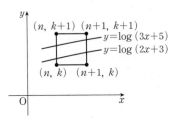

위의 그림과 같이 정사각형이 두 함수 $y=\log(2x+3)$,

$y=\log(3x+5)$의 그래프와 모두 만나기 위해서는

$\log(3n+5)\leq k+1$이고 $\log\{2(n+1)+3\}\geq k$ **why?❶**

이어야 한다.

|**2단계**| 부등식을 풀어 n의 값의 범위 구하기

$\log(3n+5)\leq k+1$에서 $3n+5\leq 10^{k+1}$이므로 **how?❷**

$$n\leq \frac{10^{k+1}-5}{3}$$

$\log\{2(n+1)+3\}\geq k$에서 $2n+5\geq 10^k$이므로

$$n\geq \frac{10^k-5}{2} \qquad \therefore \frac{10^k-5}{2}\leq n\leq \frac{10^{k+1}-5}{3}$$

|**3단계**| k의 값에 따른 n의 값의 개수 구하기

(ⅰ) $k=1$일 때

$$\frac{10-5}{2}\leq n\leq \frac{10^2-5}{3} \qquad \therefore \frac{5}{2}\leq n\leq \frac{95}{3}$$

따라서 자연수 n은 3, 4, 5, …, 31의 29개이다.

(ⅱ) $k=2$일 때 **why?❸** ┌─ 꼭짓점의 x좌표가 모두 200 이하인 조건을 만족시킨다.

$$\frac{10^2-5}{2}\leq n\leq \frac{10^3-5}{3} \qquad \therefore \frac{95}{2}\leq n\leq \frac{995}{3}$$

그런데 꼭짓점의 x좌표는 모두 200 이하이므로 $n+1\leq 200$,

즉 $n\leq 199$이다.

따라서 자연수 n은 48, 49, 50, …, 199의 152개이다.

(ⅰ), (ⅱ)에 의하여 모든 정사각형의 개수는 $29+152=181$

주의 꼭짓점의 x좌표가 모두 200 이하이고 x좌표가 가장 큰 꼭짓점이 $n+1$이

므로 n은 199 이하의 자연수가 되어야 한다. 즉, $n=200$을 포함시키지 않도록

주의한다.

해설특강 ✏

why?❶ 점 $(n, k+1)$이 곡선 $y=\log(3x+5)$보다 위쪽에 있기 위해서는 점

$(n, k+1)$의 y좌표가 $\log(3n+5)$보다 크거나 같아야 한다. 또, 점

$(n+1, k)$가 곡선 $y=\log(2x+3)$보다 아래쪽에 있기 위해서는 점

$(n+1, k)$의 y좌표가 $\log\{2(n+1)+3\}$보다 작거나 같아야 한다.

how?❷ $\log(3n+5)\leq k+1$에서 $\log(3n+5)\leq \log 10^{k+1}$

이때 양변의 로그의 밑이 10으로 1보다 크므로 $3n+5\leq 10^{k+1}$

why?❸ 꼭짓점의 x좌표가 모두 200 이하이므로

$\log(3\times 200+5)=\log 605<3$,

$\log(2\times 200+3)=\log 403<3$

따라서 가능한 지연수 k의 값은 1과 2이다.

---

3 2014학년도 수능 A 30 [정답률 14%] 변형 | **정답 12**

출제영역 지수함수의 그래프＋수열의 합

지수함수의 그래프로 둘러싸인 영역에 속하는 x좌표와 y좌표가 모두 자연수인 점의 개수가 주어질 때, 함수의 식에 포함된 미지수의 최솟값을 구할 수 있는지를 묻는 문제이다.

> 좌표평면에서 두 곡선 $y=2^x-n$, $y=3n-2^x$과 y축으로 둘러싸인 영역의 내부 또는 그 경계에 포함되고❶ x좌표와 y좌표가 모두 자연수인 점의 개수가 100보다 크도록❷ 하는 자연수 n의 최솟값을 구하❶
> 시오. 12

킬러코드 두 곡선의 교점의 x좌표를 경계로 격자점의 개수 나타내기

❶ 두 곡선 $y=2^x-n$, $y=3n-2^x$은 점근선이 각각 $y=-n$, $y=3n$으로 자연수 n의 값이 커짐에 따라 조건을 만족시키는 영역도 넓어진다.

➡ n의 최솟값을 구하는 문제이다.

❷ 두 곡선 $y=2^x-n$, $y=3n-2^x$의 교점의 좌표를 구한다.

➡ 교점의 x좌표보다 작거나 같은 자연수 중에서 가장 큰 자연수를 k로 놓고 $x=1$부터 $x=k$까지 조건을 만족시키는 격자점의 개수를 구한다.

해설 |**1단계**| 문제의 상황을 그림으로 나타내기

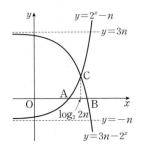

두 곡선 $y=2^x-n$, $y=3n-2^x$이 x축과 만나는 점을 각각 A, B라

하면

$A(\log_2 n, 0)$, $B(\log_2 3n, 0)$

이고, 두 곡선의 교점을 C라 하면 $C(\log_2 2n, n)$ **how?❶**

|**2단계**| 곡선 $y=3n-2^x$과 x축 및 y축으로 둘러싸인 영역의 내부 또는 그 경계에 포함되는 격자점의 개수를 식으로 나타내기

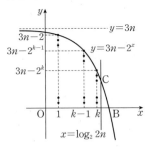

자연수 k에 대하여 $k\leq \log_2 2n<k+1$이라 하면 위의 그림에서 곡선

$y=3n-2^x$과 직선 $x=\log_2 2n$, x축 및 y축으로 둘러싸인 영역의 내부 또는 그 경계에 포함되고 x좌표와 y좌표가 모두 자연수인 점의 개수는

$(3n-2)+(3n-2^2)+(3n-2^3)+\cdots+(3n-2^{k-1})+(3n-2^k)$

why?❷

$$=\underbrace{3n+3n+\cdots+3n}_{k개}-(2+2^2+2^3+\cdots+2^{k-1}+2^k)$$

└─ 첫째항이 2이고 공비가 2인 등비수열의 첫째항부터 제k항까지의 합

$$=3nk-\frac{2(2^k-1)}{2-1}$$

$$=3nk-2^{k+1}+2 \qquad \cdots\cdots ㉠$$

---

20 정답과 해설

|3단계| 조건을 만족시키는 격자점의 개수를 식으로 나타내기

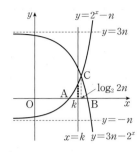

$k \le \log_2 2n < k+1$에서

$k-1 \le \log_2 n < k$ **how? ❸**

이므로 조건을 만족시키는 점의 개수는 ㉠에서 직선 $x=k$ 위의 x좌표와 y좌표가 모두 자연수인 점 중 곡선 $y=2^x-n$의 아래쪽에 있는 점의 개수를 뺀 것과 같다.

따라서 조건을 만족시키는 점의 개수는

$(3nk-2^{k+1}+2)-(2^k-n-1)=3nk-3\times 2^k+n+3$ **how? ❹**

$\qquad\qquad\qquad\qquad\qquad =(3k+1)n-3(2^k-1)$

|4단계| 자연수 n의 최솟값 구하기

한편, $k-1 \le \log_2 n < k$에서 $2^{k-1} \le n < 2^k$이므로

$(3k-5)2^{k-1}+3 \le (3k+1)n-3(2^k-1) < (3k-2)2^k+3$ **how? ❺**

$k=3$일 때, $19 \le (3k+1)n-3(2^k-1) < 59$

$k=4$일 때, $59 \le (3k+1)n-3(2^k-1) < 163$

즉, x좌표와 y좌표가 모두 자연수인 점의 개수가 100보다 크도록 하는 k의 최솟값은 4이다.

$k=4$일 때, $(3k+1)n-3(2^k-1)=13n-45$이므로

$13n-45>100$

$\therefore n > \dfrac{145}{13} = 11.\times\times\times$

따라서 자연수 n의 최솟값은 12이다.

해설 특강 ✎

how? ❶ $2^x-n=3n-2^x$에서 $2^x+2^x=4n$, $2^x=2n$
양변에 밑이 2인 로그를 취하면 $x=\log_2 2n$
$x=\log_2 2n$을 $y=2^x-n$에 대입하면
$y=2^{\log_2 2n}-n=2n-n=n$
따라서 점 C의 좌표는 C$(\log_2 2n, n)$이다.

why? ❷ $1 \le x \le k$인 자연수 x에 대하여 함숫값 $3n-2^x$도 항상 자연수이므로
x좌표가 m인 격자점의 개수는 $3n-2^m$이다.

how? ❸ 점 C에서 x축에 내린 수선의 발을 H라 하면
$\overline{AH}=\log_2 2n-\log_2 n=\log_2 2=1$이므로 $k-1 \le \log_2 n$이다.
따라서 x좌표가 $k-1$인 격자점은 조건을 만족시키는 영역에 속한다.

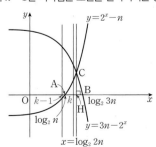

how? ❹ 직선 $x=k$ 위의 x좌표와 y좌표가 모두 자연수인 점 중 곡선 $y=2^x-n$의 아래쪽에 있는 점은 y좌표가 $y=2^k-n$보다 작은 점이므로 $(k, 1), (k, 2), (k, 3), \cdots, (k, 2^k-n-1)$의 (2^k-n-1)개이다.

how? ❺ $2^{k-1} \le n < 2^k$에서
$(3k+1)2^{k-1} \le (3k+1)n < (3k+1)2^k$
$(3k+1)2^{k-1}-3(2^k-1) \le (3k+1)n-3(2^k-1)$
$\qquad\qquad\qquad\qquad\qquad < (3k+1)2^k-3(2^k-1)$
즉,
$(3k-5)2^{k-1}+3 \le (3k+1)n-3(2^k-1) < (3k-2)2^k+3$

4
|정답 347

출제영역 지수함수의 그래프

지수함수의 그래프로 둘러싸인 영역에 속하는 x좌표와 y좌표가 모두 정수인 점의 개수를 구할 수 있는지를 묻는 문제이다.

> 두 정수 a, n에 대하여 직선 $y=n$이 두 함수
>
> $$f(x)=2^{x-1}+a, \quad g(x)=-2^x-\dfrac{a}{2}+9$$ **❶**
>
> 의 그래프와 모두 만나도록 하는 정수 n의 개수가 5일 때, n의 최솟값을 p, 최댓값을 q라 하자. 좌표평면에서 두 곡선 $y=f(x)$, $y=g(x)$와 두 직선 $x=p$, $x=q$로 둘러싸인 영역의 내부 또는 그 경계에 포함되고 x좌표와 y좌표가 모두 정수인 점의 개수를 구하시오. **❷** 347

킬러코드 두 지수함수의 그래프의 위치 관계 파악하기

❶ 두 곡선 $f(x)=2^{x-1}+a$, $g(x)=-2^x-\dfrac{a}{2}+9$의 점근선의 방정식이 각각 $y=a$, $y=-\dfrac{a}{2}+9$임을 이용하여 n의 값의 범위를 구한다.

❷ $p \le x \le q$에서의 x좌표를 두 함수 $f(x)$, $g(x)$에 대입하여 조건을 만족시키는 점의 개수를 구한다.

해설 **|1단계|** 두 함수 $f(x)$, $g(x)$의 치역을 구하고, 두 곡선이 직선 $y=n$과 만나도록 하는 n의 값의 범위 구하기

함수 $f(x)=2^{x-1}+a$의 그래프는 함수 $y=2^x$의 그래프를 x축의 방향으로 1만큼, y축의 방향으로 a만큼 평행이동한 것이므로 함수 $f(x)$의 치역은

$\{y \mid y > a\}$

함수 $g(x)=-2^x-\dfrac{a}{2}+9$의 그래프는 함수 $y=2^x$의 그래프를 x축에 대하여 대칭이동한 후 다시 y축의 방향으로 $-\dfrac{a}{2}+9$만큼 평행이동한 것이므로 함수 $g(x)$의 치역은

$\left\{y \mid y < -\dfrac{a}{2}+9\right\}$

직선 $y=n$이 두 곡선 $y=f(x)$, $y=g(x)$와 모두 만나려면

$a < n < -\dfrac{a}{2}+9$ **why? ❶**

이어야 한다.

|2단계| a의 값을 구하여 정수 n의 최댓값, 최솟값 구하기

a가 정수이므로 정수 n의 개수가 5이려면

$a+5<-\dfrac{a}{2}+9\leq a+6$ **how?❷**

$\therefore 2\leq a<\dfrac{8}{3}$

즉, 정수 a의 값은 2이므로 n의 값의 범위는

$2<n<8$

따라서 정수 n의 최솟값은 3, 최댓값은 7이므로

$p=3,\ q=7$

|3단계| x좌표와 y좌표가 모두 정수인 점의 개수 구하기

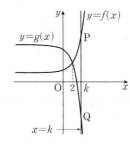

두 곡선 $f(x)=2^{x-1}+2,\ y=-2^x+8$의 교점의 x좌표는 2이다. **how?❸**

직선 $x=k\,(k=3,\ 4,\ 5,\ 6,\ 7)$와 만나는 점을 각각 P, Q라 하면

$P(k,\ 2^{k-1}+2),\ Q(k,\ -2^k+8)$

$2^{k-1}+2,\ -2^k+8$이 모두 정수이므로 x좌표와 y좌표가 모두 정수인 점의 개수는

$(2^{k-1}+2)-(-2^k+8)+1=3\times2^{k-1}-5$

따라서 구하는 점의 개수는 $(k,0)$

$(3\times2^{3-1}-5)+(3\times2^{4-1}-5)+(3\times2^{5-1}-5)$
$\qquad\qquad +(3\times2^{6-1}-5)+(3\times2^{7-1}-5)$

$=7+19+43+91+187$

$=347$

해설특강 ✎ ──────────────

why?❶ $a\geq-\dfrac{a}{2}+9$이면 오른쪽 그림과 같이 두 곡선 $y=f(x),\ y=g(x)$가 만나지 않으므로

$y=2^{x-1}+a$
$y=a$
$-\dfrac{a}{2}+9$ $y=-\dfrac{a}{2}+9$
$y=-2^x-\dfrac{a}{2}+9$

$a<-\dfrac{a}{2}+9$

따라서 직선 $y=n$이 두 곡선 $y=f(x),\ y=g(x)$와 모두 만나려면

$a<n<-\dfrac{a}{2}+9$

이어야 한다.

how?❷ $a<n<-\dfrac{a}{2}+9$에서 a가 정수이므로 n의 값이 될 수 있는 값은

$a+1,\ a+2,\ a+3,\ a+4,\ a+5$이다. 따라서

$a+5<-\dfrac{a}{2}+9\leq a+6$

이어야 한다.

how?❸ $2^{x-1}+2=-2^x+8$에서

$3\times2^{x-1}=6,\ 2^{x-1}=2$

$x-1=1$ $\therefore x=2$

5

출제영역 로그함수의 그래프＋최대공약수

로그함수의 그래프 위를 움직이고 특정 조건을 만족시키는 점의 개수를 구할 수 있는지를 묻는 문제이다.

좌표평면에서 x축 위의 점 A와 곡선 $y=\log_2 x$ 위의 점 B에 대하여 점 B의 y좌표가 자연수 n일 때, 다음 조건을 만족시키는 점 A의 개수를 $f(n)$이라 하자.

> (개) 점 A의 x좌표는 1보다 크고, 점 B의 x좌표보다 작은 자연수이다.
> (내) 선분 AB의 삼등분점을 P, Q라 할 때, 선분 AB 위의 점 중에서 x좌표와 y좌표가 모두 정수인 점은 네 점 A, B, P, Q뿐이다.

$\displaystyle\sum_{n=1}^{10} f(n)$의 값을 구하시오. 126

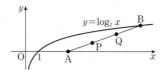

킬러코드 두 점 A, B의 x좌표와 y좌표의 차의 최대공약수가 3임을 파악하기

❶ 먼저 두 점 A, B의 좌표를 정한다.
➡ x좌표와 y좌표가 모두 정수이므로
$\quad A(a,0),\ B(2^n,n)$ (a는 $1<a<2^n$인 자연수)
으로 놓을 수 있다.

❷ 선분의 길이의 비를 이용하여 가능한 a의 값을 찾아본다.
(ⅰ) 점 B의 y좌표는 3의 배수이어야 한다. ➡ n이 3의 배수이다.
(ⅱ) 두 점 A, B의 x좌표의 차는 3의 배수이다. ➡ 2^n-a가 3의 배수이다.

해설 **|1단계| 자연수 n이 3의 배수가 아닐 때의 $f(n)$의 값 구하기**

두 점 A, B의 x좌표와 y좌표가 모두 정수이므로 두 점의 좌표를
$A(a,0),\ B(2^n,n)$ (a는 $1<a<2^n$인 자연수)
으로 놓을 수 있다.

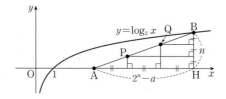

이때 점 B에서 x축에 내린 수선의 발을 H라 하면 $H(2^n,0)$이고
$\overline{AH}=2^n-a,\ \overline{BH}=n$

조건 (내)에 의하여 $2^n-a,\ n$은 모두 3의 배수인 자연수이다. **why?❶**
이때 선분 AB 위의 점 중에서 x좌표와 y좌표가 모두 정수인 점이 네 점 A, B, P, Q뿐이므로 두 수의 최대공약수가 3이어야 한다. **why?❷**
즉, n이 3의 배수가 아니면
$f(n)=0$

|2단계| $f(3),\ f(6),\ f(9)$의 값 구하기

(ⅰ) $n=3$일 때

2^3-a, 즉 $8-a$가 3의 배수인 자연수이어야 하므로 가능한 a의 값은 2, 5의 2개이다.
$\qquad\qquad\quad$ ─── $a=2$일 때 $8-a=6$, $a=5$일 때 $8-a=3$
$\quad\therefore f(3)=2$

(ii) $n=6$일 때

2^6-a, 즉 $64-a$가 3의 배수인 자연수이어야 하고 동시에 <u>짝수가 아니어야</u> 하므로 가능한 a의 값은 7, 13, 19, $\cdots$, 61의 10개이다.

$\therefore f(6)=10$ └─ 짝수인 경우 최대공약수가 3이 되지 않는다. **how?❸**

(iii) $n=9$일 때

2^9-a, 즉 $512-a$가 3의 배수인 자연수이어야 하고 동시에 <u>9의 배수가 아니어야</u> 하므로 가능한 a의 값은 2, 5, 11, 14, 20, 23, $\cdots$, └─ 9의 배수인 경우 최대공약수가 3이 되지 않는다.

506, 509의 114개이다. **how?❹**

$\therefore f(9)=114$

|3단계| $\sum\limits_{n=1}^{10} f(n)$의 값 구하기

(ⅰ), (ⅱ), (ⅲ)에 의하여

$$\sum_{n=1}^{10} f(n)=f(3)+f(6)+f(9)$$
$$=2+10+114=126$$

해설 특강 ✐

why?❶ $2^n-a=3k$, $n=3l$인 두 자연수 k, l이 존재할 때, 두 점 $P(a+k, l)$, $Q(a+2k, 2l)$의 x좌표와 y좌표도 모두 자연수가 된다.

why?❷ 두 수 2^n-a, n의 최대공약수를 d라 하면

$2^n-a=dp$, $n=dq$ (p와 q는 서로소인 자연수)

로 놓을 수 있다. 이때 선분 AB 위의 점

$(a+p, q)$, $(a+2p, 2q)$, $\cdots$, $(a+(d-1)p, (d-1)q)$

의 x좌표와 y좌표도 모두 자연수이다.

그런데 $d-1\geq3$, 즉 $d\geq4$이면 선분 AB 위에 x좌표와 y좌표가 모두 정수인 점이 5개 이상 존재한다.

따라서 조건 ㈏를 만족시키려면 $d=3$이어야만 한다.

즉, 두 수 2^n-a, n의 최대공약수는 3이어야 한다.

how?❸ $64-a=(21\times3+1)-a$가 3의 배수인 자연수이려면 a는 3으로 나눈 나머지가 1이어야 한다.

이때 $a<64$이므로 $a=4, 7, \cdots, 58, 61$ ($\because a>1$)

이 중 짝수인 a를 제외하면 가능한 a의 값은 7, 13, 19, $\cdots$, 61이다.

즉, $a=6k+1$ ($k=1, 2, \cdots, 10$) 이므로 a의 개수는 10이다.

how?❹ $512-a=(170\times3+2)-a$가 3의 배수인 자연수이려면 a는 3으로 나눈 나머지가 2이어야 한다.

이때 $a<512$이므로 $a=2, 5, 8, \cdots, 503, 506, 509$

또, $512-a=(56\times9+8)-a$가 9의 배수이려면 a는 9로 나눈 나머지가 8이어야 한다.

이때 $a<512$이므로 $a=8, 17, \cdots, 503$

따라서 가능한 a의 값은 2, 5, 11, 14, 20, 23, $\cdots$, 506, 509이다.

즉, $a=9k+2$ ($k=0, 1, \cdots, 56$) 또는 $a=9k+5$ ($k=0, 1, \cdots, 56$) 이므로 a의 개수는 $57+57=114$이다.

기출예시 1 |정답 ①

함수 $f(x)=a\cos bx+3$에서 $a>0$이므로 최댓값은 $a+3$, 최솟값은 $-a+3$이다.

이때 함수 $f(x)$의 최솟값이 -1이므로

$-a+3=-1$ $\therefore a=4$

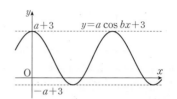

$b>0$이므로 함수 $y=a\cos bx+3$의 주기는 $\dfrac{2\pi}{b}$이다.

이때 함수 $f(x)$의 주기는 4π이므로

$\dfrac{2\pi}{b}=4\pi$ $\therefore b=\dfrac{1}{2}$

$\therefore a+b=4+\dfrac{1}{2}$

$=\dfrac{9}{2}$

기출예시 2 |정답 ①

x에 대한 이차방정식 $x^2-(2\sin\theta)x-3\cos^2\theta-5\sin\theta+5=0$의 판별식을 D라 할 때, 이 이차방정식이 실근을 가지므로

$\dfrac{D}{4}=(-\sin\theta)^2-(-3\cos^2\theta-5\sin\theta+5)$

$=\sin^2\theta+3\cos^2\theta+5\sin\theta-5$

$=\sin^2\theta+3(1-\sin^2\theta)+5\sin\theta-5$

$=-2\sin^2\theta+5\sin\theta-2\geq0$

에서 $2\sin^2\theta-5\sin\theta+2\leq0$

$(2\sin\theta-1)(\sin\theta-2)\leq0$

$\therefore \dfrac{1}{2}\leq\sin\theta\leq2$

이때 $0\leq\theta<2\pi$에서 $-1\leq\sin\theta\leq1$이므로

$\dfrac{1}{2}\leq\sin\theta\leq1$

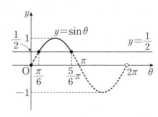

$0\leq\theta<2\pi$에서 $\dfrac{1}{2}\leq\sin\theta\leq1$을 만족시키는 θ의 값의 범위는

$\dfrac{\pi}{6}\leq\theta\leq\dfrac{5}{6}\pi$

따라서 $\alpha = \dfrac{\pi}{6}$, $\beta = \dfrac{5}{6}\pi$이므로

$$4\beta - 2\alpha = 4 \times \dfrac{5}{6}\pi - 2 \times \dfrac{\pi}{6} = 3\pi$$

1등급 완성 **3단계 문제연습** 본문 24~27쪽

1 ②	**2** ①	**3** ①	**4** 12
5 ③	**6** ⑤	**7** 9	**8** 27

---

1 2021학년도 9월 평가원 가 21 [정답률 32%] **|정답** ②

출제영역 삼각함수의 그래프＋집합의 포함 관계

삼각함수의 주기를 이용하여 주어진 조건을 만족시키는 미지수의 개수를 구할 수 있는지를 묻는 문제이다.

> 닫힌구간 $[-2\pi,\ 2\pi]$에서 정의된 두 함수
> $$f(x) = \sin kx + 2,\quad g(x) = 3\cos 12x$$ ❶
> 에 대하여 다음 조건을 만족시키는 자연수 k의 개수는?
>
> > 실수 a가 두 곡선 $y = f(x)$, $y = g(x)$의 교점의 y좌표이면
> > $$\{x \mid f(x) = a\} \subset \{x \mid g(x) = a\}$$ ❷
> > 이다.

① 3 ✓② 4 ③ 5
④ 6 ⑤ 7

출제코드 삼각함수의 주기를 이용하여 주어진 조건을 만족시키는 자연수의 개수 구하기

❶ 두 함수 $f(x)$, $g(x)$는 주기가 각각 $\dfrac{2\pi}{k}$, $\dfrac{\pi}{6}$인 주기함수이다.

❷ 방정식 $f(x) = a$의 실근이 모두 방정식 $g(x) = a$의 실근이다.

해설 **|1단계|** 조건 파악하기

실수 a가 두 곡선 $y = f(x)$, $y = g(x)$의 교점의 y좌표일 때, 조건을 만족시키려면 방정식 $f(x) = a$의 실근이 모두 방정식 $g(x) = a$의 실근이어야 한다.

|2단계| 삼각함수의 주기를 이용하여 조건을 만족시키는 자연수 k의 값 구하기

두 곡선 $y = f(x)$, $y = g(x)$가 만나는 점의 x좌표를 p라 하면
$$\sin kp + 2 = 3\cos 12p = a$$

함수 $f(x)$의 주기가 $\dfrac{2\pi}{k}$이므로 $x = \dfrac{\pi}{k} - p$도 방정식
$$\sin kx + 2 = \sin kp + 2의 \text{ 실근이다. } \textbf{why?}❶$$

이때 조건을 만족시키려면 $x = \dfrac{\pi}{k} - p$가 방정식 $3\cos 12x = 3\cos 12p$의 실근이어야 한다.

즉, $3\cos\left\{12\left(\dfrac{\pi}{k} - p\right)\right\} = 3\cos 12p$에서

$$3\cos\left(\dfrac{12\pi}{k} - 12p\right) = 3\cos 12p$$

$$\therefore \dfrac{12\pi}{k} = 2\pi,\ 4\pi,\ 6\pi,\ 8\pi,\ 10\pi,\ 12\pi,\ \cdots$$

이때 k가 자연수이므로
$$k = 6,\ 3,\ 2,\ 1$$
따라서 자연수 k의 개수는 4이다.

참고 가능한 자연수 k의 값은 12의 약수로, 1, 2, 3, 4, 6, 12와 같이 6가지 경우로 생각할 수 있다.

이 중에서 $k = 4$일 때와 $k = 12$일 때 삼각함수의 그래프로 확인해 보면 다음과 그림과 같다.

(i) $k = 4$일 때

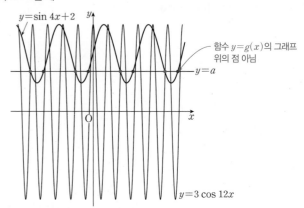

(ii) $k = 12$일 때

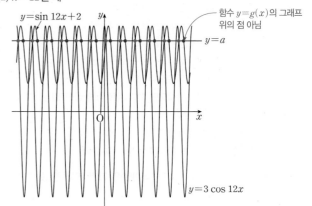

➡ (i), (ii)에서 실수 a가 두 곡선 $y = f(x)$, $y = g(x)$의 교점의 y좌표일 때 방정식 $f(x) = a$의 실근이지만 방정식 $g(x) = a$의 실근이 아닌 값이 존재하므로 조건을 만족시키지 않는다.

해설특강

why? ❶ 함수 $f(x)$의 주기가 $\dfrac{2\pi}{k}$이므로

$$f(p) = f\left(\dfrac{\pi}{k} - p\right)$$

가 성립한다.

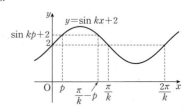

출제영역 삼각함수의 그래프

삼각함수의 그래프의 주기와 삼각함수의 성질을 이용하여 주어진 방정식에 포함된 미지수의 값을 구할 수 있는지를 묻는 문제이다.

음이 아닌 세 정수 a, b, n에 대하여

$$(a^2+b^2+2ab-4)\cos\frac{n}{4}\pi+(b^2+ab+2)\tan\frac{2n+1}{4}\pi=0$$ **❶**, **❷**

일 때, $a+b+\sin^2\frac{n}{8}\pi$의 값은? (단, $a\geq b$) **❸**

✓① 4　　　② $\frac{19}{4}$　　　③ $\frac{11}{2}$

④ $\frac{25}{4}$　　　⑤ 7

출제코드 두 삼각함수의 주기를 이용하여 경우를 나누어 풀기

❶ $y=\cos ax$의 주기는 $\frac{2\pi}{|a|}$이고, $y=\tan ax$의 주기는 $\frac{\pi}{|a|}$이다.

❷ 주기가 다른 두 삼각함수 $y=f(x)$, $y=g(x)$에 대하여 함수 $y=kf(x)+lg(x)$ (k, l은 상수)의 주기는 두 함수의 주기의 최소공배수임을 이용하여 경우를 나눈다.

❸ 삼각함수의 성질을 이용하여 일반각으로 표시된 삼각함수 $\sin^2\frac{n}{8}\pi$의 값을 구한다.

해설 **|1단계|** 등식에 사용된 삼각함수의 주기를 파악하고, n의 값이 될 수 있는 경우 구하기

함수 $y=\cos\frac{\pi x}{4}$의 주기는 $\dfrac{2\pi}{\frac{\pi}{4}}=8$

함수 $y=\tan\frac{(2x+1)\pi}{4}$의 주기는 $\dfrac{\pi}{\frac{2\pi}{4}}=2$

이때

$$(a^2+b^2+2ab-4)\cos\frac{n}{4}\pi+(b^2+ab+2)\tan\frac{2n+1}{4}\pi=0$$
$$\cdots\cdots\ \textcircled{\scriptsize ㄱ}$$

에서 a, b, n은 음이 아닌 정수이므로

$n=8k$, $8k+1$, $8k+2$, $\cdots$, $8k+7$ (k는 음이 아닌 정수)

과 같이 8가지 경우로 나누어 생각할 수 있다. **why? ❶**

|2단계| 각 경우에 따라 주어진 조건을 만족시키는 음이 아닌 정수 a, b의 값 구하기

(i) $n=8k$ (k는 음이 아닌 정수)일 때

$\cos\frac{n}{4}\pi=\cos 2k\pi=1$

$\tan\frac{2n+1}{4}\pi=\tan\left(4k\pi+\frac{\pi}{4}\right)=\tan\frac{\pi}{4}=1$

즉, ㄱ에서 $(a^2+b^2+2ab-4)+(b^2+ab+2)=0$

$a^2+2b^2+3ab-2=0$

$(a+b)(a+2b)=2$

이때 a, b는 음이 아닌 정수이므로

$a+b\leq a+2b$

$\therefore a+b=1$, $a+2b=2$

두 식을 연립하여 풀면

$a=0$, $b=1$

이는 조건 $a\geq b$를 만족시키지 않는다.

(ii) $n=8k+1$ (k는 음이 아닌 정수)일 때

$\cos\frac{n}{4}\pi=\cos\left(2k\pi+\frac{\pi}{4}\right)=\cos\frac{\pi}{4}=\frac{\sqrt{2}}{2}$

$\tan\frac{2n+1}{4}\pi=\tan\left(4k\pi+\frac{3}{4}\pi\right)=\tan\frac{3}{4}\pi=-1$

즉, ㄱ에서 $\frac{\sqrt{2}}{2}(a^2+b^2+2ab-4)-(b^2+ab+2)=0$

이때 a, b는 모두 음이 아닌 정수이므로

$a^2+b^2+2ab-4=0$, $b^2+ab+2=0$ **why? ❷**

이를 만족시키는 음이 아닌 정수 a, b는 존재하지 않는다. **why? ❸**

(iii) $n=8k+2$ (k는 음이 아닌 정수)일 때

$\cos\frac{n}{4}\pi=\cos\left(2k\pi+\frac{\pi}{2}\right)=\cos\frac{\pi}{2}=0$

$\tan\frac{2n+1}{4}\pi=\tan\left(4k\pi+\frac{5}{4}\pi\right)=\tan\frac{5}{4}\pi=\tan\frac{\pi}{4}=1$

즉, ㄱ에서 $b^2+ab+2=0$

이를 만족시키는 음이 아닌 정수 a, b는 존재하지 않는다. **why? ❸**

(iv) $n=8k+3$ (k는 음이 아닌 정수)일 때

$\cos\frac{n}{4}\pi=\cos\left(2k\pi+\frac{3}{4}\pi\right)=\cos\frac{3}{4}\pi=-\frac{\sqrt{2}}{2}$

$\tan\frac{2n+1}{4}\pi=\tan\left(4k\pi+\frac{7}{4}\pi\right)=\tan\frac{7}{4}\pi=\tan\frac{3}{4}\pi=-1$

즉, (ii)와 같은 방법으로 조건을 만족시키는 음이 아닌 정수 a, b는 존재하지 않는다.

(v) $n=8k+4$ (k는 음이 아닌 정수)일 때

$\cos\frac{n}{4}\pi=\cos(2k\pi+\pi)=\cos\pi=-1$

$\tan\frac{2n+1}{4}\pi=\tan\left(4k\pi+\frac{9}{4}\pi\right)=\tan\frac{9}{4}\pi=\tan\frac{\pi}{4}=1$

즉, ㄱ에서 $-(a^2+b^2+2ab-4)+(b^2+ab+2)=0$이므로

$a^2+ab-6=0$, $a(a+b)=6$

이때 a, b는 음이 아닌 정수이므로 $a\leq a+b$

$\therefore a=1$, $a+b=6$ 또는 $a=2$, $a+b=3$

$\therefore a=1$, $b=5$ 또는 $a=2$, $b=1$

그런데 $a\geq b$이므로 조건을 만족시키는 경우는 $a=2$, $b=1$

(vi) $n=8k+5$ (k는 음이 아닌 정수)일 때

$\cos\frac{n}{4}\pi=\cos\left(2k\pi+\frac{5}{4}\pi\right)=\cos\frac{5}{4}\pi=-\cos\frac{\pi}{4}=-\frac{\sqrt{2}}{2}$

$\tan\frac{2n+1}{4}\pi=\tan\left(4k\pi+\frac{11}{4}\pi\right)=\tan\frac{11}{4}\pi=\tan\frac{3}{4}\pi=-1$

즉, (ii)와 같은 방법으로 조건을 만족시키는 음이 아닌 정수 a, b는 존재하지 않는다.

(vii) $n=8k+6$ (k는 음이 아닌 정수)일 때

$\cos\frac{n}{4}\pi=\cos\left(2k\pi+\frac{3}{2}\pi\right)=\cos\frac{3}{2}\pi=0$

$\tan\frac{2n+1}{4}\pi=\tan\left(4k\pi+\frac{13}{4}\pi\right)=\tan\frac{13}{4}\pi=\tan\frac{\pi}{4}=1$

즉, ㄱ에서 $b^2+ab+2=0$

이를 만족시키는 음이 아닌 정수 a, b는 존재하지 않는다. **why? ❸**

(viii) $n=8k+7$ (k는 음이 아닌 정수)일 때

$\cos\frac{n}{4}\pi=\cos\left(2k\pi+\frac{7}{4}\pi\right)=\cos\frac{7}{4}\pi=\cos\frac{\pi}{4}=\frac{\sqrt{2}}{2}$

$$\tan\frac{2n+1}{4}\pi=\tan\left(4k\pi+\frac{15}{4}\pi\right)=\tan\frac{15}{4}\pi=\tan\frac{3}{4}\pi=-1$$

즉, (ⅱ)와 같은 방법으로 조건을 만족시키는 음이 아닌 정수 a, b는 존재하지 않는다.

|3단계| $a+b+\sin^2\dfrac{n}{8}\pi$의 값 계산하기

(ⅰ)~(ⅷ)에 의하여

$n=8k+4$ (k는 음이 아닌 정수), $a=2$, $b=1$

$$\therefore\ a+b+\sin^2\frac{n}{8}\pi=2+1+\sin^2\left(\frac{\pi}{2}+k\pi\right)$$
$$=3+\underline{\cos^2 k\pi}$$
$$=4 \qquad\begin{array}{l}\llcorner\cos k\pi=1\ \text{또는}\ \cos k\pi=-1\\ \qquad\therefore\ \cos^2 k\pi=1\end{array}$$

해설 특강

why? ❶ $y=\cos\dfrac{x}{4}\pi$, $y=\tan\dfrac{2x+1}{4}\pi$의 주기의 최소공배수가 8이므로

$n=8k,\ 8k+1,\ 8k+2,\ \cdots,\ 8k+7$ (k는 음이 아닌 정수)

과 같이 8가지 경우로 나눈다.

why? ❷ $\alpha\sqrt{m}+\beta=0$ (α, β는 유리수, $\sqrt{m}$은 무리수)

$\Longleftrightarrow \alpha=0,\ \beta=0$

why? ❸ $b^2+ab+2=0$에서 $b^2+ab=-2$

이때 $b^2\geq0$, $ab\geq0$이므로 $b^2+ab\geq0$

따라서 $b^2+ab=-2$, 즉 $b^2+ab+2=0$을 만족시키는 음이 아닌 정수 a, b는 존재하지 않는다.

---

3 2019년 6월 교육청 고2 나 20 [정답률 31%] 변형 **|정답 ①**

출제영역 **삼각함수의 그래프 + 지수함수·로그함수의 부등식에의 활용**

삼각함수, 지수함수, 로그함수를 이용하여 주어진 부등식의 참, 거짓을 판별할 수 있는지를 묻는 문제이다.

$0<\theta<\dfrac{\pi}{4}$인 θ에 대하여 〈보기〉에서 옳은 것만을 있는 대로 고른 것은?

┤ 보기 ├

ㄱ. $\cos\left(\theta+\dfrac{\pi}{4}\right)<\sin\left(\theta+\dfrac{\pi}{4}\right)$ **❶**

ㄴ. $\log_{\cos\theta}\sin\theta<\log_{\cos\theta}\sin2\theta$ **❷**

ㄷ. $\left(\sin\dfrac{\pi}{6}\right)^{-\cos\theta}<\left(\sin\dfrac{\pi}{6}\right)^{-\cos2\theta}$ **❸**

✓① ㄱ ② ㄴ ③ ㄱ, ㄴ

④ ㄴ, ㄷ ⑤ ㄱ, ㄴ, ㄷ

출제코드 **삼각함수, 로그함수, 지수함수의 성질을 이용하여 〈보기〉의 참, 거짓 판별하기**

❶ $\theta+\dfrac{\pi}{4}$의 값의 범위를 구하고, $y=\cos x$, $y=\sin x$의 그래프를 이용하여 대소 관계를 파악할 수 있다.

❷ 로그의 밑의 범위를 파악하고, 진수의 삼각함수의 대소를 비교한다.

❸ $\sin\dfrac{\pi}{6}=\dfrac{1}{2}$임을 이용하여 지수의 삼각함수의 대소를 비교한다.

해설 **|1단계|** 삼각함수의 그래프를 이용하여 두 삼각함수의 대소 비교하기

ㄱ. $0<x<\dfrac{\pi}{2}$에서 두 함수 $y=\cos x$, $y=\sin x$의 그래프는 다음 그림과 같다.

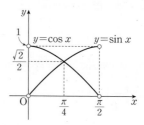

$0<\theta<\dfrac{\pi}{4}$에서 $\dfrac{\pi}{4}<\theta+\dfrac{\pi}{4}<\dfrac{\pi}{2}$

$\dfrac{\pi}{4}<x<\dfrac{\pi}{2}$일 때, $\cos x<\sin x$이므로

$\cos\left(\theta+\dfrac{\pi}{4}\right)<\sin\left(\theta+\dfrac{\pi}{4}\right)$ (참)

|2단계| $\cos\theta$의 값의 범위를 이용하여 밑과 진수에 삼각함수를 포함한 로그함수의 대소 비교하기

ㄴ. $0<\theta<\dfrac{\pi}{4}$에서 $\dfrac{\sqrt{2}}{2}<\cos\theta<1$ …… ㉠

한편, $0<\theta<2\theta<\dfrac{\pi}{2}$이고, $0<x<\dfrac{\pi}{2}$에서 x의 값이 커질 때 $\sin x$의 값도 커지므로

$\sin\theta<\sin2\theta$

위의 부등식의 양변에 밑이 $\cos\theta$인 로그를 취하면

$\log_{\cos\theta}\sin\theta>\log_{\cos\theta}\sin2\theta$ ($\because$ ㉠) (거짓) **how? ❶**

|3단계| 지수에 삼각함수를 포함한 지수함수의 대소 비교하기

ㄷ. $\sin\dfrac{\pi}{6}=\dfrac{1}{2}$이므로

$\left(\sin\dfrac{\pi}{6}\right)^{-\cos\theta}=2^{\cos\theta}$, $\left(\sin\dfrac{\pi}{6}\right)^{-\cos2\theta}=2^{\cos2\theta}$

이때 $0<\theta<2\theta<\dfrac{\pi}{2}$이고, $0<x<\dfrac{\pi}{2}$에서 x의 값이 커질 때 $\cos x$의 값은 작아지므로

$\cos\theta>\cos2\theta$

즉, $2^{\cos\theta}>2^{\cos2\theta}$이므로 **how? ❷**

$\left(\sin\dfrac{\pi}{6}\right)^{-\cos\theta}>\left(\sin\dfrac{\pi}{6}\right)^{-\cos2\theta}$ (거짓)

따라서 옳은 것은 ㄱ뿐이다.

해설 특강

how? ❶ $0<a<1$일 때,

$\log_a f(x)<\log_a g(x)\Longleftrightarrow f(x)>g(x)>0$

임을 이용한다.

$\dfrac{\sqrt{2}}{2}<\cos\theta<1$이고 $\sin\theta<\sin2\theta$이므로

$\log_{\cos\theta}\sin\theta>\log_{\cos\theta}\sin2\theta$

how? ❷ $a>1$일 때,

$a^{f(x)}<a^{g(x)}\Longleftrightarrow f(x)<g(x)$

임을 이용한다.

밑 2가 1보다 크고, $\cos\theta>\cos2\theta$이므로

$2^{\cos\theta}>2^{\cos2\theta}$

출제영역 삼각함수의 그래프

삼각함수의 그래프의 주기와 대칭성을 이용하여 미지수의 값을 구할 수 있는지를 묻는 문제이다.

양수 a에 대하여 집합 $\{x \mid -a \le x \le 2a\}$에서 정의된 함수

$$f(x) = 3\sin\frac{\pi x}{a}$$

가 있다. 그림과 같이 함수 $y=f(x)$의 그래프 위의 세 점 O(0, 0), A(p, q), B(2, 0)❶이 있다. 함수 $y=f(x)$의 그래프와 직선 OA가 제3사분면에서 만나는 점을 C,❷ 함수 $y=f(x)$의 그래프와 직선 AB가 제4사분면에서 만나는 점을 D라 하자. 삼각형 ACD의 넓이가 $6\sqrt{3}$일 때, $(pq)^2$의 최댓값을 구하시오. 12

(단, $0 < p < a$)

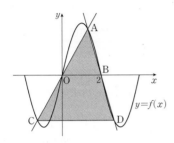

출제코드 삼각함수의 그래프의 대칭성을 이용하여 직선과 만나는 교점의 관계 파악하기

❶ 점 B를 지나는 함수 $y=f(x)$의 그래프의 주기가 4임을 이용한다.

❷ 점 C는 점 A(p, q)와 원점에 대하여 대칭이다.

❸ 점 D는 점 A(p, q)와 점 B(2, 0)에 대하여 대칭이다.

해설 |1단계| 함수 $y=f(x)$의 그래프에서 함수 $f(x)$의 주기를 파악하여 a의 값 구하기

함수 $y=3\sin\dfrac{\pi x}{a}$의 그래프와 x축의 교점이 B(2, 0)이므로 함수 $f(x)$의 주기는 4이다.

즉, $\dfrac{2\pi}{\dfrac{\pi}{a}}=2a=4$이므로

$a=2$

|2단계| 함수 $y=f(x)$의 그래프의 대칭성을 이용하여 두 점 C, D의 좌표 구하기

점 C는 점 A(p, q)와 원점에 대하여 대칭이므로

C($-p$, $-q$)

점 D(x, y)라 하면 점 B(2, 0)이 두 점 A와 D의 중점이므로 **why?❶**

$\dfrac{p+x}{2}=2,\ \dfrac{q+y}{2}=0$

$x=4-p,\ y=-q$

$\therefore$ D($4-p$, $-q$)

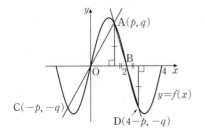

|3단계| 삼각형 ACD의 넓이를 이용하여 p, q의 값 구하기

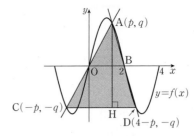

직선 CD의 방정식이 $y=-q$이므로 직선 CD는 x축과 평행하다.

$\therefore \overline{CD}=(4-p)-(-p)=4$

점 A에서 선분 CD에 내린 수선의 발을 H라 하면

$\overline{AH}=q-(-q)=2q$

따라서 삼각형 ACD의 넓이는

$\dfrac{1}{2}\times\overline{CD}\times\overline{AH}=\dfrac{1}{2}\times 4\times 2q=4q$

즉, $4q=6\sqrt{3}$이므로

$q=\dfrac{3\sqrt{3}}{2}$ 　　　…… ㉠

또, 점 A(p, q)는 함수 $y=f(x)$의 그래프 위의 점이므로

$q=3\sin\dfrac{\pi p}{2}$ 　　　…… ㉡

㉠, ㉡에서

$\dfrac{3\sqrt{3}}{2}=3\sin\dfrac{\pi p}{2}$

$\sin\dfrac{\pi p}{2}=\dfrac{\sqrt{3}}{2}$

이때 $0<p<2$에서 $0<\dfrac{\pi p}{2}<\pi$이므로

$\dfrac{\pi p}{2}=\dfrac{\pi}{3}$ 또는 $\dfrac{\pi p}{2}=\dfrac{2\pi}{3}$

$\therefore p=\dfrac{2}{3}$ 또는 $p=\dfrac{4}{3}$ **how?❷**

|4단계| $(pq)^2$의 최댓값 구하기

따라서 $(pq)^2$의 최댓값은

$\left(\dfrac{4}{3}\times\dfrac{3\sqrt{3}}{2}\right)^2=12$

해설특강 ✎

why?❶ 점 D는 점 A(p, q)와 점 B(2, 0)에 대하여 대칭이므로 점 B는 두 점 A와 D의 중점이다.

how?❷ $\sin\theta=\dfrac{\sqrt{3}}{2}\ (0<\theta<\pi)$에서

$\theta=\dfrac{\pi}{3}$ 또는 $\theta=\dfrac{2\pi}{3}$

이므로

$\dfrac{\pi p}{2}=\dfrac{\pi}{3}$ 또는 $\dfrac{\pi p}{2}=\dfrac{2\pi}{3}$

$\therefore p=\dfrac{2}{3}$ 또는 $p=\dfrac{4}{3}$

출제영역 삼각함수의 그래프＋삼각함수가 포함된 방정식

삼각함수의 그래프를 이용하여 삼각함수가 포함된 방정식의 근에 관련된 명제의 참, 거짓을 판별할 수 있는지를 묻는 문제이다.

두 함수 $f(x)=\cos\dfrac{\pi x}{2}$, $g(x)=\sin\dfrac{\pi x}{2}$가 있다. $-1<t<1$인 실수 t에 대하여 x에 대한 방정식

$$\{f(x)-t\}\{g(x)+t\}=0 \text{❶}$$

의 실근 중에서 집합 $\{x\,|\,0<x\le4\}$에 속하는 가장 작은 값을 $\alpha(t)$, 가장 큰 값을 $\beta(t)$라 하자. 〈보기〉에서 옳은 것만을 있는 대로 고른 것은? ❷

┤ 보기 ├

ㄱ. $0\le t\le\dfrac{\sqrt2}{2}$이면 $4\le\alpha(t)+\beta(t)\le5$이다.

ㄴ. $\left\{t\,|\,f(\alpha(t))+g(\beta(t))=0\right\}=\left\{t\,\Big|\,-\dfrac{\sqrt2}{2}\le t\le\dfrac{\sqrt2}{2}\right\}$

ㄷ. $\{f(\alpha(t))\}^2+\{g(\beta(t))\}^2=\dfrac{1}{2}$을 만족시키는 모든 $\beta(t)$의 값의 합은 6이다.

① ㄱ   ② ㄱ, ㄴ   ✓③ ㄱ, ㄷ

④ ㄴ, ㄷ   ⑤ ㄱ, ㄴ, ㄷ

출제코드 두 함수 $y=\sin x$와 $y=\cos x$의 그래프의 대칭성을 이용하여 방정식의 해 구하기

❶ 두 함수 $y=f(x)$, $y=-g(x)$의 그래프와 직선 $y=t$의 교점을 각각 구한다.

❷ 삼각함수의 그래프의 대칭성을 이용하여 $t(-1<t<1)$의 값의 범위에 따라 $\alpha(t)$, $\beta(t)$ 사이의 관계를 파악한다.

해설 |1단계| 두 함수 $y=f(x)$, $y=-g(x)$의 그래프와 직선 $y=t$의 교점의 x좌표 각각 구하기

방정식 $\left(\cos\dfrac{\pi x}{2}-t\right)\left(\sin\dfrac{\pi x}{2}+t\right)=0$에서

$\left(\cos\dfrac{\pi x}{2}-t\right)\left(-\sin\dfrac{\pi x}{2}-t\right)=0$

$\therefore \cos\dfrac{\pi x}{2}=t$ 또는 $-\sin\dfrac{\pi x}{2}=t$

주어진 방정식의 실근은 두 함수 $y=\cos\dfrac{\pi x}{2}$, $y=-\sin\dfrac{\pi x}{2}$의 그래프와 직선 $y=t$의 교점의 x좌표이다.

두 함수 $y=\cos\dfrac{\pi x}{2}$, $y=-\sin\dfrac{\pi x}{2}$의 주기가 모두 4이므로 $0<x\le4$에서 각각의 그래프는 다음 그림과 같다. **why?❶**

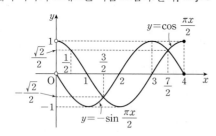

이때 $0<x\le4$에서 $0<\dfrac{\pi x}{2}\le2\pi$이므로 두 함수 $y=\cos\dfrac{\pi x}{2}$, $y=-\sin\dfrac{\pi x}{2}$의 그래프의 교점의 x좌표는

$x=\dfrac{3}{2}$ 또는 $x=\dfrac{7}{2}$ **how?❷**

|2단계| t의 값의 범위에 따라 $\alpha(t)$와 $\beta(t)$ 사이의 관계를 파악하여 명제의 참, 거짓 판별하기

ㄱ.

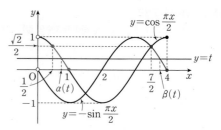

위의 그림에서 $0\le t\le\dfrac{\sqrt2}{2}$이면

$\beta(t)=\alpha(t)+3,\ \dfrac{1}{2}\le\alpha(t)\le1$

$\therefore \alpha(t)+\beta(t)=2\alpha(t)+3\ \left(\text{단, } \dfrac{1}{2}\le\alpha(t)\le1\right)$

$t=\dfrac{\sqrt2}{2}$일 때, $\alpha(t)=\dfrac{1}{2}$이므로 $\alpha(t)+\beta(t)$의 최솟값은

$2\times\dfrac{1}{2}+3=4$

$t=0$일 때, $\alpha(t)=1$이므로 $\alpha(t)+\beta(t)$의 최댓값은

$2\times1+3=5$

따라서 $0\le t\le\dfrac{\sqrt2}{2}$이면 $4\le\alpha(t)+\beta(t)\le5$ (참)

ㄴ. $f(\alpha(t))+g(\beta(t))=0$을 만족시키려면

$f(\alpha(t))=-g(\beta(t))$, 즉

$\cos\dfrac{\pi\alpha(t)}{2}=-\sin\dfrac{\pi\beta(t)}{2}$ …… ㉠

이어야 한다.

(i) $\dfrac{\sqrt2}{2}<t<1$일 때

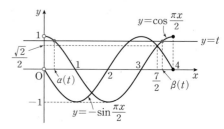

$\cos\dfrac{\pi\alpha(t)}{2}>-\sin\dfrac{\pi\beta(t)}{2}$이므로 ㉠을 만족시키지 않는다.

(ii) $0\le t\le\dfrac{\sqrt2}{2}$일 때

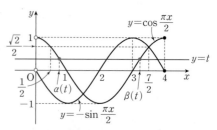

㉠에서 $\beta(t)=\alpha(t)+3$이므로

$\cos\dfrac{\pi\alpha(t)}{2}=\cos\dfrac{\pi\{\beta(t)-3\}}{2}=\cos\left\{\dfrac{\pi\beta(t)}{2}-\dfrac{3}{2}\pi\right\}$

$=\cos\left\{\dfrac{3}{2}\pi-\dfrac{\pi\beta(t)}{2}\right\}=-\sin\dfrac{\pi\beta(t)}{2}$

즉, ㉠을 만족시킨다.

(iii) $-1 < t < 0$일 때

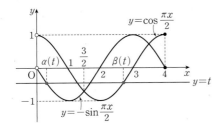

위의 그림에서 $\beta(t) = 3 - \alpha(t)$이므로 **why? ❸**

$$\cos \frac{\pi\alpha(t)}{2} = \cos \frac{\pi\{3-\beta(t)\}}{2}$$
$$= \cos\left\{\frac{3}{2}\pi - \frac{\pi\beta(t)}{2}\right\}$$
$$= -\sin \frac{\pi\beta(t)}{2}$$

즉, ㉠을 만족시킨다.

(i), (ii), (iii)에 의하여

$$\{t \mid f(\alpha(t)) + g(\beta(t)) = 0\} = \left\{t \mid -1 < t \leq \frac{\sqrt{2}}{2}\right\} \text{ (거짓)}$$

ㄷ. (i) $\dfrac{\sqrt{2}}{2} < t < 1$일 때

$$\cos \frac{\pi\alpha(t)}{2} > \frac{\sqrt{2}}{2} \text{에서}$$

$\{f(\alpha(t))\}^2 > \dfrac{1}{2}$이고, $\{g(\beta(t))\}^2 > 0$이므로

방정식 $\{f(\alpha(t))\}^2 + \{g(\beta(t))\}^2 = \dfrac{1}{2}$을 만족시키지 않는다.

(ii) $0 \leq t \leq \dfrac{\sqrt{2}}{2}$일 때

ㄴ에서 $f(\alpha(t)) = -g(\beta(t))$이므로 주어진 방정식에 대입하면

$$\{f(\alpha(t))\}^2 + \{-f(\alpha(t))\}^2 = \frac{1}{2}$$
$$2\{f(\alpha(t))\}^2 = \frac{1}{2}$$
$$\{f(\alpha(t))\}^2 = \frac{1}{4}$$

이때 $f(\alpha(t)) > 0$이므로

$$f(\alpha(t)) = \frac{1}{2}$$
$$\therefore \cos \frac{\pi\alpha(t)}{2} = \frac{1}{2}$$

이때 $\dfrac{1}{2} \leq \alpha(t) \leq 1$에서 $\dfrac{\pi}{4} \leq \dfrac{\pi\alpha(t)}{2} \leq \dfrac{\pi}{2}$이므로

$$\frac{\pi\alpha(t)}{2} = \frac{\pi}{3}$$
$$\therefore \alpha(t) = \frac{2}{3}$$

또, $\beta(t) = \alpha(t) + 3$이므로

$$\beta(t) = \frac{2}{3} + 3 = \frac{11}{3}$$

(iii) $-1 < t < 0$일 때

ㄴ에서 $\beta(t) = 3 - \alpha(t)$, $f(\alpha(t)) = -g(\beta(t))$이므로

(ii)와 같은 방법으로 하면

$$\alpha(t) = \frac{2}{3}, \ \beta(t) = 3 - \frac{2}{3} = \frac{7}{3}$$

(i), (ii), (iii)에 의하여 방정식을 만족시키는 모든 $\beta(t)$의 값의 합은

$$\frac{11}{3} + \frac{7}{3} = 6 \text{ (참)}$$

따라서 옳은 것은 ㄱ, ㄷ이다.

해설특강

why? ❶ 두 함수 $y = \cos \dfrac{\pi x}{2}$, $y = -\sin \dfrac{\pi x}{2}$의 주기는 모두 $\dfrac{2\pi}{\frac{\pi}{2}} = 4$

또, 함수 $y = -\sin x$의 그래프는 함수 $y = \sin x$의 그래프를 x축에 대하여 대칭이동한 것이므로 다음 그림과 같다.

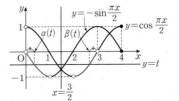

how? ❷ $\cos \dfrac{\pi x}{2} = -\sin \dfrac{\pi x}{2}$에서 양변을 $\cos \dfrac{\pi x}{2}$로 나누어 정리하면

$$\tan \frac{\pi x}{2} = -1$$

이때 $0 < \dfrac{\pi x}{2} \leq 2\pi$이므로

$$\frac{\pi x}{2} = \frac{3}{4}\pi \text{ 또는 } \frac{\pi x}{2} = \frac{7}{4}\pi$$
$$\therefore x = \frac{3}{2} \text{ 또는 } x = \frac{7}{2}$$

또, 함수 $f(x)$의 $x = \dfrac{3}{2}, \dfrac{7}{2}$일 때 각각의 함숫값은

$$f\left(\frac{3}{2}\right) = \cos \frac{3\pi}{4} = -\cos \frac{\pi}{4} = -\frac{\sqrt{2}}{2},$$
$$f\left(\frac{7}{2}\right) = \cos \frac{7\pi}{4} = \cos \frac{\pi}{4} = \frac{\sqrt{2}}{2}$$

why? ❸ 두 함수 $y = \cos \dfrac{\pi x}{2}$, $y = -\sin \dfrac{\pi x}{2}$의 그래프는 $0 \leq x \leq 3$에서 직선 $x = \dfrac{3}{2}$에 대하여 대칭이다.

위의 그림에서 $\dfrac{\alpha(t) + \beta(t)}{2} = \dfrac{3}{2}$이므로

$$\beta(t) = 3 - \alpha(t)$$

출제영역 삼각함수의 그래프＋삼각함수가 포함된 방정식

삼각함수의 그래프의 주기 및 대칭성을 이용하여 삼각함수가 포함된 방정식의 근에 관련된 명제의 참, 거짓을 판별할 수 있는지를 묻는 문제이다.

두 자연수 a, b에 대하여 $0 \le x \le 4$에서 정의된 두 함수
$f(x) = \cos \pi(ax+b)$, $g(x) = \sin \pi(ax+b)$ ❶
가 있다. 〈보기〉에서 옳은 것만을 있는 대로 고른 것은?

┤보기├
ㄱ. b가 홀수일 때, 방정식 $f(x) = -1$의 근의 개수는 $2a+1$이다.
ㄴ. $-1 < k < 1$일 때, 방정식 $f(x) = k$의 서로 다른 모든 실근의 합 ❷ 은 $8a$이다.
ㄷ. $-1 < k < 1$일 때, 방정식 $g(x) = k$의 서로 다른 모든 실근의 합의 최댓값을 M, 최솟값을 m이라 하면 $M-m=4$이다.

① ㄱ   ② ㄴ   ③ ㄱ, ㄴ
④ ㄱ, ㄷ   ✓⑤ ㄱ, ㄴ, ㄷ

출제코드 삼각함수의 성질을 이용하여 삼각함수의 그래프를 그리고, 이를 이용하여 삼각함수가 포함된 방정식의 근의 관계 파악하기

❶ 두 함수 $y=f(x)$, $y=g(x)$의 주기가 $\dfrac{2\pi}{a\pi} = \dfrac{2}{a}$임을 이용한다.

❷ 방정식 $f(x)=k$의 실근은 함수 $y=f(x)$의 그래프와 직선 $y=k$의 교점의 x좌표임을 이용한다.

해설 |1단계| ㄱ의 참, 거짓 판별하기

두 함수 $y=f(x)$, $y=g(x)$의 주기는 $\dfrac{2}{a}$이므로 정의역 $0 \le x \le 4$에서 주기가 $\dfrac{2}{a}$인 그래프가 $2a$번 반복된다.

ㄱ. b가 홀수, 즉 $b=2n+1$ (n은 음이 아닌 정수)일 때
$f(x) = \cos \pi(ax+b)$
   $= \cos \pi(ax+2n+1)$
   $= \cos(2n\pi + \pi + \pi ax)$
   $= \cos(\pi + \pi ax)$
   $= -\cos \pi ax$
이므로 함수 $y=f(x)$의 그래프는 다음 그림과 같다.

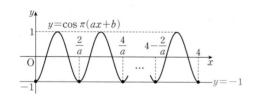

함수 $y=f(x)$의 그래프와 직선 $y=-1$의 교점은 $x=0$일 때부터 주기 $\dfrac{2}{a}$만큼 커질 때마다 1개씩 생기므로 그 개수는 $2a+1$이다.

방정식 $f(x)=-1$의 근의 개수는 함수 $y=f(x)$의 그래프와 직선 $y=-1$의 교점의 개수와 같다.

따라서 방정식 $f(x)=-1$의 근의 개수는 $2a+1$이다. (참)

|2단계| ㄴ의 참, 거짓 판별하기

ㄴ. 음이 아닌 정수 n에 대하여 다음과 같이 경우를 나누어 생각할 수 있다.

(ⅰ) $b=2n+1$일 때

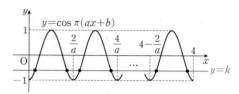

위의 그림에서 $-1 < k < 1$일 때, $0 \le x \le \dfrac{2}{a}$에서 함수 $y=f(x)$의 그래프와 직선 $y=k$의 교점의 개수가 2이므로 $0 \le x \le 4$에서 교점의 개수는
$2 \times 2a = 4a$

함수 $y=f(x)$의 그래프와 직선 $y=k$의 교점의 x좌표를 작은 것부터 차례대로 α_1, α_2, α_3, $\cdots$, α_{4a}라 하자.

함수 $y=f(x)$의 그래프는 직선 $x=2$에 대하여 대칭이므로
$\alpha_1 + \alpha_{4a} = 4$,
$\alpha_2 + \alpha_{4a-1} = 4$,
$\alpha_3 + \alpha_{4a-2} = 4$,
    $\vdots$
$\alpha_{2a} + \alpha_{2a+1} = 4$

따라서 방정식 $f(x)=k$의 서로 다른 모든 실근의 합은
$4 \times 2a = 8a$

(ⅱ) $b=2n+2$일 때
$f(x) = \cos \pi(ax+b)$
   $= \cos \pi(ax+2n+2)$
   $= \cos\{2(n+1)\pi + \pi ax\}$
   $= \cos \pi ax$
이므로 함수 $y=f(x)$의 그래프는 다음 그림과 같다.

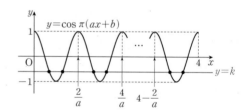

(ⅰ)과 같은 방법으로 하면 방정식 $f(x)=k$의 서로 다른 모든 실근의 합은
$4 \times 2a = 8a$

(ⅰ), (ⅱ)에 의하여 방정식 $f(x)=k$의 서로 다른 모든 실근의 합은 $8a$이다. (참)

|3단계| ㄷ의 참, 거짓 판별하기

ㄷ. 음이 아닌 정수 n에 대하여 다음과 같이 경우를 나누어 생각할 수 있다.

(ⅰ) $b=2n+1$일 때
$g(x) = \sin \pi(ax+b)$
   $= \sin \pi(ax+2n+1)$
   $= \sin(2n\pi + \pi + \pi ax)$
   $= \sin(\pi + \pi ax)$
   $= -\sin \pi ax$

이므로 함수 $y=g(x)$의 그래프는 다음 그림과 같다.

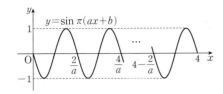

① $0<k<1$일 때, 방정식 $g(x)=k$의 서로 다른 실근의 개수는 함수 $y=g(x)$의 그래프와 직선 $y=k$의 교점의 개수와 같고, 주기 $\dfrac{2}{a}$만큼 커질 때마다 교점이 2개씩 생기므로 모든 교점의 개수는 $2\times2a=4a$

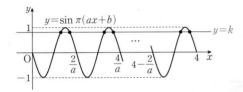

함수 $y=g(x)$의 그래프와 직선 $y=k$의 교점의 x좌표를 작은 것부터 차례대로

$\beta_1,\ \beta_2,\ \beta_3,\ \cdots,\ \beta_{4a}$ ...... ㉠

라 하자.

함수 $y=g(x)$의 그래프는 $\dfrac{1}{a}\le x\le4$에서 직선

$x=\dfrac{1}{2}\left(4+\dfrac{1}{a}\right)$에 대하여 대칭이므로

$\beta_1+\beta_{4a}=4+\dfrac{1}{a}$,

$\beta_2+\beta_{4a-1}=4+\dfrac{1}{a}$,

$\beta_3+\beta_{4a-2}=4+\dfrac{1}{a}$,

$\vdots$

$\beta_{2a}+\beta_{2a+1}=4+\dfrac{1}{a}$

따라서 방정식 $g(x)=k$의 서로 다른 모든 실근의 합은

$\left(4+\dfrac{1}{a}\right)\times2a=8a+2$

② $k=0$일 때, 함수 $y=g(x)$의 그래프와 직선 $y=0$의 교점의 개수는 $4a+1$이므로 ㉠에 0이 추가된다고 생각하면 교점의 x좌표의 합은

$(8a+2)+0=8a+2$

③ $-1<k<0$일 때, 방정식 $g(x)=k$의 서로 다른 실근의 개수는 함수 $y=g(x)$의 그래프와 직선 $y=k$의 교점의 개수와 같고, 주기 $\dfrac{2}{a}$만큼 커질 때마다 교점이 2개 생기므로 모든 교점의 개수는 $2\times2a=4a$

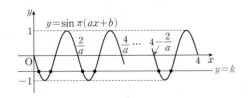

함수 $y=g(x)$의 그래프와 직선 $y=k$의 교점의 x좌표를 작은 것부터 차례대로

$\gamma_1,\ \gamma_2,\ \gamma_3,\ \cdots,\ \gamma_{4a}$ ...... ㉡

라 하자.

함수 $y=g(x)$의 그래프는 $0\le x\le4-\dfrac{1}{a}$에서 직선

$x=\dfrac{1}{2}\left(4-\dfrac{1}{a}\right)$에 대하여 대칭이므로

$\gamma_1+\gamma_{4a}=4-\dfrac{1}{a}$,

$\gamma_2+\gamma_{4a-1}=4-\dfrac{1}{a}$,

$\gamma_3+\gamma_{4a-2}=4-\dfrac{1}{a}$,

$\vdots$

$\gamma_{2a}+\gamma_{2a+1}=4-\dfrac{1}{a}$

따라서 방정식 $g(x)=k$의 서로 다른 모든 실근의 합은

$\left(4-\dfrac{1}{a}\right)\times2a=8a-2$

(ii) $b=2n+2$일 때

$\begin{aligned}g(x)&=\sin\pi(ax+b)\\&=\sin\pi(ax+2n+2)\\&=\sin\{2(n+1)\pi+\pi ax\}\\&=\sin\pi ax\end{aligned}$

이므로 함수 $y=g(x)$의 그래프는 다음 그림과 같다.

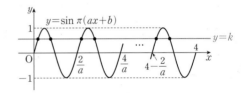

① $0<k<1$일 때, 방정식 $g(x)=k$의 서로 다른 모든 실근의 합은 ㉡의 합과 같으므로 $8a-2$이다. **why? ❶**

② $k=0$일 때, 함수 $y=g(x)$의 그래프와 직선 $y=0$의 교점의 개수는 $4a+1$이므로 ㉡에 4가 추가된다고 생각하면 교점의 x좌표의 합은

$(8a-2)+4=8a+2$

③ $-1<k<0$일 때, 방정식 $g(x)=k$의 서로 다른 모든 실근의 합은 ㉠의 합과 같으므로 $8a+2$이다. **why? ❶**

(i), (ii)에 의하여 방정식 $g(x)=k$의 서로 다른 실근의 합은

$8a-2$ 또는 $8a+2$

따라서 $M=8a+2$, $m=8a-2$이므로

$M-m=(8a+2)-(8a-2)=4$ (참)

따라서 ㄱ, ㄴ, ㄷ 모두 옳다.

해설특강

why? ❶ b가 짝수일 때 함수 $y=g(x)=\sin\pi ax$의 그래프를 x축에 대하여 대칭이동하면 함수 $y=-\sin\pi ax$의 그래프와 일치하므로 b가 홀수일 때 함수 $y=g(x)=-\sin\pi ax$의 그래프와 일치한다.

또, 직선 $y=k$를 x축에 대하여 대칭이동하면 직선 $y=-k$와 일치한다.

출제영역 삼각함수의 성질＋삼각함수의 그래프

동경이 나타내는 각을 이해하고, 삼각함수의 성질과 삼각함수의 그래프를 이용하여 삼각함수를 포함한 방정식의 해를 구할 수 있는지를 묻는 문제이다.

좌표평면에서 원점 O와 두 점 A, B를 꼭짓점으로 하는 직각삼각형 OAB가 있다. $\angle AOB=\dfrac{\pi}{2}$이고 점 A의 좌표가 $(\sqrt{95},\ 7)$일 때, 동경 OB가 나타내는 각의 크기를 $\theta\ (0\le\theta<\pi)$라 하자. **❶, ❷**
$0\le x<2\pi$일 때, 방정식

$$\dfrac{\sqrt{2}}{2}\cos\left(x+\dfrac{\pi}{4}\right)+\cos\theta=0$$ **❷, ❸**

의 모든 실근의 합은 $\dfrac{q}{p}\pi$이다. $p+q$의 값을 구하시오. **9**

(단, p와 q는 서로소인 자연수이다.)

출제코드 각 θ를 다른 동경을 나타내는 각으로 나타내기

❶ 각 θ를 동경 OA가 나타내는 각에 대하여 나타낸다.
➡ 동경 OA가 나타내는 각의 크기를 α라 하면
$$\theta=\alpha+\dfrac{\pi}{2}\ \left(\text{단},\ 0<\alpha<\dfrac{\pi}{2}\right)$$
❷ $\cos\left(\alpha+\dfrac{\pi}{2}\right)=-\sin\alpha$임을 이용하여 $\cos\theta$의 값을 구한다.
❸ $\cos\theta$의 값을 대입하고 $x+\dfrac{\pi}{4}=t$로 치환하여 방정식의 해를 구한다.

해설 |1단계| 동경 OA가 나타내는 각의 크기를 이용하여 $\cos\theta$의 값 구하기

동경 OA가 나타내는 각의 크기를
$\alpha\left(0\le\alpha<\dfrac{\pi}{2}\right)$라 하면
$\theta=\alpha+\dfrac{\pi}{2}$이므로
$\cos\theta=\cos\left(\alpha+\dfrac{\pi}{2}\right)=-\sin\alpha$ ...... ㉠

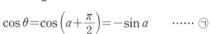

이때 $\overline{OA}=\sqrt{(\sqrt{95})^2+7^2}=12$이므로
$\sin\alpha=\dfrac{7}{12}$ ∴ $\cos\theta=-\dfrac{7}{12}\ (\because\ ㉠)$

|2단계| 방정식 $\dfrac{\sqrt{2}}{2}\cos\left(x+\dfrac{\pi}{4}\right)+\cos\theta=0$의 모든 실근의 합 구하기

방정식 $\dfrac{\sqrt{2}}{2}\cos\left(x+\dfrac{\pi}{4}\right)+\cos\theta=0$에서
$\dfrac{\sqrt{2}}{2}\cos\left(x+\dfrac{\pi}{4}\right)-\dfrac{7}{12}=0$
∴ $\cos\left(x+\dfrac{\pi}{4}\right)=\dfrac{7\sqrt{2}}{12}$

$t=x+\dfrac{\pi}{4}$로 놓으면 $0\le x<2\pi$이므로
$\dfrac{\pi}{4}\le t<\dfrac{9}{4}\pi$

한편, $\dfrac{\sqrt{2}}{2}<\dfrac{7\sqrt{2}}{12}<1$이므로 방정식 $\cos t=\dfrac{7\sqrt{2}}{12}\left(\dfrac{\pi}{4}\le t<\dfrac{9}{4}\pi\right)$는 다음 그림과 같이 두 실근 $t_1,\ t_2\ (t_1<t_2)$를 갖는다.

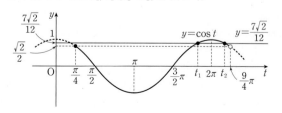

$t_1=x_1+\dfrac{\pi}{4},\ t_2=x_2+\dfrac{\pi}{4}\ (x_1,\ x_2$는 실수)라 하면
$t_1+t_2=4\pi$에서 **why? ❶**
$\left(x_1+\dfrac{\pi}{4}\right)+\left(x_2+\dfrac{\pi}{4}\right)=4\pi$ ∴ $x_1+x_2=\dfrac{7}{2}\pi$
따라서 $p=2,\ q=7$이므로
$p+q=2+7=9$

해설특강

why? ❶ $t=t_1,\ t=t_2$는 직선 $t=2\pi$에 대하여 대칭이므로 임의의 실수 k에 대하여
$t_1=2\pi-k,\ t_2=2\pi+k$
∴ $t_1+t_2=(2\pi-k)+(2\pi+k)=4\pi$

출제영역 삼각함수의 그래프

삼각함수의 그래프를 그려 주어진 방정식의 실근의 합을 구할 수 있는지를 묻는 문제이다.

$x\ge 0$에서 정의된 함수 $f(x)$가 다음 조건을 만족시킨다.

(가) $0\le x\le\pi$일 때, $f(x)=2\sin x$ **❶, ❷**
(나) $n\pi\le x\le(n+1)\pi\ (n$은 자연수)인 모든 실수 x에 대하여
$$f(x)=\dfrac{1}{2}f(x-\pi)$$ **❶, ❷**
가 성립한다.

자연수 k에 대하여 방정식 $f(x)=\dfrac{1}{2^{k-1}}$의 서로 다른 실근의 개수를 **❶**
$g(k)$라 하자. $g(k)\ge 6$을 만족시키는 k의 최솟값을 m이라 할 때,
방정식 $f(x)=\dfrac{1}{2^{m-1}}$의 모든 실근의 합은 $\dfrac{q}{p}\pi$이다. $p+q$의 값을 **❷**
구하시오. (단, p와 q는 서로소인 자연수이다.) **27**

출제코드 k의 값에 따라 경우를 나누어 함수 $y=f(x)$의 그래프와 직선 $y=\dfrac{1}{2^{k-1}}$의 교점의 개수 구하기

❶ 방정식의 실근의 개수는 함수의 그래프와 직선의 교점의 개수로 접근한다.
➡ 먼저 함수 $y=f(x)$의 그래프를 그린다.
❷ $0\le x\le\pi$에서 함수 $y=f(x)$의 그래프는 직선 $x=\dfrac{\pi}{2}$에 대하여 대칭이므로 $n\pi\le x\le(n+1)\pi$에서도 각각 직선 $x=n\pi+\dfrac{\pi}{2}$에 대하여 대칭임을 이용하여 주어진 방정식의 모든 실근의 합을 구한다.

해설 |1단계| 함수 $y=f(x)$의 그래프를 그리고, 방정식 $f(x)=\dfrac{1}{2^{k-1}}$의 실근의 개수의 의미 파악하기

조건 (가), (나)에 의하여 함수 $y=f(x)$의 그래프는 다음 그림과 같다.

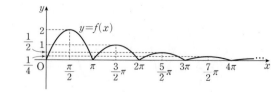

이때 방정식 $f(x)=\dfrac{1}{2^{k-1}}$의 서로 다른 실근의 개수는 함수 $y=f(x)$의 그래프와 직선 $y=\dfrac{1}{2^{k-1}}$의 교점의 개수와 같다.

|2단계| k의 값에 따라 경우를 나누어 함수 $y=f(x)$의 그래프와 직선 $y=\dfrac{1}{2^{k-1}}$의 교점의 개수 구하기

(ⅰ) $k=1$일 때

다음 그림과 같이 함수 $y=f(x)$의 그래프와 직선 $y=1$의 교점의 개수는 3이므로

$$g(1)=3$$

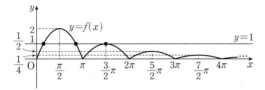

(ⅱ) $k=2$일 때

다음 그림과 같이 함수 $y=f(x)$의 그래프와 직선 $y=\dfrac{1}{2}$의 교점의 개수는 5이므로

$$g(2)=5$$

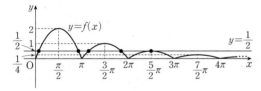

(ⅲ) $k=3$일 때

다음 그림과 같이 함수 $y=f(x)$의 그래프와 직선 $y=\dfrac{1}{4}$의 교점의 개수는 7이므로

$$g(3)=7$$

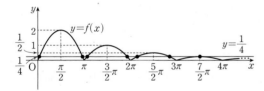

(ⅳ) $k\geq4$일 때, 함수 $y=f(x)$의 그래프와 직선 $y=\dfrac{1}{2^{k-1}}$의 교점의 개수는 9 이상이므로

$$g(k)\geq9$$

(ⅰ)~(ⅳ)에 의하여 $g(k)\geq6$을 만족시키는 자연수 k의 최솟값은 3이므로 $m=3$

|3단계| 방정식 $f(x)=\dfrac{1}{2^{m-1}}$의 모든 실근의 합 구하기

방정식 $f(x)=\dfrac{1}{2^{m-1}}$에서 $m=3$이므로

$$f(x)=\dfrac{1}{4}$$

이 방정식의 실근을 작은 것부터 순서대로 $x_1,\ x_2,\ x_3,\ x_4,\ x_5,\ x_6,\ x_7$이라 하면

$\dfrac{x_1+x_2}{2}=\dfrac{\pi}{2}$에서 $x_1+x_2=\pi$

$\dfrac{x_3+x_4}{2}=\dfrac{3}{2}\pi$에서 $x_3+x_4=3\pi$

$\dfrac{x_5+x_6}{2}=\dfrac{5}{2}\pi$에서 $x_5+x_6=5\pi$

$x_7=\dfrac{7}{2}\pi$

$\therefore x_1+x_2+x_3+x_4+x_5+x_6+x_7=\pi+3\pi+5\pi+\dfrac{7}{2}\pi$

$$=\dfrac{25}{2}\pi$$

따라서 $p=2$, $q=25$이므로

$p+q=2+25=27$

참고 함수 $y=f(x)$의 그래프와 직선 $y=\dfrac{1}{2^{k-1}}$의 교점의 개수는 $2k+1$이므로

$g(k)=2k+1$ (단, k는 자연수)

본문 28쪽

기출예시 1 | 정답 ①

$\angle BAC = \angle CAD = \theta$라 하자.

삼각형 ABC에서 코사인법칙에 의하여

$\overline{BC}^2 = \overline{AB}^2 + \overline{AC}^2 - 2 \times \overline{AB} \times \overline{AC} \times \cos\theta$

$= 5^2 + (3\sqrt{5})^2 - 2 \times 5 \times 3\sqrt{5} \times \cos\theta$

$= 70 - 30\sqrt{5}\cos\theta$

또, 삼각형 ACD에서 코사인법칙에 의하여

$\overline{CD}^2 = \overline{AC}^2 + \overline{AD}^2 - 2 \times \overline{AC} \times \overline{AD} \times \cos\theta$

$= (3\sqrt{5})^2 + 7^2 - 2 \times 3\sqrt{5} \times 7 \times \cos\theta$

$= 94 - 42\sqrt{5}\cos\theta$

이때 $\angle BAC = \angle CAD$에서

$\overline{BC} = \overline{CD}$, 즉 $\overline{BC}^2 = \overline{CD}^2$

이므로

$70 - 30\sqrt{5}\cos\theta = 94 - 42\sqrt{5}\cos\theta$

$12\sqrt{5}\cos\theta = 24$

$\therefore \cos\theta = \dfrac{2\sqrt{5}}{5}$

즉, $\overline{BC}^2 = 70 - 30\sqrt{5} \times \dfrac{2\sqrt{5}}{5} = 10$이므로

$\overline{BC} = \sqrt{10}$ ($\because \overline{BC} > 0$)

$\sin\theta = \sqrt{1 - \cos^2\theta} = \sqrt{1 - \left(\dfrac{2\sqrt{5}}{5}\right)^2} = \dfrac{\sqrt{5}}{5}$

이므로 주어진 원의 반지름의 길이를 R라 하면 삼각형 ABC에서 사인법칙에 의하여

$\dfrac{\overline{BC}}{\sin\theta} = 2R$, $\dfrac{\sqrt{10}}{\dfrac{\sqrt{5}}{5}} = 2R$

$\therefore R = \dfrac{5\sqrt{2}}{2}$

따라서 구하는 원의 반지름의 길이는 $\dfrac{5\sqrt{2}}{2}$이다.

1등급 완성 3단계 문제연습

본문 29~32쪽

1 ②	**2** 13	**3** 7	**4** ②
5 181	**6** 102	**7** 92	**8** 48

1

출제영역 코사인법칙 + 원의 성질

코사인법칙과 원의 성질을 이용하여 명제의 참, 거짓을 판별할 수 있는지를 묻는 문제이다.

그림과 같이 $\overline{AB} = 5$, $\overline{BC} = 4$, $\cos(\angle ABC) = \dfrac{1}{8}$❶인 삼각형 ABC가 있다. $\angle ABC$의 이등분선과 $\angle CAB$의 이등분선이 만나는 점을 D, 선분 BD의 연장선과 삼각형 ABC의 외접원이 만나는 점을 E라 할 때, 〈보기〉에서 옳은 것만을 있는 대로 고른 것은?

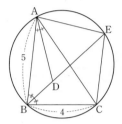

보기
ㄱ. $\overline{AC} = 6$❶
ㄴ. $\overline{EA} = \overline{EC}$❷
ㄷ. $\overline{ED} = \dfrac{31}{8}$❸

① ㄱ　　　　✓② ㄱ, ㄴ　　　　③ ㄱ, ㄷ

④ ㄴ, ㄷ　　　　⑤ ㄱ, ㄴ, ㄷ

출제코드 코사인법칙과 원의 성질을 이용하여 삼각형의 변의 길이에 대한 명제의 참, 거짓 판별하기

❶ 삼각형 ABC에서 두 변의 길이와 그 끼인각의 크기가 주어진 경우이므로 코사인법칙을 이용하여 선분 AC의 길이를 구할 수 있다.

❷ 호 EA와 호 CE에 대한 원주각의 성질을 이용한다.

❸ 삼각형 EAD가 어떤 삼각형인지 파악하고, 삼각형 EAC에서 코사인법칙을 이용하여 변의 길이를 구한다.

해설 | **1단계** | 코사인법칙을 이용하여 ㄱ의 참, 거짓 판별하기

ㄱ. $\angle ABC = \theta$라 하면 삼각형 ABC에서 코사인법칙에 의하여

$\overline{AC}^2 = \overline{AB}^2 + \overline{BC}^2 - 2 \times \overline{AB} \times \overline{BC} \times \cos\theta$

$= 5^2 + 4^2 - 2 \times 5 \times 4 \times \dfrac{1}{8} = 25 + 16 - 5 = 36$

$\therefore \overline{AC} = 6$ (참)

2단계 | 원주각의 성질을 이용하여 ㄴ의 참, 거짓 판별하기

ㄴ. 호 EA에 대한 원주각의 크기는 서로 같으므로 $\angle ACE = \angle ABE$

호 CE에 대한 원주각의 크기는 서로 같으므로 $\angle CAE = \angle CBE$

한편, $\angle ABE = \angle CBE$이므로

$\angle ACE = \angle CAE$ $\therefore \overline{EA} = \overline{EC}$ (참)

3단계 | 원의 성질과 코사인법칙을 이용하여 ㄷ의 참, 거짓 판별하기

ㄷ. $\angle BAD = \angle CAD = \alpha$,

$\angle ABE = \angle CBE = \beta$라 하자.

삼각형 ABD에서

$\angle ADE = \angle BAD + \angle ABD$

$= \alpha + \beta$

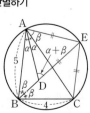

각 CAE는 호 CE에 대한 원주각이므로

$$\angle CAE = \angle CBE = \beta$$

따라서 $\angle ADE = \angle DAE$이므로 삼각형 EAD는 $\overline{EA} = \overline{ED}$인 이등변삼각형이다.

ㄴ에서 $\overline{EA} = \overline{EC} = k$라 하면 삼각형 EAC에서 코사인법칙에 의하여

$$\overline{AC}^2 = \overline{EA}^2 + \overline{EC}^2 - 2 \times \overline{EA} \times \overline{EC} \times \cos(\angle AEC)$$
$$= k^2 + k^2 - 2k^2 \cos(\pi - \angle ABC) \text{ why? } \textbf{①}$$
$$= \frac{9}{4}k^2$$

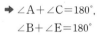 $= -\cos(\angle ABC) = -\frac{1}{8}$

ㄱ에서 $\overline{AC} = 6$이므로

$$\frac{9}{4}k^2 = 36 \qquad \therefore k = 4 \ (\because k > 0)$$

$$\therefore \overline{ED} = \overline{EA} = 4 \text{ (거짓)}$$

따라서 옳은 것은 ㄱ, ㄴ이다.

해설특강

why? ① 원에 내접하는 사각형에서 한 쌍의 대각의 크기의 합은 180°이다.

➡ $\angle A + \angle C = 180°$,
$\angle B + \angle E = 180°$

---

2 2019년 9월 교육청 고2 나 29 [정답률 10%] | **정답 13**

삼각형의 넓이 공식을 이용하여 두 원의 공통부분의 넓이를 구할 수 있는지를 묻는 문제이다.

그림과 같이 반지름의 길이가 6인 원 O_1이 있다. 원 O_1 위에 서로 다른 두 점 A, B를 $\overline{AB} = 6\sqrt{2}$가 되도록 잡고, 원 O_1의 내부에 점 C를 삼각형 ACB가 정삼각형이 되도록 잡는다. 정삼각형 ACB의 외접원을 O_2라 할 때, 원 O_1과 원 O_2의 공통부분의 넓이는 $p + q\sqrt{3} + r\pi$이다. $p + q + r$의 값을 구하시오. **13**

(단, p, q, r는 유리수이다.)

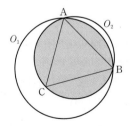

출제코드 두 원의 공통부분을 여러 영역으로 나누어 각각의 넓이 구하기

① 반지름의 길이와 현의 길이를 비교하여 원 O_1의 중심의 위치를 파악한다.
② 삼각형의 외심은 세 변의 수직이등분선 위에 있음을 이용하여 원 O_2의 중심의 위치를 파악한다.
③ 공통부분의 넓이를 바로 구할 수 없으므로 **①**, **②**에서 구한 두 원 O_1, O_2의 중심을 이용하여 영역을 나누고, 각각의 넓이를 구한다.

해설 | **1단계** | 두 원 O_1, O_2의 중심을 정하고 두 중심 사이의 관계를 파악하여 원 O_2의 반지름의 길이 구하기

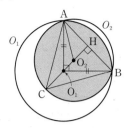

위의 그림과 같이 두 원 O_1, O_2의 중심을 각각 O_1, O_2라 하면 삼각형 O_1AB에서

$$\overline{O_1A} : \overline{O_1B} : \overline{AB} = 6 : 6 : 6\sqrt{2}$$
$$= 1 : 1 : \sqrt{2}$$

$$\therefore \angle O_1AB = \frac{\pi}{4}$$

이때 점 O_1에서 선분 AB에 내린 수선의 발을 H라 하면 선분 CH는 정삼각형 ABC의 높이이다. **why? ①**

또, 점 O_2는 정삼각형 ABC의 외심인 동시에 무게중심이므로 점 O_2는 선분 CH 위에 있고, └ 정삼각형의 내심, 외심, 무게중심이 모두 일치한다.

$$\overline{O_2A} = \overline{O_2C} = \frac{2}{3}\overline{CH}$$
$$= \frac{2}{3} \times \frac{\sqrt{3}}{2}\overline{AB}$$
$$= \frac{\sqrt{3}}{3} \times 6\sqrt{2} = 2\sqrt{6}$$

| **2단계** | 원 O_1과 원 O_2의 공통부분을 적당히 쪼개어 넓이를 구하는 방법 찾기

원 O_1에서 점 C를 포함하지 않는 부채꼴 O_1AB의 넓이를 S_1이라 하고, 원 O_2에서 점 B를 포함하지 않는 부채꼴 O_2AC의 넓이를 S_2라 하면 원 O_2에서 점 A를 포함하지 않는 부채꼴 O_2BC의 넓이도 S_2이다.

또, $\triangle AO_1O_2$의 넓이를 S_3이라 하면 $\triangle BO_1O_2$의 넓이도 S_3이다.

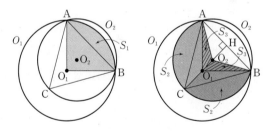

즉, 주어진 그림에서 원 O_1과 원 O_2의 공통부분의 넓이는 $S_1 + 2S_2 - 2S_3$으로 구할 수 있다.

| **3단계** | 쪼개어진 각 부분의 넓이를 구하여 원 O_1과 원 O_2의 공통부분의 넓이 구하기

$\angle AO_1B = \frac{\pi}{2}$, $\overline{O_1A} = 6$이므로

$$S_1 = \frac{1}{2} \times 6^2 \times \frac{\pi}{2} = 9\pi$$

$\angle AO_2C = \pi - \angle AO_2H = \frac{2}{3}\pi$, $\overline{O_2A} = 2\sqrt{6}$이므로

$$S_2 = \frac{1}{2} \times (2\sqrt{6})^2 \times \frac{2}{3}\pi = 8\pi$$

또, $\overline{O_1O_2} = \overline{O_1H} - \overline{O_2H} = 3\sqrt{2} - \sqrt{6}$, $\overline{O_2A} = 2\sqrt{6}$이고 **why? ②**

$\angle O_1O_2A = \angle AO_2C = \frac{2}{3}\pi$이므로

$$S_3 = \frac{1}{2} \times (3\sqrt{2} - \sqrt{6}) \times 2\sqrt{6} \times \sin\frac{2}{3}\pi = 9 - 3\sqrt{3}$$

즉, 두 원의 공통부분의 넓이는

$$S_1+2S_2-2S_3=9\pi+2\times8\pi-2\times(9-3\sqrt{3})$$
$$=-18+6\sqrt{3}+25\pi$$

따라서 $p=-18$, $q=6$, $r=25$이므로

$$p+q+r=-18+6+25=13$$

해설특강 🖊

why? ❶ 삼각형 O_1AB는 직각이등변삼각형이므로 선분 O_1H는 선분 AB를 수직이등분한다. 이때 삼각형 ABC는 정삼각형이므로 점 C에서 선분 AB에 내린 수선의 발도 점 H와 같다.
따라서 선분 CH는 삼각형 ABC의 높이이다.

why? ❷ 삼각형 AO_1H에서 $\angle O_1HA=\dfrac{\pi}{2}$, $\angle O_1AH=\dfrac{\pi}{4}$이므로 삼각형 AO_1H는 직각이등변삼각형이다.
즉, $\sqrt{2}\,\overline{O_1H}=\overline{O_1A}=6$이므로
$$\overline{O_1H}=3\sqrt{2}$$
삼각형 AO_2H에서 $\angle O_2HA=\dfrac{\pi}{2}$, $\angle AO_2H=\dfrac{\pi}{3}$이므로
$$\overline{O_2H}=\dfrac{1}{2}\overline{O_2A}=\dfrac{1}{2}\times2\sqrt{6}=\sqrt{6}$$

---

3 2022년 3월 교육청 공통 15 [정답률 43%] 변형　　　　|**정답 7**

출제영역 사인법칙＋코사인법칙
사인법칙과 코사인법칙을 이용하여 삼각형의 변의 길이를 구할 수 있는지를 묻는 문제이다.

그림과 같이 반지름의 길이가 $\sqrt{21}$인 원 O에 내접하는 사각형 $ABCD$에 대하여 $\overline{AB}=6$, $\angle ADC=\dfrac{\pi}{3}$이다. 선분 AC를 $2:1$로 내분하는 점을 P, 직선 BP가 원 O와 만나는 점 중 B가 아닌 점을 Q라 할 때, 선분 PQ의 길이를 구하시오. _7_

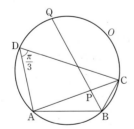

출제코드 사인법칙과 코사인법칙을 이용하여 삼각형의 각 변의 길이 구하기
❶ 삼각형 ACD에서 $\angle ADC$의 크기와 외접원의 반지름의 길이가 주어졌으므로 사인법칙을 이용한다.
❷ 사각형 $ABCD$가 원 O에 내접하므로 $\angle ABC=\pi-\angle ADC$임을 알 수 있다.

해설 |**1단계**| 삼각형 ACD에서 사인법칙을 이용하여 선분 AC의 길이 구하기
삼각형 ACD의 외접원의 반지름의 길이가 $\sqrt{21}$이므로 사인법칙에 의하여

$$\dfrac{\overline{AC}}{\sin\dfrac{\pi}{3}}=2\sqrt{21}$$
$$\therefore \overline{AC}=3\sqrt{7}$$

|**2단계**| 삼각형 ABC에서 코사인법칙을 이용하여 선분 BC의 길이와 $\cos(\angle ACB)$의 값 구하기

$\overline{BC}=x$라 하면 삼각형 ABC에서 $\angle ABC=\dfrac{2}{3}\pi$이므로 코사인법칙에 의하여
　　　　　　　　　　　　　　└ $=\pi-\angle ADC$

$$(3\sqrt{7})^2=x^2+6^2-2\times x\times6\times\cos\dfrac{2}{3}\pi$$
$$63=x^2+36-12x\times\left(-\dfrac{1}{2}\right)$$
$$x^2+6x-27=0$$
$$(x+9)(x-3)=0$$
$$\therefore x=3\ (\because x>0)$$
$$\therefore \overline{BC}=3$$

또, 삼각형 ABC에서 코사인법칙에 의하여
$$\cos(\angle ACB)=\dfrac{(3\sqrt{7})^2+3^2-6^2}{2\times3\sqrt{7}\times3}$$
$$=\dfrac{2}{\sqrt{7}}=\dfrac{2\sqrt{7}}{7}$$

|**3단계**| 삼각형 PBC에서 코사인법칙을 이용하여 선분 BP의 길이 구하기
선분 AC를 $2:1$로 내분하는 점이 P이므로
$$\overline{PC}=3\sqrt{7}\times\dfrac{1}{3}=\sqrt{7}$$
삼각형 PBC에서 $\overline{BP}=y$라 하면 코사인법칙에 의하여
$$y^2=(\sqrt{7})^2+3^2-2\times\sqrt{7}\times3\times\cos(\angle PCB)$$
　　　　　　　　　　　　　　　　└ $=\cos(\angle ACB)$
$$=7+9-6\sqrt{7}\times\dfrac{2\sqrt{7}}{7}=4$$
$$\therefore y=2\ (\because y>0)$$
$$\therefore \overline{BP}=2$$

|**4단계**| 삼각형의 닮음을 이용하여 선분 PQ의 길이 구하기
한편, $\angle AQB=\angle ACB$,
$\angle APQ=\angle BPC$이므로 **why? ❶**
$\triangle APQ\backsim\triangle BPC$ (AA 닮음)
따라서 $\overline{PA}:\overline{PB}=\overline{PQ}:\overline{PC}$이므로
$$2\sqrt{7}:2=\overline{PQ}:\sqrt{7}$$
$$2\overline{PQ}=14$$
$$\therefore \overline{PQ}=7$$

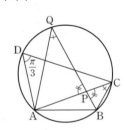

다른 풀이 |**2단계**| 삼각형 ABC에서 사인법칙과 코사인법칙을 이용하여 $\sin(\angle ACB)$의 값과 선분 BC의 길이 구하기

$\angle ACB=\alpha$라 하면 삼각형 ABC에서 사인법칙에 의하여
$$\dfrac{6}{\sin\alpha}=2\sqrt{21}\qquad\therefore \sin\alpha=\dfrac{\sqrt{21}}{7}$$
$$\therefore \cos\alpha=\sqrt{1-\left(\dfrac{\sqrt{21}}{7}\right)^2}=\dfrac{2\sqrt{7}}{7}\ \left(\because 0<\alpha<\dfrac{\pi}{2}\right)$$

$\overline{BC}=x$라 하면 삼각형 ABC에서 코사인법칙에 의하여
$$6^2=x^2+(3\sqrt{7})^2-2\times x\times3\sqrt{7}\times\cos\alpha$$
$$36=x^2+63-6\sqrt{7}x\times\dfrac{2\sqrt{7}}{7}$$

$x^2-12x+27=0$

$(x-3)(x-9)=0$

$\therefore x=3 \ (\because x<3\sqrt{7})$ **why?❷**

$\therefore \overline{BC}=3$

해설특강 ✏️

why?❶ 호 AB에 대한 원주각의 크기는 모두 같으므로 $\angle AQB = \angle ACB$이고, $\angle APQ = \angle BPC$ (맞꼭지각)이다.

why?❷ 삼각형 ABC에서 $\angle ABC = \dfrac{2}{3}\pi$이므로 삼각형 ABC에서 가장 긴 변은 선분 AC이다.

---

4 2022학년도 6월 평가원 공통 12 [정답률 60%] 변형 | **정답 ②**

출제영역 코사인법칙＋삼각형의 넓이＋삼각비

코사인법칙과 삼각비를 이용하여 삼각형의 변의 길이와 각의 크기를 구할 수 있는지를 묻는 문제이다.

그림과 같이 $\overline{AB}=\overline{AC}=4$인 삼각형 ABC가 있다. 선분 AC를 $1:3$으로 내분하는 점 D와 선분 BC 위의 점 E에 대하여

$\cos(\angle BDC)=-\dfrac{1}{8}$ ❶, $\overline{DE}=\dfrac{5}{2}$, $\angle DEB=\theta$

일 때, $\sin\theta=\dfrac{q}{p}$ ❷ 이다. $p+q$의 값은?

(단, p와 q는 서로소인 자연수이다.)

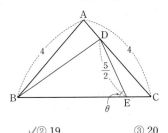

① 18 ✓② 19 ③ 20
④ 21 ⑤ 22

출제코드 코사인법칙과 삼각비를 이용하여 각의 크기 구하기

❶ 두 삼각형 ABD와 BDC에서 코사인법칙을 이용하여 두 선분 BD, BC의 길이를 각각 구한다.

❷ 각 θ를 포함하는 직각삼각형의 변의 길이를 구하여 삼각비를 구한다.

해설 | **1단계** | 코사인법칙을 이용하여 두 선분 BD, BC의 길이 각각 구하기

$\overline{AC}=4$이고, 선분 AC를 $1:3$으로 내분하는 점이 D이므로

$\overline{AD}=1, \overline{CD}=3$

$\angle BDC=\alpha, \overline{BD}=x$라 하면 삼각형 ABD에서 코사인법칙에 의하여

$4^2=x^2+1^2-2x\times\cos(\pi-\alpha)$

$16=x^2+1+2x\times\cos\alpha$

$4x^2-x-60=0 \left(\because \cos\alpha=-\dfrac{1}{8}\right)$

$(4x+15)(x-4)=0$

$\therefore x=4 \ (\because x>0)$

$\therefore \overline{BD}=4$

삼각형 BCD에서 코사인법칙에 의하여

$\overline{BC}^2=4^2+3^2-2\times4\times3\times\cos\alpha$

$\qquad =16+9-24\times\left(-\dfrac{1}{8}\right)=28$

$\therefore \overline{BC}=2\sqrt{7} \ (\because \overline{BC}>0)$

|2단계| 삼각형 BDC의 넓이를 이용하여 높이 구하기

또, $\sin\alpha=\sqrt{1-\left(-\dfrac{1}{8}\right)^2}=\dfrac{3\sqrt{7}}{8}$이므로 삼각형 BDC의 넓이를 S라 하면

$S=\dfrac{1}{2}\times\overline{BD}\times\overline{CD}\times\sin\alpha$

$\quad =\dfrac{1}{2}\times4\times3\times\dfrac{3\sqrt{7}}{8}=\dfrac{9\sqrt{7}}{4}$ ......㉠

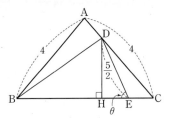

위의 그림과 같이 점 D에서 선분 BC에 내린 수선의 발을 H라 하면

$S=\dfrac{1}{2}\times\overline{BC}\times\overline{DH}=\dfrac{1}{2}\times2\sqrt{7}\times\overline{DH}$ ......㉡

㉠, ㉡에서

$\dfrac{1}{2}\times2\sqrt{7}\times\overline{DH}=\dfrac{9\sqrt{7}}{4}$

$\therefore \overline{DH}=\dfrac{9}{4}$

|3단계| 삼각비를 이용하여 $\sin\theta$의 값 구하기

직각삼각형 DHE에서

$\sin\theta=\dfrac{\overline{DH}}{\overline{DE}}=\dfrac{\dfrac{9}{4}}{\dfrac{5}{2}}=\dfrac{9}{10}$

따라서 $p=10, q=9$이므로

$p+q=10+9=19$

다른풀이 **|2단계|** 삼각형 BDC에서 코사인법칙을 이용하여 $\sin(\angle DBC)$의 값 구하기

삼각형 BDC에서 $\angle DBC=\beta$라 하면 코사인법칙에 의하여

$3^2=4^2+(2\sqrt{7})^2-2\times4\times2\sqrt{7}\times\cos\beta$

$9=44-16\sqrt{7}\cos\beta$

$\therefore \cos\beta=\dfrac{5\sqrt{7}}{16}$

$\therefore \sin\beta=\sqrt{1-\left(\dfrac{5\sqrt{7}}{16}\right)^2}=\dfrac{9}{16}$

|3단계| 삼각형 DBE에서 사인법칙을 이용하여 $\sin\theta$의 값 구하기

삼각형 DBE에서 사인법칙에 의하여

$\dfrac{\overline{DE}}{\sin\beta}=\dfrac{\overline{BD}}{\sin\theta}$

$$\frac{\frac{5}{2}}{\frac{9}{16}}=\frac{4}{\sin\theta}$$

$$\therefore \sin\theta=\frac{9}{10}$$

---

5 2021년 6월 교육청 고2 29 [정답률 13%] 변형　　　|정답 **181**

출제영역 **사인법칙＋코사인법칙＋삼각형의 넓이**
삼각형과 그 외접원 사이의 관계를 이해하고, 사인법칙, 코사인법칙, 삼각형의 넓이 공식을 이용하여 원에 내접하는 사각형의 넓이를 구할 수 있는지를 묻는 문제이다.

> $\overline{CD}=2\overline{AB}$, $\angle BAD=\dfrac{2}{3}\pi$ **❶**이고 반지름의 길이가 1인 원에 내접하는 사각형 ABCD가 있다. 두 대각선 AC, BD의 교점을 E라 할 때, 점 E는 선분 AC를 1：3으로 내분한다. **❷** 사각형 ABCD의 넓이가 $\dfrac{q}{p}\sqrt{3}$ **❸**일 때, $p+q$의 값을 구하시오. 181
>
> (단, p와 q는 서로소인 자연수이고, $\overline{AD}\neq\overline{CD}$이다.)

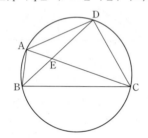

출제코드 **코사인법칙과 삼각형의 넓이 공식을 이용하여 내접하는 사각형의 넓이 구하기**
❶ 사각형 ABCD가 원에 내접하므로 $\angle BCD=\pi-\angle BAD$임을 알 수 있다.
❷ 삼각형 BAD와 삼각형 BCD의 넓이의 비를 구한다.
❸ □ABCD=△BAD+△BCD임을 이용한다.

해설 |1단계| 삼각형 ABD에서 사인법칙을 이용하여 선분 BD의 길이 구하기
삼각형 ABD의 외접원의 반지름의 길이가 1이므로 사인법칙에 의하여

$$\frac{\overline{BD}}{\sin\frac{2}{3}\pi}=2$$

$$\therefore \overline{BD}=2\times\sin\frac{2}{3}\pi=\sqrt{3}$$

|2단계| 두 삼각형 BAD, BCD의 넓이의 비를 이용하여 사각형 ABCD의 각 변의 길이 사이의 관계 구하기

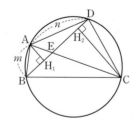

위의 그림과 같이 점 A와 점 C에서 선분 BD에 내린 수선의 발을 각각 H_1, H_2라 하면 삼각형 AH_1E와 삼각형 CH_2E는 서로 닮음 (AA 닮음)이고, 점 E는 선분 AC를 1：3으로 내분하므로 삼각형 AH_1E와 삼각형 CH_2E의 닮음비는 1：3이다.

따라서 삼각형 BAD와 삼각형 BCD의 넓이의 비도 1：3이다. **why? ❶**
또, 사각형 ABCD가 원에 내접하므로

$$\angle BCD=\pi-\angle BAD$$
$$=\pi-\frac{2}{3}\pi=\frac{\pi}{3}$$

$\overline{AB}=m$이라 하면 $\overline{CD}=2\overline{AB}$이므로

$$\overline{CD}=2m$$

$\overline{AD}=n$이라 하고, 두 삼각형 BAD, BCD의 넓이를 각각 S_1, S_2라 하면

$$S_1=\frac{1}{2}\times\overline{AB}\times\overline{AD}\times\sin(\angle BAD)$$
$$=\frac{1}{2}\times m\times n\times\sin\frac{2}{3}\pi$$
$$=\frac{\sqrt{3}}{4}mn$$

$$S_2=\frac{1}{2}\times\overline{BC}\times\overline{CD}\times\sin(\angle BCD)$$
$$=\frac{1}{2}\times\overline{BC}\times2m\times\sin\frac{\pi}{3}$$
$$=\frac{\sqrt{3}}{2}m\times\overline{BC}$$

이때 $S_1:S_2=1:3$에서 $S_2=3S_1$이므로

$$\frac{\sqrt{3}}{2}m\times\overline{BC}=\frac{3\sqrt{3}}{4}mn$$

$$\therefore \overline{BC}=\frac{3}{2}n$$

|3단계| 두 삼각형 BAD, BCD에서 코사인법칙을 이용하여 $\overline{AD}^2$의 값 구하기
삼각형 BAD에서 코사인법칙에 의하여

$$\overline{BD}^2=m^2+n^2-2\times m\times n\times\cos\frac{2}{3}\pi$$
$$=m^2+n^2+mn \qquad\cdots\cdots\ \bigcirc$$

또, 삼각형 BCD에서 코사인법칙에 의하여

$$\overline{BD}^2=(2m)^2+\left(\frac{3}{2}n\right)^2-2\times2m\times\frac{3}{2}n\times\cos\frac{\pi}{3}$$
$$=4m^2+\frac{9}{4}n^2-3mn \qquad\cdots\cdots\ \bigcirc\!\bigcirc$$

$\bigcirc$, $\bigcirc\!\bigcirc$에서

$$m^2+n^2+mn=4m^2+\frac{9}{4}n^2-3mn$$
$$12m^2-16mn+5n^2=0$$
$$(2m-n)(6m-5n)=0$$
$$\therefore m=\frac{n}{2}\ \text{또는}\ m=\frac{5}{6}n$$

그런데 $m=\dfrac{n}{2}$이면 $\overline{AD}=\overline{CD}$가 되어 조건을 만족시키지 않으므로

$$m=\frac{5}{6}n \qquad\cdots\cdots\ \textcircled{c}$$

$\textcircled{c}$을 $\bigcirc$에 대입하면

$$3=\frac{25}{36}n^2+n^2+\frac{5}{6}n^2\ (\because\ \overline{BD}=\sqrt{3})$$

$$\therefore n^2=\frac{108}{91} \qquad\cdots\cdots\ \textcircled{e}$$

|4단계| 사각형 ABCD의 넓이 구하기
사각형 ABCD의 넓이를 S라 하면

$$S=S_1+S_2$$
$$=\frac{\sqrt{3}}{4}mn+\frac{3\sqrt{3}}{4}mn$$
$$=\sqrt{3}\,mn$$
$$=\frac{5\sqrt{3}}{6}n^2\ (\because \text{©})$$
$$=\frac{90}{91}\sqrt{3}\ (\because \text{©})$$

따라서 $p=91$, $q=90$이므로
$$p+q=91+90=181$$

해설특강 ✎

why?❶ $\triangle BAD=\frac{1}{2}\times\overline{BD}\times\overline{AH_1}$, $\triangle BCD=\frac{1}{2}\times\overline{BD}\times\overline{CH_2}$에서 $\overline{BD}$가

　　　공통이고 $\overline{AH_1}:\overline{CH_2}=1:3$이므로

　　　$\triangle BAD:\triangle BCD=1:3$

---

6 2021년 3월 교육청 공통 21 [정답률 12%] 변형　　　**| 정답 102**

출제영역 사인법칙＋코사인법칙

사인법칙과 코사인법칙을 이용하여 삼각형의 외접원의 반지름의 길이와 삼각형의 변의 길이를 구할 수 있는지를 묻는 문제이다.

그림과 같이
$$\overline{AB}=4,\ \angle BAC=\angle BAD,\ \overline{AC}:\overline{BD}=2:3$$
인 두 삼각형 ABC, ABD가 있다. 점 A에서 선분 BC에 내린 수선의 발을 H라 할 때, $\overline{AH}=1$이다.

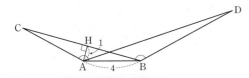

두 삼각형 ABC, ABD의 외접원의 반지름의 길이를 각각 r, R라 할 때, ❶
$$2(3r^2-2R^2)\times\sin^2(\angle BAC)=-4$$ ❷
이다. $r+\overline{AD}^2$의 값을 구하시오. (단, $\frac{\pi}{2}<\angle BAC<\pi$) 102 ❸

출제코드 사인법칙과 코사인법칙을 이용하여 삼각형의 외접원의 반지름의 길이와 삼각형의 한 변의 길이 구하기

❶ 두 삼각형 ABC, ABD에서 사인법칙을 이용한다.
❷ ❶에서 세운 관계식을 대입하여 삼각형의 변의 길이 사이의 관계식을 구한다.
❸ $\cos(\angle BAC)<0$임을 알 수 있다.

해설 **|1단계|** 사인법칙을 이용하여 주어진 식 변형하기

$\angle BAC=\angle BAD=\theta$라 하면 두 삼각형 ABC, ABD에서 사인법칙에 의하여

$$\frac{\overline{BC}}{\sin\theta}=2r,\ \frac{\overline{AD}}{\sin\theta}=2R$$
$$r\sin\theta=\frac{\overline{BC}}{2},\ R\sin\theta=\frac{\overline{AD}}{2}$$
$$\therefore r^2\sin^2\theta=\frac{\overline{BC}^2}{4},\ R^2\sin^2\theta=\frac{\overline{AD}^2}{4}\quad\cdots\cdots \text{㉠}$$

㉠을 $2(3r^2-2R^2)\times\sin^2\theta=-4$에 대입하여 정리하면
$$\frac{3}{2}\overline{BC}^2-\overline{AD}^2=-4$$
$$3\overline{BC}^2-2\overline{AD}^2=-8\quad\cdots\cdots \text{㉡}$$

|2단계| 코사인법칙을 이용하여 두 선분 AC, BD의 길이 구하기

$\overline{AC}:\overline{BD}=2:3$이므로 $\overline{AC}=2t$, $\overline{BD}=3t\ (t>0)$라 하면 두 삼각형 ABC, ABD에서 코사인법칙에 의하여
$$\overline{BC}^2=4^2+(2t)^2-2\times4\times2t\times\cos\theta$$
$$=16+4t^2-16t\cos\theta\quad\cdots\cdots \text{㉢}$$
$$\overline{AD}^2=4^2+(3t)^2-2\times4\times3t\times\cos\theta$$
$$=16+9t^2-24t\cos\theta\quad\cdots\cdots \text{㉣}$$

㉢, ㉣을 ㉡에 대입하면
$$3(16+4t^2-16t\cos\theta)-2(16+9t^2-24t\cos\theta)=-8$$
$$-6t^2+16=-8$$
$$6t^2=24$$
$$t^2=4$$
$$\therefore t=2\ (\because t>0)$$
$$\therefore \overline{AC}=4,\ \overline{BD}=6$$

|3단계| 삼각형 ABC의 넓이를 이용하여 $\sin(\angle BAC)$의 값 구하기

직각삼각형 AHC에서 $\overline{CH}=\sqrt{4^2-1^2}=\sqrt{15}$이고, 삼각형 ABC가 이등변삼각형이므로
$$\overline{BC}=2\overline{CH}=2\sqrt{15}$$

삼각형 ABC의 넓이에서
$$\frac{1}{2}\times\overline{BC}\times\overline{AH}=\frac{1}{2}\times\overline{AB}\times\overline{AC}\times\sin\theta$$
$$\frac{1}{2}\times2\sqrt{15}\times1=\frac{1}{2}\times4\times4\times\sin\theta$$
$$\therefore \sin\theta=\frac{\sqrt{15}}{8}$$

|4단계| $r+\overline{AD}^2$의 값 구하기

삼각형 ABC에서 사인법칙에 의하여
$$\frac{\overline{BC}}{\sin\theta}=2r,\ \frac{2\sqrt{15}}{\frac{\sqrt{15}}{8}}=2r$$
$$\therefore r=8$$

또, $\frac{\pi}{2}<\theta<\pi$에서 $\cos\theta<0$이므로
$$\cos\theta=-\sqrt{1-\left(\frac{\sqrt{15}}{8}\right)^2}=-\frac{7}{8}$$

$t=2$를 ㉣에 대입하면
$$\overline{AD}^2=16+9\times2^2-24\times2\times\left(-\frac{7}{8}\right)$$
$$=94$$
$$\therefore r+\overline{AD}^2=8+94$$
$$=102$$

출제영역 사인법칙＋코사인법칙

사인법칙과 코사인법칙을 이용하여 삼각형의 한 변의 길이와 외접원의 반지름의 길이를 구할 수 있는지를 묻는 문제이다.

그림과 같이 세 변의 길이가 모두 다른 삼각형 ABC에서 $\overline{AB}=4$, $\overline{AC}=6$이고, 삼각형 ABC의 외접원의 반지름의 길이는 $\dfrac{8\sqrt{7}}{7}$이다. 선분 AC의 중점을 M이라 할 때, 삼각형 BCM의 외접원의 반지름의 길이는 R이다. $14R^2$의 값을 구하시오. 92

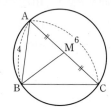

출제코드 코사인법칙을 이용하여 삼각형의 한 변의 길이 구하기

❶ 삼각형 ABC의 외접원의 반지름의 길이가 주어졌으므로 사인법칙을 이용하여 $\sin C$의 값을 구한다.

❷ 삼각형 ABC에서 코사인법칙을 이용하여 선분 BC의 길이를 구한다.

❸ 선분 BC의 길이와 $\sin C$, $\cos C$의 값을 이용하여 삼각형 BCM의 외접원의 반지름의 길이를 구한다.

해설 |1단계| 사인법칙과 삼각함수 사이의 관계를 이용하여 $\cos C$의 값 구하기

why?❶

삼각형 ABC의 외접원의 반지름의 길이가 $\dfrac{8\sqrt{7}}{7}$이므로 사인법칙에 의하여

$$\frac{4}{\sin C}=2\times\frac{8\sqrt{7}}{7} \qquad \therefore \sin C=\frac{\sqrt{7}}{4}$$

$$\therefore \cos C=\pm\sqrt{1-\sin^2 C}=\pm\sqrt{1-\left(\frac{\sqrt{7}}{4}\right)^2}=\pm\frac{3}{4}$$

|2단계| 코사인법칙을 이용하여 선분 BC의 길이 구하기

$\overline{BC}=a$라 하면 삼각형 ABC에서 코사인법칙에 의하여 다음과 같다.

(ⅰ) $\cos C=\dfrac{3}{4}$일 때

$$4^2=a^2+6^2-2\times a\times 6\times\frac{3}{4}$$

$$a^2-9a+20=0, \ (a-4)(a-5)=0$$

$$\therefore a=4 \text{ 또는 } a=5$$

만약 $a=4$이면 $\overline{AB}=\overline{BC}$가 되어 조건을 만족시키지 않으므로 $a=5$

(ⅱ) $\cos C=-\dfrac{3}{4}$일 때

$$4^2=a^2+6^2-2\times a\times 6\times\left(-\frac{3}{4}\right)$$

$$a^2+9a+20=0, \ (a+5)(a+4)=0$$

$$\therefore a=-5 \text{ 또는 } a=-4$$

이때 $a>0$을 만족시키는 a의 값은 존재하지 않는다.

(ⅰ), (ⅱ)에 의하여

$$\cos C=\frac{3}{4}, \ \overline{BC}=5$$

|3단계| 삼각형 BCM의 외접원의 반지름의 길이 구하기

삼각형 BCM에서 코사인법칙에 의하여

$$\overline{BM}^2=5^2+3^2-2\times 5\times 3\times\frac{3}{4}=\frac{23}{2}$$

$$\therefore \overline{BM}=\frac{\sqrt{46}}{2}$$

또, 사인법칙에 의하여 $\dfrac{\overline{BM}}{\sin C}=2R$에서

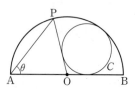

$$\frac{\dfrac{\sqrt{46}}{2}}{\dfrac{\sqrt{7}}{4}}=2R$$

$$\therefore R=\frac{\sqrt{322}}{7}$$

|4단계| $14R^2$의 값 구하기

$$\therefore 14R^2=14\times\left(\frac{\sqrt{322}}{7}\right)^2=14\times\frac{322}{49}=92$$

해설특강 ✏️

why?❶ 두 선분 AB, AC의 길이와 외접원의 반지름의 길이를 이용하면 $\sin C$, $\sin B$의 값을 구할 수 있다. 그런데 두 삼각형 ABC, BCM에서 ∠C가 공통이므로 $\sin C$의 값을 구한 후 $\cos C$의 값을 구한다.

---

8 |정답 **48**

출제영역 원의 성질＋사인법칙

원의 성질과 사인법칙을 이용하여 원에 내접하는 정삼각형의 한 변의 길이를 구할 수 있는지를 묻는 문제이다.

그림과 같이 길이가 2인 선분 AB를 지름으로 하고 중심이 O인 반원이 있다. 호 AB 위의 점 P에 대하여 $\angle PAB=\theta\left(\dfrac{\pi}{4}<\theta<\dfrac{\pi}{2}\right)$, 부채꼴 POB에 내접하는 원을 C, 원 C에 내접하는 정삼각형의 한 변의 길이를 a라 하자. $\dfrac{\sin\theta+\cos\theta}{\sin\theta-\cos\theta}=7$일 때, $(9a)^2$의 값을 구하시오. 48

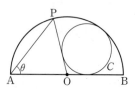

출제코드 원의 반지름의 길이를 구하고 사인법칙을 이용하여 정삼각형의 한 변의 길이 구하기

❶ 주어진 식을 변형한 후 $\sin^2\theta+\cos^2\theta=1$임을 이용하여 $\sin\theta$의 값을 구한다.

❷ 원 C의 중심에서 보조선을 그어 ∠PAB와 크기가 같은 각을 찾는다.

해설 |1단계| $\dfrac{\sin\theta+\cos\theta}{\sin\theta-\cos\theta}=7$을 변형하여 $\sin\theta$의 값 구하기

$\dfrac{\sin\theta+\cos\theta}{\sin\theta-\cos\theta}=7$에서

$$\sin\theta+\cos\theta=7(\sin\theta-\cos\theta)$$

$6 \sin \theta = 8 \cos \theta$

$\therefore \cos \theta = \dfrac{3}{4} \sin \theta$

$\sin^2 \theta + \cos^2 \theta = 1$에서

$\sin^2 \theta + \dfrac{9}{16} \sin^2 \theta = 1$

$\sin^2 \theta = \dfrac{16}{25}$

$\therefore \sin \theta = \dfrac{4}{5} \left(\because \dfrac{\pi}{4} < \theta < \dfrac{\pi}{2} \right)$

|2단계| 원의 성질을 이용하여 원 C의 반지름의 길이 구하기

다음 그림과 같이 원 C의 중심을 O', 반지름의 길이를 r, 점 O'에서 두 선분 OB, OP에 내린 수선의 발을 각각 H_1, H_2라 하자.

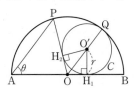

$\angle PAB = \theta \left(\dfrac{\pi}{4} < \theta < \dfrac{\pi}{2} \right)$이므로 원주각의 성질에 의하여

$\angle POB = 2\theta$ **why? ❶**

이때 두 삼각형 $O'OH_1$, $O'OH_2$는 서로 합동이므로 **why? ❷**

$\angle POO' = \angle BOO' = \dfrac{1}{2} \angle POB = \theta$

직각삼각형 $O'OH_1$에서 $\sin \theta = \dfrac{\overline{O'H_1}}{\overline{OO'}}$

$\therefore \overline{OO'} = \dfrac{r}{\sin \theta} = \dfrac{5}{4} r$

이때 선분 OO'의 연장선이 호 PB와 만나는 점을 Q라 하면 선분 OQ 는 반원의 반지름이므로

$\overline{OQ} = \overline{OO'} + \overline{O'Q} = 1$

즉, $\overline{OO'} + r = 1$에서 $\dfrac{5}{4} r + r = 1$이므로

$\dfrac{9}{4} r = 1 \qquad \therefore r = \dfrac{4}{9}$

|3단계| 원 C에 내접하는 정삼각형의 한 변의 길이 구하기

원 C에 내접하는 정삼각형에서 사인법 칙에 의하여

$\dfrac{a}{\sin \dfrac{\pi}{3}} = 2 \times \dfrac{4}{9}$

$\therefore a = 2 \times \dfrac{4}{9} \times \sin \dfrac{\pi}{3} = \dfrac{4\sqrt{3}}{9}$

$\therefore (9a)^2 = \left(9 \times \dfrac{4\sqrt{3}}{9} \right)^2 = 48$

해설특강

why? ❶ $\angle PAB$, $\angle POB$는 각각 호 PB의 원주각, 중심각이므로

$\angle PAB = \dfrac{1}{2} \angle POB$

why? ❷ 두 삼각형 $O'OH_1$, $O'OH_2$는 빗변이 $\overline{O'O}$인 직각삼각형이고, $\overline{O'H_1} = \overline{O'H_2}$이므로

$\triangle O'OH_1 \equiv \triangle O'OH_2$ (RHS 합동)

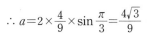
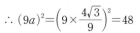

THEME

05 등차수열과 등비수열

본문 33쪽

기출예시 1 | 정답 15

등차수열 $\{a_n\}$의 첫째항을 a, 공차를 d라 하면

$a_2 = a + d$, $a_4 = a + 3d$, $a_9 = a + 8d$

세 수 a_2, a_4, a_9가 이 순서대로 등비수열을 이루므로

$a_4{}^2 = a_2 \times a_9$

$(a + 3d)^2 = (a + d)(a + 8d)$

$a^2 + 6ad + 9d^2 = a^2 + 9ad + 8d^2$

$d^2 - 3ad = 0$, $d(d - 3a) = 0$

이때 $d \neq 0$이므로 $d = 3a$ $\qquad$ ...... ㉠

㉠을 $a_2 = a + d$, $a_4 = a + 3d$에 각각 대입하면

$a_2 = 4a$, $a_4 = 10a$이므로

$r = \dfrac{a_4}{a_2} = \dfrac{10a}{4a} = \dfrac{5}{2}$

$\therefore 6r = 6 \times \dfrac{5}{2} = 15$

다른 풀이 a_2, a_4, a_9가 이 순서대로 공비가 r인 등비수열을 이루므로

$a_2 = \dfrac{a_4}{r}$, $a_9 = a_4 r$

등차수열 $\{a_n\}$의 공차를 d라 하면 $a_4 - a_2 = a_4 - \dfrac{a_4}{r} = 2d$에서

$d = \dfrac{a_4 - \dfrac{a_4}{r}}{2} = \dfrac{a_4(r - 1)}{2r} \qquad$ ...... ㉡

또, $a_9 - a_4 = a_4 r - a_4 = 5d$에서

$d = \dfrac{a_4(r - 1)}{5} \qquad$ ...... ㉢

㉡, ㉢에서

$\dfrac{a_4(r - 1)}{2r} = \dfrac{a_4(r - 1)}{5}$

$2r = 5 \ (\because a_4 \neq 0, \ r \neq 1)$

$\therefore r = \dfrac{5}{2}$

$\therefore 6r = 6 \times \dfrac{5}{2} = 15$

1등급 완성 3단계 문제연습

본문 34~37쪽

1 117	**2** 162	**3** 13	**4** 276
5 ③	**6** 17	**7** ③	**8** 13

출제영역 등차수열의 일반항＋등비중항

등비중항을 이용하여 주어진 조건을 만족시키는 등차수열의 특정한 항의 값을 구할 수 있는지를 묻는 문제이다.

공차가 d이고 모든 항이 자연수인 등차수열 $\{a_n\}$❶이 다음 조건을 만족시킨다.

(가) $a_1 \le d$ ❷
(나) 어떤 자연수 $k\,(k \ge 3)$에 대하여 세 항 a_2, a_k, a_{3k-1}이 이 순서대로 등비수열을 이룬다. ❶

$90 \le a_{16} \le 100$일 때, a_{20}의 값을 구하시오.　117

출제코드 등비중항을 이용하여 주어진 조건을 만족시키는 a_{20}의 값 구하기

❶ 등비중항을 이용하여 d와 k 사이의 관계식을 세운다.
❷ ❶에서 세운 식을 이용하여 부등식을 나타낸다.

해설 **|1단계|** 등비중항을 이용하여 d와 k 사이의 관계식 세우기

수열 $\{a_n\}$은 등차수열이므로

$a_n = a_1 + (n-1)d$　　　　　…… ㉠

조건 (나)에 의하여

$a_k^2 = a_2 \times a_{3k-1}$　　　　　…… ㉡

㉠, ㉡에서

$\{a_1 + (k-1)d\}^2 = (a_1+d)\{a_1+(3k-2)d\}$

$\therefore d(k^2-5k+3) = a_1(k+1)\ (\because d>0)$　…… ㉢

|2단계| 자연수 k의 값 구하기

수열 $\{a_n\}$의 모든 항이 자연수이므로 조건 (가)에서

$0 < a_1 \le d$

위의 각 변에 $k+1$을 곱하면

$0 < a_1(k+1) \le d(k+1)$

㉢에서

$d(k^2-5k+3) \le d(k+1)$

$k^2 - 5k + 3 \le k+1\ (\because d>0)$

$k^2 - 6k + 2 \le 0$

$\therefore 3-\sqrt{7} \le k \le 3+\sqrt{7}$

이때 $k \ge 3$이므로

$3 \le k \le 3+\sqrt{7}$

즉, 자연수 k는 3, 4, 5 중 하나이다.

이때 ㉢에서 $k^2-5k+3>0$이므로 **how?** ❶

$k=5$

|3단계| a_{20}의 값 구하기

$k=5$를 ㉢에 대입하면

$3d = 6a_1$　　$\therefore d = 2a_1$

$a_{16} = a_1 + 15d = 31a_1$이므로 $90 \le a_{16} \le 100$에서

$90 \le 31a_1 \le 100$　　$\therefore \dfrac{90}{31} \le a_1 \le \dfrac{100}{31}$

따라서 자연수 a_1의 값은 3이고 $d=6$이므로

$a_{20} = 3 + 19 \times 6 = 117$

---

how? ❶　$a_1(k+1)>0$이고 $d>0$이므로

$k^2 - 5k + 3 > 0$

　(i) $k=3$일 때, $k^2-5k+3 = -3 < 0$
　(ii) $k=4$일 때, $k^2-5k+3 = -1 < 0$
　(iii) $k=5$일 때, $k^2-5k+3 = 3 > 0$

출제영역 등비수열의 일반항＋등비수열의 합

조건을 만족시키는 등비수열의 일반항을 구하고 항의 값을 구할 수 있는지를 묻는 문제이다.

첫째항이 2이고 공비가 정수인 등비수열 $\{a_n\}$과 자연수 m이 다음 조건을 만족시킬 때, a_m의 값을 구하시오.　162

(가) $4 < a_2 + a_3 \le 12$ ❶
(나) $\displaystyle\sum_{k=1}^{m} a_k = 122$ ❷

출제코드 등비수열의 일반항과 등비수열의 합 표현하기

❶ 조건 (가)를 이용하여 공비의 값의 범위를 구한다.
❷ ❶에서 구한 공비의 값에 따라 조건 (나)를 만족시키는 m의 값을 구한다.

해설 **|1단계|** 조건 (가)를 이용하여 공비 구하기

등비수열 $\{a_n\}$의 공비를 $r\,(r$는 정수)라 하면

$a_n = 2r^{n-1}$

$a_2 = 2r$, $a_3 = 2r^2$이므로 조건 (가)에서

$4 < 2r + 2r^2 \le 12$

$\therefore 2 < r^2 + r \le 6$

$r^2 + r > 2$일 때, $r^2 + r - 2 > 0$

$(r+2)(r-1) > 0$

$\therefore r < -2$ 또는 $r > 1$　　…… ㉠

$r^2 + r \le 6$일 때, $r^2 + r - 6 \le 0$

$(r+3)(r-2) \le 0$

$\therefore -3 \le r \le 2$　　　　　…… ㉡

㉠, ㉡에 의하여

$-3 \le r < -2$ 또는 $1 < r \le 2$

이때 r는 정수이므로

$r = -3$ 또는 $r = 2$

|2단계| 공비의 값에 따라 조건 (나)를 만족시키는 자연수 m의 값 구하기

(i) $r = -3$일 때, 조건 (나)에서

$\displaystyle\sum_{k=1}^{m} a_k = \sum_{k=1}^{m}\{2 \times (-3)^{k-1}\} = \frac{2\{1-(-3)^m\}}{1-(-3)}$

$\qquad = \frac{1-(-3)^m}{2} = 122$

$1-(-3)^m = 244$, $(-3)^m = -243 = (-3)^5$

$\therefore m = 5$

(ii) $r=2$일 때, 조건 (나)에서

$$\sum_{k=1}^{m} a_k = \sum_{k=1}^{m}(2 \times 2^{k-1}) = \frac{2(2^m-1)}{2-1}$$

$$= 2(2^m-1) = 122$$

$2^m-1 = 61$, $2^m = 62$

이때 $2^m = 62$를 만족시키는 자연수 m의 값은 존재하지 않는다.

(i), (ii)에 의하여

$r = -3$, $m = 5$

|3단계| a_m의 값 구하기

$\therefore a_m = a_5 = 2 \times (-3)^4 = 162$

$a_n = -19 + 3(n-1) = 3n - 22 \leq 0$

$n \leq \dfrac{22}{3} = 7.3 \times \times \times$

즉, $m = 7$이므로

$k + m = 6 + 7 = 13$

해설특강 ✏️

why? ❶ 세 수 a, b, c가 이 순서대로 등차수열을 이루면 $2b = a+c$임을 이용한다.

why? ❷ 0이 아닌 세 수 a, b, c가 이 순서대로 등비수열을 이루면 $b^2 = ac$임을 이용한다.

why? ❸ 첫째항이 음수이고 공차가 양수이므로 합이 최소가 되는 것은 0 이하인 항들을 모두 더할 때임을 알 수 있다.

---

3 2016학년도 6월 평가원 A 16 [정답률 81%] 변형 　　|정답 **13**

출제영역 등차수열 + 등차중항 + 등비중항
등차중항, 등비중항을 이용하여 주어진 조건을 만족시키는 값을 구할 수 있는지를 묻는 문제이다.

공차가 3인 등차수열 $\{a_n\}$에 대하여 세 항 a_2, a_k, a_{10}은 이 순서대로 등차수열을 이루고, 세 항 a_2, a_{10}, a_k는 이 순서대로 등비수열 ❶ 을 이룬다. 수열 $\{a_n\}$의 첫째항부터 제n항까지의 합이 최소가 되 ❷ 도록 하는 자연수 n의 값을 m이라 할 때, $k+m$의 값을 구하시오. 13

출제코드 수열 $\{a_n\}$의 첫째항부터 제n항까지의 합이 최소가 되도록 하는 조건 찾기

❶ 등차중항의 성질에 의하여 $\dfrac{a_2+a_{10}}{2} = a_k$임을 이용하여 k의 값을 구할 수 있다.

❷ 등비중항의 성질에 의하여 $a_{10}^2 = a_2 \times a_k$임을 이용하여 a_1의 값을 구할 수 있다.

해설 **|1단계| 등차중항의 성질을 이용하여 k의 값 구하기**

등차수열 $\{a_n\}$의 공차가 3이므로

$a_n = a_1 + 3(n-1)$

세 항 a_2, a_k, a_{10}은 이 순서대로 등차수열을 이루므로

$2a_k = a_2 + a_{10}$ **why? ❶**

$2\{a_1 + 3(k-1)\} = (a_1 + 3) + (a_1 + 27)$

$6(k-1) = 30$

$k - 1 = 5$　　$\therefore k = 6$

|2단계| 등비중항의 성질을 이용하여 등차수열 $\{a_n\}$의 첫째항 a_1의 값 구하기

세 항 a_2, a_{10}, a_k, 즉 a_2, a_{10}, a_6은 이 순서대로 등비수열을 이루므로

$a_{10}^2 = a_2 \times a_6$ **why? ❷**

$(a_1 + 27)^2 = (a_1 + 3)(a_1 + 15)$

$a_1^2 + 54a_1 + 729 = a_1^2 + 18a_1 + 45$

$36a_1 = -684$　　$\therefore a_1 = -19$

|3단계| $k+m$의 값 구하기

등차수열 $\{a_n\}$은 첫째항이 -19, 공차가 3이므로 첫째항부터 제n항까지의 합이 최소가 되도록 하는 자연수 n의 값은 $a_n \leq 0$에서 **why? ❸**

---

4 2019년 3월 교육청 나 29 [정답률 21%] 변형 　　|정답 **276**

출제영역 등차수열의 일반항
주어진 조건을 만족시키는 등차수열의 일반항을 구하고 새롭게 정의된 식의 값을 구할 수 있는지를 묻는 문제이다.

자연수 m에 대하여
'$3+2m$은 첫째항이 3이고 공차가 2 이상의 자연수인 등차수열의 제k항이다.' ❶
를 만족시키는 모든 자연수 k의 값의 합을 $A(m)$이라 하자.
예를 들어, $3 + 2 \times 2$는 첫째항이 3이고 공차가 2인 등차수열의 제3항, 첫째항이 3이고 공차가 4인 등차수열의 제2항이므로 $A(2) = 3 + 2 = 5$이다. $A(100)$의 값을 구하시오. 276

출제코드 등차수열의 일반항 구하기

❶ 첫째항이 주어진 등차수열 $\{a_n\}$의 일반항을 구한다.

해설 **|1단계| $3+2m$을 등차수열의 일반항으로 나타내기**

첫째항이 3이고 공차가 d ($d \geq 2$인 자연수)인 등차수열의 제k항은 $3 + (k-1)d$이므로

$3 + 2m = 3 + (k-1)d$

$m = 100$일 때, $3 + 2 \times 100 = 3 + (k-1)d$이므로

$200 = (k-1)d$

|2단계| $k-1$은 음이 아닌 정수이고 d는 2 이상의 자연수임을 이용하여 k, d의 값 구하기

이때 $200 = 2^3 \times 5^2$이므로 200을 두 자연수의 곱으로 나타내면

1×200, 2×100, 4×50, 5×40, 8×25, 10×20, 20×10, 25×8, 40×5, 50×4, 100×2, 200×1

이때 $d \geq 2$이므로 $k-1$의 값으로 가능한 것은

1, 2, 4, 5, 8, 10, 20, 25, 40, 50, 100

$\therefore k = 2, 3, 5, 6, 9, 11, 21, 26, 41, 51, 101$

|3단계| $A(m)$의 정의를 이용하여 $A(100)$의 값 구하기

$\therefore A(100) = 2 + 3 + 5 + 6 + 9 + 11 + 21 + 26 + 41 + 51 + 101 = 276$

출제영역 등차수열의 일반항＋등차수열의 합

등차중항을 이용하여 주어진 조건을 만족시키는 등차수열의 특정한 항들의 합의 최댓값을 구할 수 있는지를 묻는 문제이다.

자연수 m에 대하여 첫째항이 -30이고 공차가 정수인 등차수열 $\{a_n\}$이 다음 조건을 만족시킨다.

(가) $a_m + a_{m+2} = 0$을 만족시키는 m이 존재한다. ❶
(나) 모든 자연수 n에 대하여 $a_6 a_7 \leq a_n a_{n+1}$이다.

수열 $\{a_n\}$의 첫째항부터 제n항까지의 합을 S_n이라 할 때, S_{3m}의 ❷ 최댓값은?

① 223　　　② 224　　　✓③ 225

④ 226　　　⑤ 227

출제코드 모든 자연수 n에 대하여 $a_6 a_7 \leq a_n a_{n+1}$인 조건 찾기

❶ 등차중항을 이용하여 세 수 a_m, a_{m+1}, a_{m+2} 사이의 관계식을 구한다.
❷ 등차수열의 합의 공식을 이용하여 등차수열의 첫째항부터 제3m항까지의 합을 구한다.

해설 |**1단계**| 등차수열 $\{a_n\}$의 공차 d의 값의 범위 구하기

등차수열 $\{a_n\}$의 공차를 d라 하자.

$d \leq 0$이면 $a_1 = -30 < 0$이므로 모든 자연수 n에 대하여 $a_n < 0$

즉, $a_m + a_{m+2} < 0$이므로 조건 (가)를 만족시키지 않는다.

$\therefore d > 0$

|**2단계**| 조건 (가)를 이용하여 m, d 사이의 관계식 구하기

$a_m + a_{m+2} = 2a_{m+1}$이고, 조건 (가)에서 $a_m + a_{m+2} = 0$이므로

$2a_{m+1} = 0$　　$\therefore a_{m+1} = 0$

즉, $a_{m+1} = -30 + md = 0$이므로

$md = 30$

|**3단계**| 조건 (나)를 만족시키는 m, d의 값 구하기

$d > 0$이고 조건 (나)에 의하여 모든 자연수 n에 대하여 $a_6 a_7$이 $a_n a_{n+1}$의 최솟값이므로

$a_6 \leq 0$, $a_7 \geq 0$ **why?❶**

$a_6 = -30 + 5d \leq 0$에서

$d \leq 6$　　……　㉠

$a_7 = -30 + 6d \geq 0$에서

$d \geq 5$　　……　㉡

㉠, ㉡에서 $5 \leq d \leq 6$

이때 공차 d는 정수이므로

$d = 5$ 또는 $d = 6$

|**4단계**| S_{3m}의 최댓값 구하기

(ⅰ) $m = 5$, $d = 6$일 때

$$S_{3m} = S_{15} = \frac{15 \times (-60 + 14 \times 6)}{2} = 180$$

(ⅱ) $m = 6$, $d = 5$일 때

$$S_{3m} = S_{18} = \frac{18 \times (-60 + 17 \times 5)}{2} = 225$$

(ⅰ), (ⅱ)에 의하여 S_{3m}의 최댓값은 225이다.

해설특강 ✎

why?❶ 공차 d가 양수이므로 $a_6 < a_7$

만약 $a_6 > 0$ 또는 $a_7 < 0$이면 $a_6 a_7 > 0$이므로 $a_6 a_7$이 최솟값이 될 수 없다.

따라서 $a_6 \leq 0$, $a_7 \geq 0$이다.

---

6 2021년 9월 교육청 고2 28 [정답률 26%] 변형 | 정답 **17**

출제영역 등비수열의 일반항＋로그의 계산

조건을 이용하여 주어진 수열이 등비수열임을 파악한 후 등비수열의 일반항을 구하여 부등식을 만족시키는 자연수의 범위를 구할 수 있는지를 묻는 문제이다.

수열 $\{a_n\}$의 첫째항부터 제n항까지의 합을 S_n이라 할 때, 수열 $\{a_n\}$이 모든 자연수 n에 대하여 다음 조건을 만족시킨다.

(가) $S_{2n+1} = S_{2n-1}$ ❶
(나) $a_{2n+2} = -2a_{2n+1}$

$S_2 = \frac{3}{4}$, $S_9 = \frac{1}{4}$일 때, $\log_4 |a_1| + \log_4 |a_{2m+1}| + \log_4 |a_{2m}| < 15$ ❷ 를 만족시키는 자연수 m의 개수를 구하시오. 17

출제코드 수열 $\{a_{2n}\}$이 등비수열임을 파악하기

❶ $S_{2n+1} = S_{2n-1} + a_{2n} + a_{2n+1}$임을 이용한다.
❷ a_1, a_{2m+1}, a_{2m}의 부호를 조사하여 절댓값을 푼다.

해설 |**1단계**| 수열 $\{a_{2n}\}$이 등비수열임을 파악하기

조건 (가)에 의하여 $S_{2n+1} - S_{2n-1} = 0$이므로

$a_{2n+1} + a_{2n} = 0$

$\therefore a_{2n+1} = -a_{2n}$　　……　㉠

조건 (나)에서

$a_{2n+2} = -2a_{2n+1}$　　……　㉡

㉠을 ㉡에 대입하면

$a_{2n+2} = 2a_{2n}$

즉, $a_{2(n+1)} = 2a_{2n}$이므로 수열 $\{a_{2n}\}$은 첫째항이 a_2이고 공비가 2인 등비수열이다.

|**2단계**| 수열 $\{a_{2n}\}$의 일반항 구하기

한편, $S_2 = a_1 + a_2 = \frac{3}{4}$　　……　㉢

조건 (가)에 의하여

$S_9 = a_1 = \frac{1}{4}$ **why?❶**　　……　㉣

㉣을 ㉢에 대입하면

$\frac{1}{4} + a_2 = \frac{3}{4}$　　$\therefore a_2 = \frac{1}{2}$

$\therefore a_{2n} = a_2 \times 2^{n-1} = \frac{1}{2} \times 2^{n-1} = 2^{n-2}$

|**3단계**| $\log_4 |a_1| + \log_4 |a_{2m+1}| + \log_4 |a_{2m}| < 15$를 만족시키는 자연수 m의 개수 구하기

$a_{2n} = 2^{n-2}$이므로 ㉠에서

$a_{2n+1} = -a_{2n} = -2^{n-2}$

$\log_4 |a_1| + \log_4 |a_{2m+1}| + \log_4 |a_{2m}| < 15$에서

$\log_4 \left|\dfrac{1}{4}\right| + \log_4 |-2^{m-2}| + \log_4 |2^{m-2}| < 15$

$\log_4 4^{-1} + \log_{2^2} 2^{m-2} + \log_{2^2} 2^{m-2} < 15$

$-1 + \dfrac{m-2}{2} + \dfrac{m-2}{2} < 15$

$m-3 < 15$ $\therefore m < 18$

따라서 자연수 m은 1, 2, 3, $\cdots$, 17의 17개이다.

해설 특강

why? ❶ $S_9 = S_7 = S_5 = S_3 = S_1 = \dfrac{1}{4}$

$\therefore S_9 = S_1 = a_1 = \dfrac{1}{4}$

---

7 | 정답 ③

출제영역 등차수열의 일반항+등차수열의 합

조건을 이용하여 주어진 수열이 등차수열임을 파악한 후 등차수열의 합의 공식을 이용하여 특정한 항의 값을 구할 수 있는지를 묻는 문제이다.

수열 $\{a_n\}$의 첫째항부터 제n항까지의 합을 S_n이라 할 때, 수열 $\{a_n\}$이 다음 조건을 만족시킨다.

> (가) 모든 자연수 n에 대하여 $a_{n+2} = a_n + 4$가 성립한다. ❶
> (나) $S_5 - S_3 = 21$, ❷ $S_{21} = 497$ ❸

$a_2 - a_1$의 값은?

① -9 ② -7 ✓③ -5
④ -3 ⑤ -1

출제코드 두 수열 $\{a_{2n-1}\}$, $\{a_{2n}\}$이 각각 등차수열임을 파악하기

❶ 두 수열 $\{a_{2n-1}\}$, $\{a_{2n}\}$의 연속하는 두 항 사이의 관계를 파악한다.
❷ $S_5 - S_3 = (a_1+a_2+a_3+a_4+a_5) - (a_1+a_2+a_3) = a_5 + a_4 = 21$임을 이용한다.
❸ 등차수열의 합의 공식을 이용하여 S_{21}을 나타낸다.

해설 |1단계| 두 수열 $\{a_{2n-1}\}$, $\{a_{2n}\}$이 각각 등차수열임을 파악하기

조건 (가)에 의하여 수열 $\{a_{2n-1}\}$은 첫째항이 a_1, 공차가 4인 등차수열이고, 수열 $\{a_{2n}\}$은 첫째항이 a_2, 공차가 4인 등차수열이다. **why? ❶**

|2단계| 조건 (나)를 이용하여 a_1, a_2 사이의 관계식 구하기

조건 (나)에 의하여 $a_5 + a_4 = 21$이므로

$(a_1 + 2 \times 4) + (a_2 + 1 \times 4) = 21$

$a_1 + a_2 = 9$ $\therefore a_2 = 9 - a_1$ $\cdots\cdots$ ㉠

|3단계| 조건 (나)의 $S_{21} = 497$로부터 $a_2 - a_1$의 값 구하기

$S_{21} = (a_1 + a_3 + a_5 + \cdots + a_{21}) + (a_2 + a_4 + a_6 + \cdots + a_{20})$

$= \dfrac{11(2a_1 + 10 \times 4)}{2} + \dfrac{10(2a_2 + 9 \times 4)}{2}$

$= (11a_1 + 220) + (10a_2 + 180)$

$= 11a_1 + 10a_2 + 400$

조건 (나)에서 $S_{21} = 497$이므로

$11a_1 + 10a_2 + 400 = 497$ $\cdots\cdots$ ㉡

㉠을 ㉡에 대입하면

$11a_1 + 10(9 - a_1) + 400 = 497$ $\therefore a_1 = 7$

$a_1 = 7$을 ㉠에 대입하면

$a_2 = 9 - 7 = 2$

$\therefore a_2 - a_1 = 2 - 7 = -5$

다른 풀이 |2단계| 조건 (나)를 이용하여 a_1, a_2 사이의 관계식 구하기

조건 (나)에 의하여 $a_5 + a_4 = 21$이고, 수열 $\{a_{2n+1} + a_{2n}\}$은 공차가 8인 등차수열이므로

$a_3 + a_2 = (a_5 + a_4) - 8 = 21 - 8 = 13$

$(a_1 + 4) + a_2 = 13$에서

$a_2 = 9 - a_1$ $\cdots\cdots$ ㉢

|3단계| 조건 (나)의 $S_{21} = 497$로부터 $a_2 - a_1$의 값 구하기

$S_{21} = a_1 \{(a_2 + a_3) + (a_4 + a_5) + \cdots + (a_{20} + a_{21})\}$

$= a_1 + \dfrac{10 \times \{2 \times 13 + (10-1) \times 8\}}{2}$

$= a_1 + 490$

조건 (나)에서 $S_{21} = 497$이므로

$a_1 + 490 = 497$ $\therefore a_1 = 7$

$a_1 = 7$을 ㉢에 대입하면

$a_2 = 9 - 7 = 2$

$\therefore a_2 - a_1 = 2 - 7 = -5$

해설 특강

why? ❶ $a_{n+2} = a_n + 4$이므로

$a_{2n+1} = a_{2n-1} + 4$, $a_{2n+2} = a_{2n} + 4$

→ 수열 $\{a_{2n-1}\}$은 첫째항이 a_1, 공차가 4인 등차수열이고, 수열 $\{a_{2n}\}$은 첫째항이 a_2, 공차가 4인 등차수열이다.

---

8 | 정답 13

출제영역 등비수열의 일반항과 합+이차함수+선분의 내분점

등비수열의 일반항과 첫째항부터 제n항까지의 합 및 선분의 내분점을 이용하여 이차함수의 그래프 위의 점의 규칙성을 찾을 수 있는지를 묻는 문제이다.

자연수 n에 대하여 좌표평면 위의 점 P_n을 다음 규칙에 따라 정한다.

> (가) 점 P_1의 좌표는 $(4, 16)$이다.
> (나) 점 P_n에서 x축에 내린 수선의 발을 Q_n이라 하고, 선분 $P_n Q_n$을 $3:1$로 내분하는 점을 R_n이라 한다. ❶
> (다) 점 R_n을 지나고 x축에 평행한 직선이 곡선 $y = x^2$과 제1사분면에서 만나는 점을 P_{n+1}이라 한다.

점 P_n의 x좌표를 a_n이라 하고, 수열 $\{a_n\}$의 첫째항부터 제n항까지의 합을 S_n이라 하자. $8 - S_n < \dfrac{1}{1000}$ ❷ 을 만족시키는 자연수 n의 최솟값을 구하시오. 13

출제코드 주어진 조건을 이용하여 수열 $\{a_n\}$의 첫째항부터 제n항까지의 합 S_n 구하기

❶ 선분의 내분점의 공식을 이용하여 점 R_n의 좌표를 구한다.
❷ 수열 $\{a_n\}$의 규칙을 찾아 S_n을 구하여 부등식을 푼다.

해설 | **1단계** | 세 점 P_n, Q_n, R_n의 좌표를 이용하여 수열 $\{a_n\}$ 파악하기

조건 (가), (다)에 의하여 점 P_n은 곡선 $y=x^2$

위의 점이고, 점 P_n의 x좌표는 a_n이므로

$P_n(a_n, a_n^2)$

조건 (나)에 의하여 점 Q_n은 점 P_n에서 x축

에 내린 수선의 발이므로

$Q_n(a_n, 0)$

또, 점 R_n은 선분 P_nQ_n을 $3:1$로 내분하

는 점이므로

$R_n\left(a_n, \dfrac{1}{4}a_n^2\right)$

점 $P_{n+1}(a_{n+1}, a_{n+1}^2)$의 y좌표와 점 $R_n\left(a_n, \dfrac{1}{4}a_n^2\right)$의 y좌표가 같으므로

$a_{n+1}^2 = \dfrac{1}{4}a_n^2$

이때 $a_n > 0$이므로 ——— 점 P_n은 제1사분면 위의 점이다.

$a_{n+1} = \dfrac{1}{2}a_n$

| **2단계** | 수열 $\{a_n\}$의 첫째항부터 제n항까지의 합 S_n 구하기

수열 $\{a_n\}$은 첫째항이 4, 공비가 $\dfrac{1}{2}$인 등비수열이므로

$S_n = \dfrac{4\left\{1-\left(\dfrac{1}{2}\right)^n\right\}}{1-\dfrac{1}{2}} = 8-\left(\dfrac{1}{2}\right)^{n-3}$ **how?** ❶

| **3단계** | 조건을 만족시키는 자연수 n의 최솟값 구하기

$8-S_n < \dfrac{1}{1000}$ 에서

$\left(\dfrac{1}{2}\right)^{n-3} < \dfrac{1}{1000}$

$2^{n-3} > 1000$ **why?** ❷

이때 $2^9 = 512$, $2^{10} = 1024$이므로

$n-3 \geq 10$

$\therefore n \geq 13$

따라서 구하는 자연수 n의 최솟값은 13이다.

해설특강 ✏️

how? ❶ 등비수열의 합의 공식을 이용하여 S_n을 구할 수 있다.

$$S_n = \dfrac{4\left\{1-\left(\dfrac{1}{2}\right)^n\right\}}{1-\dfrac{1}{2}} = 2^3\left\{1-\left(\dfrac{1}{2}\right)^n\right\} = 8-\left(\dfrac{1}{2}\right)^{n-3}$$

why? ❷ 부등식의 양변에 각각 역수를 취하면 부등호의 방향이 바뀐다.

핵심 개념 선분의 내분점과 외분점 (고등 수학)

좌표평면 위의 두 점 $A(x_1, y_1)$, $B(x_2, y_2)$를 이은 선분 AB를

(1) $m:n$ $(m>0, n>0)$으로 내분하는 점을 P라 하면

$$P\left(\dfrac{mx_2+nx_1}{m+n}, \dfrac{my_2+ny_1}{m+n}\right)$$

(2) $m:n$ $(m>0, n>0, m\neq n)$으로 외분하는 점을 Q라 하면

$$Q\left(\dfrac{mx_2-nx_1}{m-n}, \dfrac{my_2-ny_1}{m-n}\right)$$

본문 38쪽

기출예시 1 | 정답 **70**

$1<a_1<2$에서 $a_1 \geq 0$이므로

$a_2 = a_1-2 < 0$

$a_3 = -2a_2 = -2(a_1-2) > 0$

$a_4 = a_3-2 = -2(a_1-2)-2 = -2(a_1-1) < 0$

$a_5 = -2a_4 = 4(a_1-1) > 0$

$a_6 = a_5-2 = 4(a_1-1)-2 = 4a_1-6$

$a_6<0$이면 $a_7 = -2a_6 > 0$이므로 $a_7 = -1$을 만족시키지 않는다.

따라서 $a_6 \geq 0$이므로

$a_7 = a_6-2 = (4a_1-6)-2 = 4a_1-8$

즉, $4a_1-8 = -1$이므로

$a_1 = \dfrac{7}{4}$

$\therefore 40 \times a_1 = 40 \times \dfrac{7}{4} = 70$

06-1 여러 가지 수열의 합

1등급 완성 3단계 문제연습

본문 39~42쪽

1 117	**2** ④	**3** 200	**4** ③
5 156	**6** 12	**7** 241	**8** 439

1 2019학년도 수능 나 29 [정답률 19%] | 정답 **117**

출제영역 등차수열＋등비수열＋$\sum$의 뜻과 성질

$\sum$의 뜻과 성질을 이용하여 등차수열과 등비수열의 일반항을 구하고 항의 값을 구할 수 있는지를 묻는 문제이다.

첫째항이 자연수이고 공차가 음의 정수인 등차수열 $\{a_n\}$과 첫째항 ❸ 이 자연수이고 공비가 음의 정수인 등비수열 $\{b_n\}$이 다음 조건을 ❷ 만족시킬 때, a_7+b_7의 값을 구하시오. 117

(가) $\displaystyle\sum_{n=1}^{5}(a_n+b_n) = 27$ ❶

(나) $\displaystyle\sum_{n=1}^{5}(a_n+|b_n|) = 67$ ❶

(다) $\displaystyle\sum_{n=1}^{5}(|a_n|+|b_n|) = 81$ ❸

출제코드 등차수열과 등비수열의 각 항의 특징 파악하기

❶ (가)—(나)에서 등비수열 $\{b_n\}$에 대한 식을 얻는다.

❷ 공비가 음의 정수인 경우를 구한다.

❸ ❷의 경우에 따라 각 항이 정수이고 공차가 음의 정수인 등차수열을 구한다.

해설 **|1단계|** 주어진 조건을 이용하여 b_2+b_4의 값 구하기

$$\sum_{n=1}^{5}(a_n+b_n)=27 \quad \cdots\cdots \text{㉠}$$

$$\sum_{n=1}^{5}(a_n+|b_n|)=67 \quad \cdots\cdots \text{㉡}$$

$$\sum_{n=1}^{5}(|a_n|+|b_n|)=81 \quad \cdots\cdots \text{㉢}$$

㉠$-$㉡을 하면 $\sum_{n=1}^{5}(b_n-|b_n|)=-40$

이때 등비수열 $\{b_n\}$은 첫째항이 자연수이고 공비가 음의 정수이므로 자연수 k에 대하여

$$b_{2k-1}>0, \ b_{2k}<0$$

따라서 $\sum_{n=1}^{5}b_n-\sum_{n=1}^{5}|b_n|=-40$에서

$$(b_1+b_2+b_3+b_4+b_5)-(b_1-b_2+b_3-b_4+b_5)=-40$$

$$2(b_2+b_4)=-40$$

$$\therefore b_2+b_4=-20$$

|2단계| 등비수열 $\{b_n\}$의 첫째항과 공비가 될 수 있는 수 찾기

등비수열 $\{b_n\}$의 공비를 r (r는 음의 정수)라 하면

$b_2+b_4=-20$에서

$$b_1r+b_1r^3=-20$$

$$\therefore b_1r(1+r^2)=-20 \quad \cdots\cdots \text{㉣}$$

이때 b_1은 자연수, r는 음의 정수, $1+r^2$은 2 이상의 자연수이므로 b_1, $|r|$, $1+r^2$은 모두 20의 양의 약수가 되어야 한다.

$1+r^2$이 될 수 있는 값은 2, 4, 5, 10, 20이므로 r^2이 될 수 있는 값은 1, 3, 4, 9, 19이다. 이때 $|r|$도 20의 양의 약수이므로 <u>$|r|$가 될 수 있는 값은 1, 2이다.</u> ← r^2이 될 수 있는 값 중에서 $|r|$가 20의 양의 약수인 것을 찾는다.

㉣에서 b_1은 자연수, r는 음의 정수이어야 하므로

$$b_1=10, \ r=-1 \ \text{또는} \ b_1=2, \ r=-2$$

|3단계| 등차수열 $\{a_n\}$의 첫째항과 공차, 등비수열 $\{b_n\}$의 첫째항과 공비 구하기

(i) $b_1=10, \ r=-1$일 때

등비수열 $\{b_n\}$의 일반항 b_n은 $b_n=10\times(-1)^{n-1}$이므로

$$\sum_{n=1}^{5}b_n=\frac{10\{1-(-1)^5\}}{1-(-1)}=10$$

이것을 ㉠에 대입하여 정리하면

$$\sum_{n=1}^{5}a_n=17$$

이때 등차수열 $\{a_n\}$에서

$$\sum_{n=1}^{5}a_n=a_1+a_2+a_3+a_4+a_5$$
$$=(a_1+a_5)+(a_2+a_4)+a_3$$
$$=2a_3+2a_3+a_3$$
$$=5a_3$$

a_1과 a_5의 등차중항은 a_3 a_2와 a_4의 등차중항은 a_3

즉, $5a_3=17$에서 $a_3=\dfrac{17}{5}$

그런데 등차수열 $\{a_n\}$의 첫째항이 자연수이고 공차가 음의 정수이므로 등차수열 $\{a_n\}$의 모든 항은 정수이다.

따라서 $a_3=\dfrac{17}{5}$은 조건을 만족시키지 않는다.

(ii) $b_1=2, \ r=-2$일 때

등비수열 $\{b_n\}$의 일반항 b_n은 $b_n=2\times(-2)^{n-1}$이므로

$$\sum_{n=1}^{5}b_n=\frac{2\{1-(-2)^5\}}{1-(-2)}=22$$

이것을 ㉠에 대입하여 정리하면 $\sum_{n=1}^{5}a_n=5$이므로

$$\sum_{n=1}^{5}a_n=5a_3=5$$

$$\therefore a_3=1$$

이때 등차수열 $\{a_n\}$의 공차를 d (d는 음의 정수)라 하면

$$a_1>a_2>a_3=1>0\geq a_4>a_5$$이고

$$a_1=1-2d, \ a_2=1-d, \ a_3=1, \ a_4=1+d, \ a_5=1+2d$$

이므로 ㉡$-$㉢을 하면

$$\sum_{n=1}^{5}(a_n-|a_n|)=-14, \ 2(a_4+a_5)=-14$$

즉, $a_4+a_5=-7$이므로

$$2+3d=-7 \quad \therefore d=-3$$

$d=-3$을 $a_1=1-2d$에 대입하면

$$a_1=7$$

|4단계| a_7+b_7의 값 구하기

(i), (ii)에 의하여 수열 $\{a_n\}$은 첫째항이 7, 공차가 -3인 등차수열이고, 수열 $\{b_n\}$은 첫째항이 2, 공비가 -2인 등비수열이므로

$$a_7+b_7=\{7+6\times(-3)\}+2\times(-2)^6$$
$$=-11+128=117$$

---

2 2021학년도 6월 평가원 가 21 [정답률 49%]   **|정답 ④**

출제영역 로그의 성질$+\sum$의 뜻

로그의 성질과 $\sum$의 뜻을 이용하여 주어진 조건을 만족시키는 m의 값을 구할 수 있는지를 묻는 문제이다.

수열 $\{a_n\}$의 일반항은

$$a_n=\log_2\sqrt{\frac{2(n+1)}{n+2}}❶$$

이다. $\sum_{k=1}^{m}a_k❶$의 값이 <u>100 이하의 자연수가 되도록 하는 모든 자연수❷</u> m의 값의 합은?

① 150 ② 154 ③ 158

✓④ 162 ⑤ 166

출제코드 로그의 성질을 이용하여 $\sum$가 포함된 식의 값이 100 이하의 자연수가 되도록 하는 조건 찾기

❶ 로그의 성질을 이용하여 $\sum$가 포함된 식을 정리한다.

❷ ❶에서 구한 식의 값이 100 이하의 자연수가 되도록 하는 조건을 찾는다.

해설 **|1단계|** $\sum_{k=1}^{m}a_k$를 m에 대한 식으로 나타내기

$$\sum_{k=1}^{m}a_k=\sum_{k=1}^{m}\log_2\sqrt{\frac{2(k+1)}{k+2}}$$
$$=\frac{1}{2}\sum_{k=1}^{m}\log_2\frac{2(k+1)}{k+2}$$

$$= \frac{1}{2}\left\{\log_2 \frac{2\times 2}{3} + \log_2 \frac{2\times 3}{4} + \log_2 \frac{2\times 4}{5}\right.$$
$$\left. + \cdots + \log_2 \frac{2\times(m+1)}{m+2}\right\}$$
$$= \frac{1}{2}\log_2\left\{\frac{2\times 2}{3} \times \frac{2\times 3}{4} \times \frac{2\times 4}{5} \times \cdots \times \frac{2\times(m+1)}{m+2}\right\}$$
$$= \frac{1}{2}\log_2 \frac{2^{m+1}}{m+2}$$
$$= \frac{1}{2}\{(m+1)-\log_2(m+2)\}$$

|2단계| $\sum\limits_{k=1}^{m} a_k$의 값이 100 이하의 자연수가 되도록 하는 m에 대한 조건 파악하기

$\sum\limits_{k=1}^{m} a_k$의 값이 100 이하의 자연수가 되어야 하므로

$(m+1)-\log_2(m+2)$의 값이 200 이하의 짝수이어야 한다.

이때 $\log_2(m+2)$의 값이 자연수이어야 한다. **why? ❶**

|3단계| $\sum\limits_{k=1}^{m} a_k$의 값이 100 이하의 자연수가 되도록 하는 자연수 m의 값 구하기

$\log_2(m+2)$의 값이 자연수가 되려면 $m+2$는 2의 거듭제곱 꼴이어야 하므로 다음과 같다.

(i) $m+2=2^2$, 즉 $m=2$일 때

$(2+1)-\log_2 2^2=1$이므로 $(m+1)-\log_2(m+2)$의 값이 200 이하의 짝수가 아니다.

(ii) $m+2=2^3$, 즉 $m=6$일 때

$(6+1)-\log_2 2^3=4$이므로 $(m+1)-\log_2(m+2)$의 값이 200 이하의 짝수이다.

(iii) $m+2=2^4$, 즉 $m=14$일 때

$(14+1)-\log_2 2^4=11$이므로 $(m+1)-\log_2(m+2)$의 값이 200 이하의 짝수가 아니다.

(iv) $m+2=2^5$, 즉 $m=30$일 때

$(30+1)-\log_2 2^5=26$이므로 $(m+1)-\log_2(m+2)$의 값이 200 이하의 짝수이다.

(v) $m+2=2^6$, 즉 $m=62$일 때

$(62+1)-\log_2 2^6=57$이므로 $(m+1)-\log_2(m+2)$의 값이 200 이하의 짝수가 아니다.

(vi) $m+2=2^7$, 즉 $m=126$일 때

$(126+1)-\log_2 2^7=120$이므로 $(m+1)-\log_2(m+2)$의 값이 200 이하의 짝수이다.

(vii) $m+2\geq 2^8$, 즉 $m\geq 254$일 때

$(m+1)-\log_2(m+2)\geq(254+1)-\log_2 2^8=247$이므로 200 보다 큰 수이다.

(i)~(vii)에 의하여 $\sum\limits_{k=1}^{m} a_k$의 값이 100 이하의 자연수가 되도록 하는 자연수 m의 값은 6, 30, 126이므로 그 합은

$6+30+126=162$

해설특강 ✎

why? ❶ 모든 자연수 m에 대하여 $m+1$의 값은 자연수이므로 $(m+1)-\log_2(m+2)$의 값이 자연수이려면 $\log_2(m+2)$의 값이 자연수이어야 한다.

---

3 2021년 4월 교육청 공통 14 [정답률 36%] 변형   **|정답 200**

출제영역 순서쌍의 개수 + 수열의 합

주어진 조건을 만족시키는 순서쌍의 개수를 이용하여 수열의 합을 구할 수 있는지를 묻는 문제이다.

좌표평면에서 자연수 n에 대하여 점 $P(6n, 6n)$이 있다. 두 점 $A(a, b)$, $B(c, d)$가 선분 OP를 대각선으로 하고 모든 변이 x축 또는 y축과 평행한 정사각형의 내부에 있고, 다음 조건을 만족시킨다. **❸**

> (가) $\dfrac{a}{2}<b<a$ **❶**
> (나) $\overline{OA}=\overline{AB}$, $\overline{OA}^2+\overline{AB}^2=\overline{OB}^2$ **❷**

네 자연수 a, b, c, d의 순서쌍 (a, b, c, d)의 개수를 $T(n)$이라 할 때, $\dfrac{1}{5}\sum\limits_{k=1}^{10} T(k)$의 값을 구하시오. (단, O는 원점이다.)   200

출제코드 좌표평면에서 점 A가 존재하는 영역 찾기

❶ 두 직선 $y=x$, $y=\frac{1}{2}x$를 좌표평면에 나타내어 점 A가 존재하는 영역을 찾는다.

❷ 삼각형 OAB는 직각이등변삼각형임을 알 수 있다.

❸ 네 자연수 a, b, c, d는 모두 0보다 크고 $6n$보다 작다.

해설 **|1단계|** 조건을 만족시키는 a, b, c, d 사이의 관계 파악하기

조건 (가)에서 $\dfrac{a}{2}<b<a$이고, a, b가 자연수이므로 점 A는 제1사분면 위에 있고 직선 $y=x$의 아래쪽 및 직선 $y=\frac{1}{2}x$의 위쪽에 있다. **why? ❶**

조건 (나)에서 $\overline{OA}^2+\overline{AB}^2=\overline{OB}^2$이므로

$\angle OAB=90°$

또, $\overline{OA}=\overline{AB}$이므로 삼각형 ABC는 직각이등변삼각형이다.

오른쪽 그림에서 색칠한 두 삼각형은 합동이므로

$a=d-b$, $b=a-c$

$\therefore c=a-b$, $d=a+b$

이때 $a>b$이므로 $b\geq 3n$이면

$d=a+b>6n$

즉, $b\geq 3n$이면 $d<6n$을 만족시키지 않으므로

$b<3n$

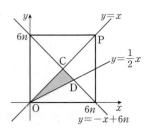

순서쌍 (a, b, c, d)의 개수는 순서쌍 (a, b)의 개수와 같다.

|2단계| 점 A가 존재하는 영역 찾기

또, $d=a+b<6n$이므로 점 $A(a, b)$는 직선 $y=-x+6n$의 아래쪽에 있어야 한다.

한편, 직선 $y=-x+6n$이 두 직선 $y=x$, $y=\frac{1}{2}x$와 만나는 점을 각각 C, D라 하면

$C(3n, 3n)$, $D(4n, 2n)$ **how? ❷**

따라서 점 A는 오른쪽 그림에서 삼각형 COD의 내부에 있다.

|3단계| 점 A의 개수를 이용하여 $T(n)$ 구하기

삼각형 COD의 내부에서 점 A의 개수는 $T(n)$과 같으므로

$$T(n)=\sum_{k=1}^{2n}(2k-k-1)+\sum_{k=2n+1}^{3n-1}\{(-k+6n)-k-1\}\ \text{why?}\ \text{❸}$$

$$=\sum_{k=1}^{2n}(k-1)+\sum_{k=2n+1}^{3n-1}(-2k+6n-1)$$

$$=\sum_{k=1}^{2n}(k-1)+\left\{\sum_{k=1}^{3n-1}(-2k+6n-1)-\sum_{k=1}^{2n}(-2k+6n-1)\right\}$$

$$=\sum_{k=1}^{2n}(3k-6n)+\sum_{k=1}^{3n-1}(-2k+6n-1)$$

$$=3\times\frac{2n(2n+1)}{2}-12n^2-2\times\frac{3n(3n-1)}{2}$$
$$+(3n-1)(6n-1)$$

$$=3n^2-3n+1$$

|4단계| $\dfrac{1}{5}\displaystyle\sum_{k=1}^{10}T(k)$의 값 구하기

$$\therefore \frac{1}{5}\sum_{k=1}^{10}T(k)=\frac{1}{5}\sum_{k=1}^{10}(3k^2-3k+1)$$

$$=\frac{1}{5}\times\left(3\times\frac{10\times11\times21}{6}-3\times\frac{10\times11}{2}+1\times10\right)$$

$$=200$$

해설 특강 ✏️

why? ❶ 점 A는 제1사분면 위에 있고 $\dfrac{a}{2}<b<a$이므로 다음 그림과 같이 점 A 는 직선 $y=x$의 아래쪽 및 직선 $y=\dfrac{1}{2}x$의 위쪽에 있다.

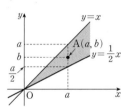

how? ❷ $-x+6n=x$에서

$2x=6n$ $\therefore x=3n, y=3n$

$\therefore \text{C}(3n, 3n)$

$-x+6n=\dfrac{1}{2}x$에서

$\dfrac{3}{2}x=6n$ $\therefore x=4n, y=2n$

$\therefore \text{D}(4n, 2n)$

why? ❸ $b=k$일 때, 자연수 a의 개수를 $T(k)$로 생각하면 된다.

(i) $1\le b\le 2n$, 즉 $1\le k\le 2n$일 때

직선 $y=x$와 직선 $y=k$의 교점의 x좌표는 k이고, 직선 $y=\dfrac{1}{2}x$와

직선 $y=k$의 교점의 x좌표는 $2k$이므로 자연수 a의 개수는

$2k-k-1$

(ii) $2n+1\le b\le 3n-1$, 즉 $2n+1\le k\le 3n-1$일 때

직선 $y=x$와 직선 $y=k$의 교점의 x좌표는 k이고, 직선

$y=-x+6n$과 직선 $y=k$의 교점의 x좌표는 $-k+6n$이므로 자

연수 a의 개수는

$(-k+6n)-k-1$

출제영역 지수와 로그+로그의 성질+수열의 합

지수와 로그의 관계를 이용하여 주어진 식의 값이 옳은지를 판단하고 자연수의 거듭제곱의 합을 이용하여 수열의 합을 구할 수 있는지를 묻는 문제이다.

> 자연수 n에 대하여 두 실수 a와 b가
> $$3^a=4^b=36^n$$
> 을 만족시킬 때, 〈보기〉에서 옳은 것만을 있는 대로 고른 것은?
>
> ――――― |보기| ―――――
> ㄱ. $n=1$이면 $b-1=\log_2 3$ ❶
> ㄴ. $n=2$이면 $(a-4)(b-2)=4$ ❷
> ㄷ. $\displaystyle\sum_{n=1}^{12}(a-2n)(b-n)=1300$ ❸

① ㄱ 　　　　② ㄱ, ㄴ 　　✓③ ㄱ, ㄷ

④ ㄴ, ㄷ 　　　　⑤ ㄱ, ㄴ, ㄷ

출제코드 로그의 정의와 성질을 이용하여 〈보기〉의 참, 거짓 판별하기

❶ $n=1$, 즉 $4^b=36$일 때 로그의 정의와 성질을 이용하여 주어진 식이 성립하는지 파악한다.

❷ $n=2$, 즉 $3^a=4^b=36^2$일 때 로그의 정의와 성질을 이용하여 주어진 식이 성립하는지 파악한다.

❸ $3^a=4^b=36^n$에서 로그의 정의와 성질을 이용하여 $(a-2n)(b-n)$의 값을 먼저 구한다.

해설 **|1단계|** $n=1$일 때 b의 값을 구하여 ㄱ의 참, 거짓 판별하기

ㄱ. $n=1$이면 $4^b=36$, 즉 $2^b=6$에서 ――― $4^b=(2^2)^b=(2^b)^2, 36=6^2$

$\quad b=\log_2 6$

$\quad b=\log_2(2\times3)=1+\log_2 3$이므로 ――― $=\log_2 2+\log_2 3$

$\quad b-1=\log_2 3$ (참)

|2단계| $n=2$일 때 a, b의 값을 구하여 ㄴ의 참, 거짓 판별하기

ㄴ. $n=2$이면 $3^a=4^b=36^2$

$\quad 3^a=6^4$에서 ――― $36^2=(6^2)^2=6^4$

$\quad a=\log_3 6^4=4\log_3 6$

$\quad a=4\log_3(3\times2)=4+4\log_3 2$이므로

$\quad a-4=4\log_3 2\quad\cdots\cdots\ \text{㉠}$ ――― $=\log_3 3+\log_3 2=1+\log_3 2$

$\quad 4^b=36^2$, 즉 $2^b=6^2$에서 ――― $4^b=(2^2)^b=(2^b)^2, 36^2=(6^2)^2$

$\quad b=\log_2 6^2=2\log_2 6$

$\quad b=2\log_2(2\times3)=2+2\log_2 3$이므로

$\quad b-2=2\log_2 3\quad\cdots\cdots\ \text{㉡}$

$\quad$㉠, ㉡에서

$\quad (a-4)(b-2)=4\log_3 2\times2\log_2 3$

$\qquad\qquad\qquad\qquad=8\log_3 2\times\frac{1}{\log_3 2}$

$\qquad\qquad\qquad\qquad=8$ (거짓)

|3단계| $\displaystyle\sum_{n=1}^{12}(a-2n)(b-n)$의 값을 구하여 ㄷ의 참, 거짓 판별하기

ㄷ. $3^a=36^n$, 즉 $3^a=6^{2n}$에서

$\quad a=\log_3 6^{2n}=2n\log_3 6$

$\quad a=2n\log_3(3\times2)=2n(1+\log_3 2)$이므로

$\quad a-2n=2n\log_3 2\quad\cdots\cdots\ \text{㉢}$

$4^b=36^n$, 즉 $2^b=6^n$에서

$b=\log_2 6^n=n\log_2 6$

$b=n\log_2(2\times3)=n(1+\log_2 3)$이므로

$b-n=n\log_2 3$ ...... ㉣

㉢, ㉣에서

$(a-2n)(b-n)=2n\underbrace{\log_3 2\times n\log_2 3}$
$\qquad\qquad\qquad\qquad\qquad \log_3 2\times\log_2 3=1$

$\qquad\qquad\quad =2n^2$

$\therefore \sum_{n=1}^{12}(a-2n)(b-n)=\sum_{n=1}^{12}2n^2=2\sum_{n=1}^{12}n^2$

$\qquad\qquad\qquad\qquad\qquad =2\times\dfrac{12\times13\times25}{6}$

$\qquad\qquad\qquad\qquad\qquad =1300$ (참)

따라서 옳은 것은 ㄱ, ㄷ이다.

핵심 개념 **자연수의 거듭제곱의 합**

(1) $\sum_{k=1}^{n}k=1+2+3+\cdots+n=\dfrac{n(n+1)}{2}$

(2) $\sum_{k=1}^{n}k^2=1^2+2^2+3^2+\cdots+n^2=\dfrac{n(n+1)(2n+1)}{6}$

(3) $\sum_{k=1}^{n}k^3=1^3+2^3+3^3+\cdots+n^3=\left\{\dfrac{n(n+1)}{2}\right\}^2$

---

5 2022년 4월 교육청 공통 21 [정답률 6%] 변형 | **정답 156**

출제영역 등차수열의 합+∑의 뜻

등차수열의 합의 공식과 ∑의 뜻을 이용하여 수열의 합을 구할 수 있는지를 묻는 문제이다.

첫째항이 -30이고 공차가 자연수 d인 등차수열 $\{a_n\}$이 다음 조건을 만족시킨다.

> (가) $(\log_2 d-1)(\log_6 d-1)<0$ ❶
>
> (나) $|a_m|=|a_{m+6}|$을 만족시키는 자연수 m이 존재한다. ❷

$\sum_{k=1}^{m}|a_k|$의 최댓값을 구하시오. 156
❸

출제코드 등차수열 $\{a_n\}$의 공차 d의 값에 따른 수열 $\{a_n\}$의 각 항의 부호 파악하기

❶ $\log_2 d$, $\log_6 d$의 대소 관계를 먼저 파악한다.

❷ $|a_m|=|a_{m+6}|$에서 $a_m=a_{m+6}$ 또는 $a_m=-a_{m+6}$이다.

❸ 등차수열 $\{a_n\}$의 각 항의 부호를 파악한다.

해설 |**1단계**| 조건 (가)를 만족시키는 d의 값의 범위 구하기

조건 (가)에서 $(\log_2 d-1)(\log_6 d-1)<0$이므로

$\log_2 d-1>0$, $\log_6 d-1<0$ **why? ❶**

$\log_2 d>1$에서

$d>2$ ...... ㉠

$\log_6 d<1$에서

$d<6$ ...... ㉡

㉠, ㉡에서

$2<d<6$

이때 d가 자연수이므로

$d=3$ 또는 $d=4$ 또는 $d=5$ ...... ㉢

|**2단계**| 조건 (나)를 만족시키는 d, m의 값 구하기

조건 (나)에서 $|a_m|=|a_{m+6}|$이므로

$a_m=-a_{m+6}$ **why? ❷**

$-30+(m-1)d=-\{-30+(m+5)d\}$

$(m+2)d=30$ ...... ㉣

㉢을 ㉣에 대입하여 풀면

$d=3$일 때 $m=8$, $d=4$일 때 $m=\dfrac{11}{2}$, $d=5$일 때 $m=4$

이때 d, m은 자연수이므로

$d=3$, $m=8$ 또는 $d=5$, $m=4$

|**3단계**| $\sum_{k=1}^{m}|a_k|$의 최댓값 구하기

(ⅰ) $d=3$, $m=8$일 때

$\sum_{k=1}^{8}|a_k|=-\sum_{k=1}^{8}a_k$ **why? ❸**

$\qquad\qquad =-\dfrac{8\{2\times(-30)+(8-1)\times3\}}{2}$

$\qquad\qquad =156$

(ⅱ) $d=5$, $m=4$일 때

$\sum_{k=1}^{4}|a_k|=-\sum_{k=1}^{4}a_k$ **why? ❸**

$\qquad\qquad =-\dfrac{4\{2\times(-30)+(4-1)\times5\}}{2}$

$\qquad\qquad =90$

(ⅰ), (ⅱ)에 의하여 $\sum_{k=1}^{m}|a_k|$의 최댓값은 156이다.

해설특강

why? ❶ $d>1$이므로

$\log_2 d>\log_6 d$

즉, $\log_2 d-1>\log_6 d-1$

따라서 조건 (가)를 만족시키려면

$\log_2 d-1>0$, $\log_6 d-1<0$

why? ❷ d가 자연수이므로 $a_m<a_{m+6}$

즉, $|a_m|=|a_{m+6}|$이려면

$a_m<0$, $a_{m+6}>0$

$\therefore a_m=-a_{m+6}$

why? ❸ (ⅰ) $d=3$일 때

$a_m=-30+3(m-1)=3m-33$

$3m-33\geq0$이려면 $m\geq11$

따라서 $1\leq m\leq10$일 때 $a_m<0$이고, $m\geq11$일 때 $a_m\geq0$이다.

(ⅱ) $d=5$일 때

$a_m=-30+5(m-1)=5m-35$

$5m-35\geq0$이려면 $m\geq7$

따라서 $1\leq m\leq6$일 때 $a_m<0$이고, $m\geq7$일 때 $a_m\geq0$이다.

출제영역 유리함수의 그래프＋역함수＋합성함수＋수열의 합

유리함수의 그래프와 그 역함수의 그래프의 특징을 이해하여 부등식을 만족시키는 p, q의 값을 구한 후 수열의 합을 구할 수 있는지를 묻는 문제이다.

---

n, p가 자연수일 때, 함수 $f(x)=\dfrac{2px-3p+n}{x-2}$에 대하여

$f^{-1}(1)<f^{-1}(0)<f^{-1}(3)$ **❶**

이 성립한다. 함수 $g(x)=\dfrac{-qx+n}{x-2}$이

$g^{-1}(f(0))<g^{-1}(f(3))<g^{-1}(f(1))$ **❷**

을 만족시킬 때, 자연수 q의 개수를 a_n이라 하자. $\displaystyle\sum_{k=1}^{10} a_k$의 값을 구하시오. 12

출제코드 유리함수의 역함수의 그래프를 이용하여 조건을 만족시키는 수열의 합 구하기

❶ 함수 $y=f^{-1}(x)$의 그래프의 개형을 그린 후 대소 관계를 만족시키기 위한 조건을 구한다.

❷ 함수 $y=g^{-1}(x)$의 그래프의 개형을 그린 후 대소 관계를 만족시키기 위한 조건을 구한다.

해설 |1단계| 함수 $y=f^{-1}(x)$의 그래프의 개형 그리기

$f(x)=\dfrac{2px-3p+n}{x-2}$에서 $y=\dfrac{2px-3p+n}{x-2}$이라 하고 x와 y를 서로 바꾸면

$x=\dfrac{2py-3p+n}{y-2}$, $x(y-2)=2py-3p+n$

$(x-2p)y=2x-3p+n$

$\therefore y=f^{-1}(x)=\dfrac{2x-3p+n}{x-2p}=\dfrac{2(x-2p)+p+n}{x-2p}$

$\qquad =\dfrac{p+n}{x-2p}+2$

함수 $y=f^{-1}(x)=\dfrac{p+n}{x-2p}+2$에서 $2p>0$, $p+n>0$이므로 함수 $y=f^{-1}(x)$의 그래프의 개형은 다음 그림과 같다.

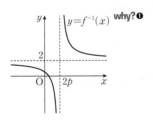

|2단계| 부등식 $f^{-1}(1)<f^{-1}(0)<f^{-1}(3)$을 만족시키는 자연수 p의 값을 구한 후 함수 $f(x)$의 식 구하기

이때 $f^{-1}(1)<f^{-1}(0)<f^{-1}(3)$을 만족시키기 위해서는 $1<2p<3$이어야 하므로 조건을 만족시키는 자연수 p는 1이다.

$\therefore f(x)=\dfrac{2x-3+n}{x-2}=\dfrac{n+1}{x-2}+2$

즉, 함수 $y=f(x)$의 그래프의 개형은 오른쪽 그림과 같으므로

$f(1)<f(0)<f(3)$ ...... ㉠

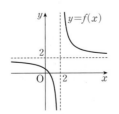

|3단계| 함수 $y=g^{-1}(x)$의 그래프의 개형 그리기

한편, $g(x)=\dfrac{-qx+n}{x-2}$에서 $y=\dfrac{-qx+n}{x-2}$이라 하고 x와 y를 서로 바꾸면

$x=\dfrac{-qy+n}{y-2}$, $x(y-2)=-qy+n$

$(x+q)y=2x+n$

$\therefore y=g^{-1}(x)=\dfrac{2x+n}{x+q}=\dfrac{2(x+q)+n-2q}{x+q}$

$\qquad =\dfrac{n-2q}{x+q}+2$

따라서 자연수 q에 대하여 함수 $y=g^{-1}(x)$의 그래프의 개형은 다음 그림과 같다.

(i) $n>2q$일 때   (ii) $n<2q$일 때 **why?❷**

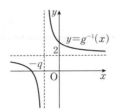 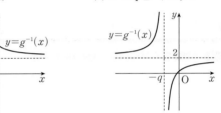

|4단계| 자연수 q의 값의 범위 구하기

이때 ㉠에서 $f(1)<f(0)<f(3)$이므로 부등식 $g^{-1}(f(0))<g^{-1}(f(3))<g^{-1}(f(1))$을 만족시키기 위해서는 함수 $y=g^{-1}(x)$의 그래프의 개형이 (ii)와 같이 되어야 한다. **why?❸**

즉, $f(1)=\dfrac{n-1}{-1}<-q$, $f(0)=\dfrac{n-3}{-2}>-q$에서

$q+1<n<2q+3$

이때 $n<2q$이므로 $q+1<n<2q$

$\therefore \dfrac{n}{2}<q<n-1$ ...... ㉡

|5단계| $\displaystyle\sum_{k=1}^{10} a_k$의 값 구하기

㉡을 만족시키는 자연수 q는 $n\geq5$일 때 존재하므로

$a_1=a_2=a_3=a_4=0$

$\therefore \displaystyle\sum_{k=1}^{10} a_k=\sum_{k=1}^{4} a_k+a_5+a_6+a_7+a_8+a_9+a_{10}$

$\qquad =0+1+1+2+2+3+3=12$ **how?❹**

해설특강

why?❶ 유리함수 $f(x)=\dfrac{k}{x}$의 그래프는 $k>0$이면 제1사분면, 제3사분면에 그려지고, $k<0$이면 제2사분면, 제4사분면에 그려진다.

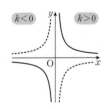

why?❷ $n=2q$일 때는

$g(x)=\dfrac{-qx+n}{x-2}=\dfrac{-qx+2q}{x-2}=-q$

이므로 $g^{-1}(x)$가 존재하지 않는다.

따라서 $n=2q$인 경우는 생각하지 않는다.

why? ❸ $n>2q$이면

$$f(0)=\frac{n-3}{-2}<-q, \ -q<f(1)=\frac{n-1}{-1}<0$$

즉, $2q<3+2q<n<q+1$이므로 이를 만족시키는 자연수 q는 존재하지 않는다.

how? ❹ (i) $n=5$일 때, $\frac{5}{2}<q<4$를 만족시키는 자연수 q는 3의 1개

(ii) $n=6$일 때, $3<q<5$를 만족시키는 자연수 q는 4의 1개

(iii) $n=7$일 때, $\frac{7}{2}<q<6$을 만족시키는 자연수 q는 4, 5의 2개

(iv) $n=8$일 때, $4<q<7$을 만족시키는 자연수 q는 5, 6의 2개

(v) $n=9$일 때, $\frac{9}{2}<q<8$을 만족시키는 자연수 q는 5, 6, 7의 3개

(vi) $n=10$일 때, $5<q<9$을 만족시키는 자연수 q는 6, 7, 8의 3개

---

7 |정답 241

출제영역 수열의 합+수열의 합과 일반항 사이의 관계

수열의 합과 일반항 사이의 관계를 이용하여 수열의 합을 구할 수 있는지를 묻는 문제이다.

첫째항이 1인 수열 $\{a_n\}$이 모든 자연수 n에 대하여

$$\sum_{k=1}^{n}(a_{k+1}-a_k)=2n$$ ❶

을 만족시킨다. 수열 $\{a_n\}$의 첫째항부터 제n항까지의 합을 S_n이라 할 때, $\sum_{k=1}^{10}\frac{a_{k+1}}{S_kS_{k+1}}=\frac{q}{p}$ ❷ 이다. $p+q$의 값을 구하시오. 241

(단, p와 q는 서로소인 자연수이다.)

출제코드 수열의 합과 일반항 사이의 관계를 이용하여 일반항 구하기

❶ 수열의 합과 일반항 사이의 관계를 이용하여 수열 $\{a_n\}$의 일반항을 구한다.

❷ $\frac{1}{AB}=\frac{1}{B-A}\left(\frac{1}{A}-\frac{1}{B}\right)$임을 이용하여 분수식을 변형한다.

해설 |1단계| 수열의 합과 일반항 사이의 관계를 이용하여 수열 $\{a_n\}$의 일반항 구하기

$$\sum_{k=1}^{n}(a_{k+1}-a_k)=2n \quad \cdots\cdots ㉠$$

$n\geq2$일 때, ㉠의 n 대신 $n-1$을 대입하면

$$\sum_{k=1}^{n-1}(a_{k+1}-a_k)=2n-2$$

이때

$$\sum_{k=1}^{n-1}(a_{k+1}-a_k)=(a_2-a_1)+(a_3-a_2)+(a_4-a_3)+\cdots+(a_n-a_{n-1})$$
$$=a_n-a_1$$

이므로 $a_n-1=2n-2$에서

$$a_n=2n-1 \ (n\geq2) \quad \cdots\cdots ㉡$$

㉡에 $n=1$을 대입하면 $a_1=1$이므로

$$a_n=2n-1 \ (n\geq1)$$

|2단계| 수열 $\{a_n\}$의 첫째항부터 제n항까지의 합 S_n 구하기

$$\therefore S_n=\sum_{k=1}^{n}a_k=\sum_{k=1}^{n}(2k-1)$$
$$=2\times\frac{n(n+1)}{2}-n$$
$$=n^2$$

|3단계| $\sum_{k=1}^{10}\frac{a_{k+1}}{S_kS_{k+1}}$의 값 구하기

$$\therefore \sum_{k=1}^{10}\frac{a_{k+1}}{S_kS_{k+1}}$$
$$=\sum_{k=1}^{10}\left(\frac{1}{S_k}-\frac{1}{S_{k+1}}\right) \text{ how? ❶}$$
$$=\left(\frac{1}{S_1}-\frac{1}{S_2}\right)+\left(\frac{1}{S_2}-\frac{1}{S_3}\right)+\left(\frac{1}{S_3}-\frac{1}{S_4}\right)+\cdots+\left(\frac{1}{S_{10}}-\frac{1}{S_{11}}\right)$$
$$=\frac{1}{S_1}-\frac{1}{S_{11}}$$
$$=1-\frac{1}{11^2}$$
$$=\frac{120}{121}$$

따라서 $p=121$, $q=120$이므로

$$p+q=121+120=241$$

해설 특강

how? ❶ $\frac{a_{k+1}}{S_kS_{k+1}}=\frac{a_{k+1}}{S_{k+1}-S_k}\left(\frac{1}{S_k}-\frac{1}{S_{k+1}}\right)$
$$=\frac{a_{k+1}}{a_{k+1}}\left(\frac{1}{S_k}-\frac{1}{S_{k+1}}\right)$$
$$=\frac{1}{S_k}-\frac{1}{S_{k+1}}$$

---

8 |정답 439

출제영역 수열의 합과 일반항 사이의 관계+∑의 성질

수열의 합과 일반항 사이의 관계, ∑의 성질을 이용하여 수열의 합을 구할 수 있는지를 묻는 문제이다.

두 수열 $\{a_n\}$, $\{b_n\}$이 다음 조건을 만족시킨다.

(가) $\sum_{k=1}^{n}(a_k-b_k)=2\sqrt{n}$ ❶

(나) $\sum_{k=1}^{n}a_kb_k=4n-1$ ❷

$\sum_{k=1}^{10}(a_k^2-a_kb_k+b_k^2+8\sqrt{k^2-k})$의 값을 구하시오. 439

출제코드 수열의 합과 일반항 사이의 관계를 이용하여 일반항 구하기

❶ 수열의 합과 일반항 사이의 관계를 이용하여 수열 $\{a_n-b_n\}$의 일반항을 구한다.

❷ 주어진 식을 a_n-b_n과 a_nb_n을 포함한 식으로 변형한다.

해설 |1단계| 수열 $\{a_n-b_n\}$의 일반항 구하기

조건 (가)에서 $a_1-b_1=2$

$n\geq2$일 때, 수열의 합과 일반항 사이의 관계에 의하여

$$a_n-b_n=\sum_{k=1}^{n}(a_k-b_k)-\sum_{k=1}^{n-1}(a_k-b_k)$$
$$=2\sqrt{n}-2\sqrt{n-1}$$

이 식에 $n=1$을 대입하면 $a_1-b_1=2$이므로

$$a_n-b_n=2\sqrt{n}-2\sqrt{n-1} \ (n\geq1)$$

|2단계| $\sum_{k=1}^{10}(a_k{}^2-a_kb_k+b_k{}^2+8\sqrt{k^2-k})$의 값 구하기

$$\therefore \sum_{k=1}^{10}(a_k{}^2-a_kb_k+b_k{}^2+8\sqrt{k^2-k})$$

$$=\sum_{k=1}^{10}\{(a_k-b_k)^2+a_kb_k+8\sqrt{k^2-k}\}$$

$$=\sum_{k=1}^{10}\{(a_k-b_k)^2+8\sqrt{k^2-k}\}+\sum_{k=1}^{10}a_kb_k$$

$= (2\sqrt{k}-2\sqrt{k-1})^2$
$= 4k+4(k-1)-8\sqrt{k^2-k}$
$= 8k-4-8\sqrt{k^2-k}$

$$=\sum_{k=1}^{10}(8k-4)+\sum_{k=1}^{10}a_kb_k$$

$$=8\times\frac{10\times11}{2}-4\times10+4\times10-1 \ \textbf{why?} \ ❶$$

$$=440-40+39=439$$

해설 특강 ✏️

why? ❶ $\sum_{k=1}^{n}k=\frac{n(n+1)}{2}$, $\sum_{k=1}^{n}c=cn$ (단, c는 상수)

06-2 수열의 합의 도형에의 활용

1등급 완성 3단계 문제연습

본문 43~45쪽

1 ④	**2** 8	**3** ①	**4** ④
5 840	**6** ③		

1

2017학년도 수능 나 21 [정답률 36%] |정답 ④

출제영역 수열의 합 + 함수의 그래프

함수의 그래프와 원을 이용하여 주어진 조건을 만족시키는 점의 개수로 이루어진 수열의 합을 구할 수 있는지를 묻는 문제이다.

좌표평면에서 함수

$$f(x)=\begin{cases}-x+10 & (x<10) \\ (x-10)^2 & (x\geq10)\end{cases}$$

과 자연수 n에 대하여 점 $(n, f(n))$을 중심으로 하고 반지름의 길이가 3인 원 O_n이 있다. ❶ x좌표와 y좌표가 모두 정수인 점 중에서 원 O_n의 내부에 있고 함수 $y=f(x)$의 그래프의 아랫부분에 있는 모든 점의 개수를 A_n, 원 O_n의 내부에 있고 함수 $y=f(x)$의 그래프의 윗부분에 있는 모든 점의 개수를 B_n이라 하자. $\sum_{n=1}^{20}(A_n-B_n)$ ❷ 의 값은?

① 19   ② 21   ③ 23

✓④ 25   ⑤ 27

출제코드 함수 $y=f(x)$의 그래프를 이용하여 자연수 n의 값에 따라 A_n-B_n의 값 구하기
❶ 원 O_n의 중심은 함수 $y=f(x)$의 그래프 위의 x좌표가 n인 점이다.
❷ 자연수 n의 값에 따라 경우를 나누어 A_n-B_n의 값을 구한다.

해설 |1단계| 함수 $y=f(x)$의 그래프와 원 O_n을 그려서 조건에 맞는 점의 개수 확인하기

자연수 n의 값에 따라 각 경우로 나누면 다음과 같다.

(i) $1\leq n\leq7$일 때
원 O_n의 중심 $(n, f(n))$은 함수 $f(x)=-x+10$의 그래프 위에 존재한다.
원의 중심을 지나는 직선은 원을 이등분하므로 원 O_n의 내부에 있고 곡선 $y=f(x)$의 아랫부분에 있는
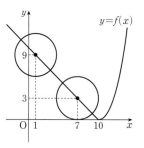
점의 개수와 원 O_n의 내부에 있고 곡선 $y=f(x)$의 윗부분에 있는 점의 개수가 같다.

$\therefore A_n-B_n=0$ **why? ❶**

(ii) $n=8$일 때
원 O_8의 중심 $(8, 2)$는 함수 $f(x)=-x+10$의 그래프 위에 존재한다. 이때 오른쪽 그림에서
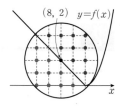
$A_8-B_8=10-10=0$

(iii) $n=9$일 때
원 O_9의 중심 $(9, 1)$은 함수 $f(x)=-x+10$의 그래프 위에 존재한다. 이때 오른쪽 그림에서
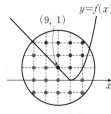
$A_9-B_9=12-8=4$

(iv) $n=10$일 때
원 O_{10}의 중심 $(10, 0)$은 함수 $f(x)=(x-10)^2$의 그래프 위에 존재한다. 이때 오른쪽 그림에서
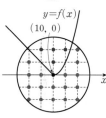
$A_{10}-B_{10}=17-4=13$

(v) $n=11$일 때
원 O_{11}의 중심 $(11, 1)$은 함수 $f(x)=(x-10)^2$의 그래프 위에 존재한다. 이때 오른쪽 그림에서
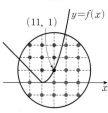
$A_{11}-B_{11}=15-7=8$

(vi) $12\leq n\leq20$일 때
원 O_n의 중심 $(n, f(n))$은 함수 $f(x)=(x-10)^2$의 그래프 위에 존재한다.
이때 원 O_n의 내부에 있고 곡선 $y=f(x)$의 아랫부분에 있는 점의 개수와 원 O_n의 내부에 있고 곡선 $y=f(x)$의 윗부분에 있는 점의 개수가 같다. **why? ❷**

$\therefore A_n-B_n=0$

|2단계| $\sum_{n=1}^{20}(A_n-B_n)$의 값 구하기

(i)~(vi)에 의하여 $\sum_{n=1}^{20}(A_n-B_n)=4+13+8=25$

why? ❶ A_n에 해당되는 점들을 직선 $y=-x+10$에 대하여 대칭이동하면 B_n에 해당하는 점들이 된다.

why? ❷ $12 \le n \le 20$일 때 대칭성을 이용하여 조사하면 오른쪽 그림과 같이 원 O_n의 내부에 있고 곡선 $y=f(x)$의 아랫부분에 있는 점의 개수와 원 O_n의 내부에 있고 곡선 $y=f(x)$의 윗부분에 있는 점의 개수가 같다.

|2단계| 점 A_n이 직선 $y=x$ 위에 있기 위한 조건을 구하고, a의 값 구하기

점 A_n이 직선 $y=x$ 위에 있기 위해서는 점 A_0에서 점 A_n까지 점 P가 경로를 따라 이동한 총 거리가 짝수이어야 한다.

$\left(\dfrac{n}{5}\right)^2$이 짝수이면 $\dfrac{n}{5}$도 짝수이므로 **why? ❶**

$\dfrac{n}{5}=2m$ (m은 자연수)으로 놓으면 $n=10m$

따라서 점 A_n 중 직선 $y=x$ 위에 있는 두 번째 점은 $m=2$, 즉 $n=20$일 때이므로 점 A_{20}이다.

또, 점 P가 경로를 따라 이동한 총 거리가 $2k$ (k는 자연수)일 때 점 P의 x좌표는 k이다.

점 A_0에서 점 A_{20}까지 점 P가 경로를 따라 이동한 총 거리가 $\left(\dfrac{20}{5}\right)^2=4^2=16$이므로 점 A_{20}의 x좌표는 8이다.

$\therefore a=8$

why? ❶ 모든 정수 n에 대하여 n^2이 짝수이면 n은 짝수이다.

[증명] n^2이 짝수일 때, n이 짝수가 아니라고 가정하면

$n=2k+1$ (k는 정수)이므로

$n^2=(2k+1)^2=4k^2+4k+1=2(2k^2+2k)+1$

즉, n^2은 짝수라는 조건에 모순이다.

따라서 모든 정수 n에 대하여 n^2이 짝수이면 n은 짝수이다.

---

2 2019학년도 9월 평가원 나 29 [정답률 27%] **|정답 8|**

출제영역 $\sum$의 성질

$\sum$의 성질을 이용하여 특정한 직선 위의 점이 될 수 있는 조건을 구할 수 있는지를 묻는 문제이다.

좌표평면에서 그림과 같이 길이가 1인 선분이 수직으로 만나도록 연결된 경로가 있다. 이 경로를 따라 원점에서 멀어지도록 움직이는 점 P의 위치를 나타내는 점 A_n을 다음과 같은 규칙으로 정한다.

(ⅰ) A_0은 원점이다.

(ⅱ) n이 자연수일 때, A_n은 점 A_{n-1}에서 점 P가 경로를 따라 $\dfrac{2n-1}{25}$만큼 이동한 위치에 있는 점이다. ❶

예를 들어, 점 A_2와 A_6의 좌표는 각각 $\left(\dfrac{4}{25}, 0\right)$, $\left(1, \dfrac{11}{25}\right)$이다.

자연수 n에 대하여 점 A_n 중 직선 $y=x$ 위에 있는 점을 원점에서 가까운 순서대로 나열할 때, 두 번째 점의 x좌표를 a라 하자. a의 ❷ 값을 구하시오. 8

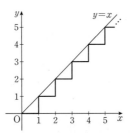

출제코드 수열의 합의 성질을 이용하여 점 P가 경로를 따라 이동한 거리의 합을 구하고, 점 A_n이 직선 $y=x$ 위에 있을 조건 구하기

❶ $\sum$의 성질을 이용하여 점 P가 경로를 따라 이동한 거리의 합을 구할 수 있다.

❷ 점이 직선 $y=x$ 위에 있기 위해서는 경로를 따라 이동한 총 거리가 짝수임을 이용한다.

해설 **|1단계|** $\sum$의 성질을 이용하여 점 P가 경로를 따라 이동한 거리 구하기

점 A_0에서 점 A_n까지 점 P가 경로를 따라 이동한 총 거리는

$\displaystyle\sum_{k=1}^{n}\dfrac{2k-1}{25}=\dfrac{1}{25}\left\{2\times\dfrac{n(n+1)}{2}-n\right\}$

$=\dfrac{n^2}{25}=\left(\dfrac{n}{5}\right)^2$

---

3 2015학년도 수능 B 21 [정답률 65%] 변형 **|정답 ①|**

출제영역 수열의 합+직선의 방정식

직선의 방정식과 삼각형의 넓이를 이용하여 수열의 합을 구할 수 있는지를 묻는 문제이다.

3 이상의 자연수 n과 두 점 $A_n(n, 0)$, $B_n\left(\dfrac{3}{2}n, 0\right)$에 대하여 다음 조건을 만족시키는 삼각형 $A_nB_nD_n$의 넓이를 a_n이라 할 때, ❶

$\displaystyle\sum_{k=3}^{10}\dfrac{1}{a_k}=\dfrac{q}{p}$이다. $p+q$의 값은?

(단, p와 q는 서로소인 자연수이다.)

(가) 점 C_n은 점 B_n을 지나고 x축에 수직인 직선이 직선 $y=\dfrac{1}{2}x$와 만나는 점이다.

(나) 점 D_n은 두 선분 B_nC_n, $A_{n+1}C_{n+1}$이 만나는 점이다.

✓① 599 ② 601 ③ 603

④ 605 ⑤ 607

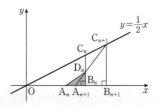

출제코드 삼각형 $A_nB_nD_n$의 넓이 a_n을 n에 대한 식으로 나타내기

❶ 점 D_n의 좌표를 구하여 a_n을 n에 대한 식으로 나타낸다.

점 C_n은 x좌표가 점 $B_n\left(\frac{3}{2}n, 0\right)$의 x좌표와 같고 직선 $y=\frac{1}{2}x$ 위의

점이므로

$$y=\frac{1}{2}\times\frac{3}{2}n=\frac{3}{4}n$$

$$\therefore C_n\left(\frac{3}{2}n, \frac{3}{4}n\right)$$

두 점 $A_{n+1}(n+1, 0)$, $C_{n+1}\left(\frac{3}{2}(n+1), \frac{3}{4}(n+1)\right)$을 지나는 직선

의 기울기는

$$\frac{\frac{3}{4}(n+1)-0}{\frac{3}{2}(n+1)-(n+1)}=\frac{3}{2}$$

이므로 직선 $A_{n+1}C_{n+1}$의 방정식은

$$y=\frac{3}{2}x-\frac{3}{2}(n+1) \text{ how? ❶} \quad \cdots\cdots ㉠$$

|2단계| 점 D_n의 좌표와 삼각형 $A_nB_nD_n$의 넓이 구하기

두 선분 B_nC_n, $A_{n+1}C_{n+1}$이 만나는 점이 D_n이므로

$x=\frac{3}{2}n$을 ㉠에 대입하면

$$y=\frac{3}{2}\times\frac{3}{2}n-\frac{3}{2}(n+1)=\frac{3(n-2)}{4}$$

$$\therefore D_n\left(\frac{3}{2}n, \frac{3(n-2)}{4}\right)$$

따라서 삼각형 $A_nB_nD_n$의 넓이 a_n은

$$a_n=\frac{1}{2}\times\overline{A_nB_n}\times\overline{B_nD_n}$$

$$=\frac{1}{2}\times\left(\frac{3}{2}n-n\right)\times\frac{3(n-2)}{4}$$

$$=\frac{3n(n-2)}{16} \text{ how? ❷}$$

|3단계| $\sum_{k=3}^{10}\frac{1}{a_k}$의 값 구하기

$$\therefore \sum_{k=3}^{10}\frac{1}{a_k}=\sum_{k=3}^{10}\frac{16}{3k(k-2)}$$

$$=\frac{8}{3}\sum_{k=3}^{10}\left(\frac{1}{k-2}-\frac{1}{k}\right)$$

$$=\frac{8}{3}\left\{\left(1-\frac{1}{3}\right)+\left(\frac{1}{2}-\frac{1}{4}\right)+\left(\frac{1}{3}-\frac{1}{5}\right)\right.$$

$$\left.+\cdots+\left(\frac{1}{7}-\frac{1}{9}\right)+\left(\frac{1}{8}-\frac{1}{10}\right)\right\}$$

$$=\frac{8}{3}\left(1+\frac{1}{2}-\frac{1}{9}-\frac{1}{10}\right)$$

$$=\frac{464}{135}$$

따라서 $p=135$, $q=464$이므로

$$p+q=135+464=599$$

해설특강 ✎

how? ❶ 두 점 A_{n+1}, C_{n+1}을 지나는 직선의 기울기와 점 A_{n+1}의 좌표를 이용하여 직선 $A_{n+1}C_{n+1}$의 방정식을 구할 수 있다.

how? ❷ $\overline{A_nB_n}$의 길이와 점 D_n의 y좌표를 이용하여 삼각형 $A_nB_nD_n$의 넓이를 n에 대한 식으로 나타낸다.

핵심개념 분수의 꼴로 주어진 수열의 합

분수의 꼴로 주어진 수열의 합은 부분분수로 변형하여 구한다.

(1) $\sum_{k=1}^{n}\frac{1}{k(k+1)}=\sum_{k=1}^{n}\left(\frac{1}{k}-\frac{1}{k+1}\right)$

(2) $\sum_{k=1}^{n}\frac{1}{(k+a)(k+b)}=\frac{1}{b-a}\sum_{k=1}^{n}\left(\frac{1}{k+a}-\frac{1}{k+b}\right)$

(3) $\sum_{k=1}^{n}\frac{1}{k(k+1)(k+2)}=\sum_{k=1}^{n}\frac{1}{2}\left\{\frac{1}{k(k+1)}-\frac{1}{(k+1)(k+2)}\right\}$

$$=\frac{1}{2}\sum_{k=1}^{n}\left\{\left(\frac{1}{k}-\frac{1}{k+1}\right)-\left(\frac{1}{k+1}-\frac{1}{k+2}\right)\right\}$$

$$=\frac{1}{2}\sum_{k=1}^{n}\left(\frac{1}{k}-\frac{2}{k+1}+\frac{1}{k+2}\right)$$

4

2007학년도 수능 나 16 [정답률 44%] 변형 |정답 ④

출제영역 $\sum$의 성질＋수열의 일반항＋무리함수＋이차부등식

무리함수의 그래프와 수열의 일반항, 수열의 합을 이용하여 각 명제의 참, 거짓을 판별할 수 있는지를 묻는 문제이다.

좌표평면에서 자연수 n에 대하여 A_n을 4개의 점
$$(n, 0), (n, 4), (-n, 4), (-n, 0)$$
을 꼭짓점으로 하는 직사각형이라 하고, 이 직사각형 A_n의 경계 및 내부의 점을 $P(x, y)$라 하자. y^2-x의 값 중 정수의 개수를 a_n❶ 이라 할 때, 〈보기〉에서 옳은 것만을 있는 대로 고른 것은?

┤ 보기 ├

ㄱ. $a_1=17$

ㄴ. $a_{n+3}-a_n=6$

ㄷ. $\sum_{k=1}^{m}a_k>280$을 만족시키는 자연수 m의 최솟값은 11이다.

① ㄱ   ② ㄴ   ③ ㄱ, ㄴ

✓④ ㄴ, ㄷ   ⑤ ㄱ, ㄴ, ㄷ

킬러코드 $y^2-x=k$ (k는 정수)로 놓고 무리함수의 그래프의 평행이동을 이용하여 a_n의 식 구하기

❶ 직사각형 A_n의 경계 및 내부의 점 $P(x, y)$ 중 y^2-x의 값이 정수인 점을 찾는다.

해설 |1단계| 무리함수의 그래프가 직사각형 A_n과 만나는 경우를 파악하여 y^2-x의 값의 범위 구하기

$y^2-x=k$ (k는 정수)로 놓으면

$y=\sqrt{x+k}$ ($\because y\geq0$) **why? ❶**

즉, 점 P는 곡선 $y=\sqrt{x+k}$ 위의 점이다.

곡선 $y=\sqrt{x+k}$는 곡선 $y=\sqrt{x}$를 x축의 방향으로 $-k$만큼 평행이동 한 것이고 직사각형 A_n과 교점이 생겨야 한다.

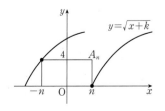

앞의 그림에서 k의 값은 곡선 $y=\sqrt{x+k}$가 점 $(n, 0)$을 지날 때 최소이고, 곡선 $y=\sqrt{x+k}$가 점 $(-n, 4)$를 지날 때 최대이다.

$\therefore -n \le k \le n+16$ how?❷

|2단계| 주어진 명제의 참, 거짓 판별하기

ㄱ. $n=1$일 때, $-1 \le k \le 17$을 만족시키는 정수 k는

$-1, 0, 1, \cdots, 17$의 19개이므로

$a_1=19$ (거짓)

ㄴ. $a_n=(n+16)-(-n)+1$

$\quad =2n+17$ why?❸

이므로

$a_{n+3}-a_n=2(n+3)+17-(2n+17)=6$ (참)

ㄷ. $\displaystyle\sum_{k=1}^{m} a_k = \sum_{k=1}^{m} (2k+17)$

$\qquad = 2 \times \dfrac{m(m+1)}{2} + 17m$

$\qquad = m^2 + 18m$

이므로 $m^2+18m>280$에서

$m^2+18m-280>0$

$(m+28)(m-10)>0$

$\therefore m<-28$ 또는 $m>10$

$m>0$이므로 $m>10$

즉, $\displaystyle\sum_{k=1}^{m} a_k > 280$을 만족시키는 자연수 m의 최솟값은 11이다. (참)

따라서 옳은 것은 ㄴ, ㄷ이다.

해설특강 ✎

why?❶ 점 P는 직사각형 A_n의 경계 및 내부의 점이므로 y좌표는 음수가 아님을 알 수 있다.

how?❷ 곡선 $y=\sqrt{x+k}$가 점 $(n, 0)$을 지날 때 $0=\sqrt{n+k}$에서 $k=-n$이고, 점 $(-n, 4)$를 지날 때 $4=\sqrt{-n+k}$에서 $k=n+16$임을 알 수 있다.

why?❸ 두 정수 a, b에 대하여 $a \le x \le b$일 때, 정수 x의 개수는

$b-a+1$

핵심개념 이차부등식의 해 (고등 수학)

$\alpha < \beta$일 때

(1) $(x-\alpha)(x-\beta)>0 \Longleftrightarrow x<\alpha$ 또는 $x>\beta$

(2) $(x-\alpha)(x-\beta)<0 \Longleftrightarrow \alpha<x<\beta$

출제영역 수열의 합＋원의 방정식＋점과 직선 사이의 거리

주어진 도형과 원이 적어도 한 점에서 만날 조건에서 점과 직선 사이의 거리를 이용하여 일반항을 구하고 수열의 합 구할 수 있는지를 묻는 문제이다.

자연수 n에 대하여 네 점

$\qquad (n, 0), (0, n), (-n, 0), (0, -n)$

을 꼭짓점으로 하는 정사각형을 T_n이라 하자.

원 $(x-3n)^2+(y-3n)^2=r^2$과 T_n이 적어도 한 점에서 만나도록 하는 양수 r의 최댓값을 a_n, 최솟값을 b_n이라 할 때,

$\displaystyle\sum_{k=1}^{7} \left(a_k + \dfrac{2}{5} b_k^2 \right)$의 값을 구하시오. 840
❷

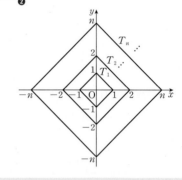

출제코드 주어진 조건을 만족시키는 원의 반지름의 길이의 최댓값과 최솟값 구하기

❶ 중심의 좌표가 $(3n, 3n)$, 반지름의 길이가 r인 원이다.

❷ a_n, b_n을 구한 후 자연수의 거듭제곱의 합을 이용하여 구한다.

해설 |1단계| 정사각형 T_n과 원이 적어도 한 점에서 만나는 상황을 좌표평면에 나타내기

원 $(x-3n)^2+(y-3n)^2=r^2$의 중심의 좌표는 $(3n, 3n)$, 반지름의 길이는 r이다.

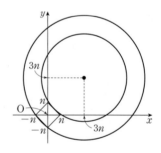

|2단계| a_n, b_n의 식 구하기

원이 정사각형 T_n과 적어도 한 점에서 만나기 위한 반지름의 길이 r의 최댓값은 원이 점 $(-n, 0)$ 또는 점 $(0, -n)$을 지날 때이므로

$a_n=\sqrt{(3n+n)^2+(3n)^2}$

$\quad =5n$ how?❶

또, 원이 정사각형 T_n과 적어도 한 점에서 만나기 위한 반지름의 길이 r의 최솟값은 원이 직선 $x+y=n$에 접할 때, 즉 반지름의 길이가 원의 중심 $(3n, 3n)$과 직선 $x+y-n=0$ 사이의 거리와 같을 때이므로

why?❷, ❸

$b_n=\dfrac{|3n+3n-n|}{\sqrt{1^2+1^2}}$

$\quad =\dfrac{5n}{\sqrt{2}}$

|3단계| $\sum\limits_{k=1}^{7}\left(a_k+\dfrac{2}{5}{b_k}^2\right)$의 값 구하기

$$\therefore \sum_{k=1}^{7}\left(a_k+\frac{2}{5}{b_k}^2\right)=\sum_{k=1}^{7}(5k+5k^2)$$
$$=5\times\frac{7\times8}{2}+5\times\frac{7\times8\times15}{6}$$
$$=140+700=840$$

해설특강

how? ❶ 두 점 사이의 거리 공식을 이용하여 a_n을 구할 수 있다.

why? ❷ 직선 $x+y=n$은 두 점 $(n, 0)$, $(0, n)$을 지나는 직선이다.

why? ❸ 원의 중심과 접점을 이은 선분은 접선과 수직으로 만나므로 반지름의 길이는 원의 중심과 접선 사이의 거리로 구할 수 있다.

6
| 정답 ③

출제영역 수열의 합

점의 평행이동을 이용하여 규칙에 따라 이동하는 점의 좌표를 구하고, 수열의 합을 이용하여 특정한 점이 될 때까지의 점의 개수를 구할 수 있는지를 묻는 문제이다.

자연수 n에 대하여 좌표평면 위의 점 $\mathrm{P}_n(x, y)$를 다음 규칙에 따라 점 P_{n+1}로 이동한다. **❶**

> [규칙1] $x+y$가 짝수이고 $y=1$이면 점 $\mathrm{P}_{n+1}(x+1, 1)$로 이동한다.
> [규칙2] $x+y$가 짝수이고 $y>1$이면 점 $\mathrm{P}_{n+1}(x+1, y-1)$로 이동한다.
> [규칙3] $x+y$가 홀수이고 $x=1$이면 점 $\mathrm{P}_{n+1}(1, y+1)$로 이동한다.
> [규칙4] $x+y$가 홀수이고 $x>1$이면 점 $\mathrm{P}_{n+1}(x-1, y+1)$로 이동한다.

점 $\mathrm{P}_1(1, 1)$일 때, $\mathrm{P}_k(8, 5)$이다. 자연수 k의 값은? **❶**

① 69　　　② 70　　　✓③ 71
④ 72　　　⑤ 73

출제코드 점의 평행이동을 이용하기

❶ 첫째항 P_1의 좌표가 주어져 있으므로 주어진 규칙에 따라 순서대로 평행이동한다. 이때 각 점의 위치가 어떤 규칙에 따라 놓이는지 파악한다.

해설 |1단계| 점 P_n의 좌표를 차례대로 나열해 보기

주어진 방법으로 점 $\mathrm{P}_1(1, 1)$을 차례대로 이동시키면

$\mathrm{P}_1(1, 1)$
$\rightarrow\mathrm{P}_2(2, 1)\rightarrow\mathrm{P}_3(1, 2)$
$\rightarrow\mathrm{P}_4(1, 3)\rightarrow\mathrm{P}_5(2, 2)\rightarrow\mathrm{P}_6(3, 1)$
$\rightarrow\mathrm{P}_7(4, 1)\rightarrow\mathrm{P}_8(3, 2)\rightarrow\cdots$

|2단계| 직선 $x+y=m$ $(m=2, 3, 4, \cdots)$ 위에 있는 점 P_n의 개수 구하기

따라서 점 $\mathrm{P}_n(x, y)$에 대하여
직선 $x+y=2$ 위의 점은 1개,
직선 $x+y=3$ 위의 점은 2개,
직선 $x+y=4$ 위의 점은 3개,
　　　　　⋮
직선 $x+y=12$ 위의 점은 11개

또, 직선 $x+y=13$ 위의 점 P_n의 좌표는 n의 값이 가장 작은 것부터 순서대로
$(12, 1)$, $(11, 2)$, $(10, 3)$, $(9, 4)$, $(8, 5)$, $(7, 6)$, $\cdots$ **why? ❶**

|3단계| 점 $(8, 5)$가 몇 번째 점인지 구하기

따라서 점 $(8, 5)$가 될 때까지 점 P_n의 개수는
$$(1+2+3+\cdots+11)+5=\sum_{k=1}^{11}k+5=\frac{11\times12}{2}+5=71$$

즉, 점 $(8, 5)$는 점 P_{71}이므로
$k=71$

해설특강

why? ❶ 점 P_n을 좌표평면 위에 나타내면 오른쪽 그림과 같다.
이때 자연수 a에 대하여 점 P_n의 x좌표는 $x+y=2a+1$일 때 n의 값이 커질수록 작아지고, $x+y=2a$일 때 n의 값이 커질수록 커짐을 알 수 있다.
따라서 직선 $x+y=13$ 위의 점 P_n의 x좌표는 n의 값이 커질수록 작아진다.

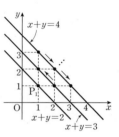

06-3 수열의 귀납적 정의 및 수학적 귀납법

1등급 완성 3단계 문제연습
　　　　　　　　　　　　　　　　본문 46~49쪽

1 ②	**2** ①	**3** 6	**4** 21
5 ⑤	**6** ①	**7** ③	**8** 31

1
2021학년도 수능 가 21 [정답률 47%]　　| 정답 ②

출제영역 수열의 귀납적 정의

귀납적으로 정의된 수열을 추론하여 특정한 두 항 사이의 비의 값을 구할 수 있는지를 묻는 문제이다.

수열 $\{a_n\}$은 $0<a_1<1$이고, 모든 자연수 n에 대하여 다음 조건을 만족시킨다.

> (가) $a_{2n}=a_2\times a_n+1$
> (나) $a_{2n+1}=a_2\times a_n-2$

$a_8-a_{15}=63$일 때, $\dfrac{a_8}{a_1}$의 값은? **❶** **❷**

① 91　　　✓② 92　　　③ 93
④ 94　　　⑤ 95

출제코드 귀납적으로 정의된 수열과 주어진 조건을 이용하여 두 항 a_1, a_8 사이의 비의 값 구하기

❶ 두 항 a_8, a_{15}를 a_2에 대한 식으로 나타낸다.

❷ a_2의 값을 구하여 $\dfrac{a_8}{a_1}$의 값을 구한다.

조건 ㈎에서 $n=2$를 대입하면

$a_4=a_2\times a_2+1$

또, $n=4$를 대입하면

$a_8=a_2\times a_4+1$

$\quad=a_2\times(a_2\times a_2+1)+1$

$\quad=a_2{}^3+a_2+1$

|2단계| a_{15}를 a_2에 대한 식으로 나타내기

조건 ㈏에서 $n=3$을 대입하면

$a_7=a_2\times a_3-2$

또, $n=7$을 대입하면

$a_{15}=a_2\times a_7-2$

$\quad\quad=a_2\times(a_2\times a_3-2)-2$

$\quad\quad=a_2{}^2\times a_3-2a_2-2$ $\quad$ …… ㉠

이때 조건 ㈎에서 $n=1$을 대입하면

$a_2=a_2\times a_1+1$ $\quad$ …… ㉡

조건 ㈏에서 $n=1$을 대입하면

$a_3=a_2\times a_1-2$ $\quad$ …… ㉢

㉡−㉢을 하면

$a_2-a_3=3$

$\therefore a_3=a_2-3$

이를 ㉠에 대입하면

$a_{15}=a_2{}^2\times(a_2-3)-2a_2-2$

$\quad\quad=a_2{}^3-3a_2{}^2-2a_2-2$

|3단계| a_2의 값 구하기

$a_8-a_{15}=(a_2{}^3+a_2+1)-(a_2{}^3-3a_2{}^2-2a_2-2)$

$\quad\quad\quad=3a_2{}^2+3a_2+3$

이때 $a_8-a_{15}=63$이므로

$3a_2{}^2+3a_2+3=63$

$3a_2{}^2+3a_2-60=0$

$a_2{}^2+a_2-20=0$

$(a_2+5)(a_2-4)=0$

$\therefore a_2=-5$ 또는 $a_2=4$

(ⅰ) $a_2=-5$일 때

㉡에서

$-5=-5a_1+1$, $5a_1=6$

$\therefore a_1=\dfrac{6}{5}$

이때 $0<a_1<1$을 만족시키지 않는다.

(ⅱ) $a_2=4$일 때

㉡에서

$4=4a_1+1$, $4a_1=3$

$\therefore a_1=\dfrac{3}{4}$

(ⅰ), (ⅱ)에 의하여 $a_1=\dfrac{3}{4}$, $a_2=4$

|4단계| $\dfrac{a_8}{a_1}$의 값 구하기

$a_8=a_2{}^3+a_2+1=4^3+4+1=69$

$\therefore \dfrac{a_8}{a_1}=\dfrac{69}{\dfrac{3}{4}}=92$

---

2 2022학년도 9월 평가원 공통 15 [정답률 31%] $\quad$ |정답 ①

출제영역 수열의 귀납적 정의

귀납적으로 정의된 수열을 추론하여 첫째항을 구할 수 있는지를 묻는 문제이다.

수열 $\{a_n\}$은 $|a_1|\leq 1$이고, 모든 자연수 n에 대하여

$$a_{n+1}=\begin{cases}-2a_n-2 & \left(-1\leq a_n<-\dfrac{1}{2}\right)\\[2mm] 2a_n & \left(-\dfrac{1}{2}\leq a_n\leq\dfrac{1}{2}\right)\\[2mm] -2a_n+2 & \left(\dfrac{1}{2}<a_n\leq 1\right)\end{cases}$$

을 만족시킨다. $a_5+a_6=0$❶이고 $\displaystyle\sum_{k=1}^{5}a_k>0$❷이 되도록 하는 모든 a_1의 값의 합은?

✓① $\dfrac{9}{2}$ $\qquad$ ② 5 $\qquad$ ③ $\dfrac{11}{2}$

④ 6 $\qquad$ ⑤ $\dfrac{13}{2}$

출제코드 귀납적으로 정의된 수열을 이용하여 조건을 만족시키는 수열의 첫째항 구하기

❶ $a_6=-a_5$임을 이용하여 a_5의 값을 구한다.

❷ 주어진 수열에서 조건 $\displaystyle\sum_{k=1}^{5}a_k>0$을 만족시키는 항들을 추론하며 a_1의 값을 구한다.

해설 |1단계| a_5의 값 구하기

$a_5+a_6=0$에서 $a_6=-a_5$

(ⅰ) $-1\leq a_5<-\dfrac{1}{2}$일 때

$a_6=-2a_5-2=-a_5$에서 $a_5=-2$

이때 $-1\leq a_5<-\dfrac{1}{2}$을 만족시키지 않는다.

(ⅱ) $-\dfrac{1}{2}\leq a_5\leq\dfrac{1}{2}$일 때

$a_6=2a_5=-a_5$에서 $a_5=0$

(ⅲ) $\dfrac{1}{2}<a_5\leq 1$일 때

$a_6=-2a_5+2=-a_5$에서 $a_5=2$

이때 $\dfrac{1}{2}<a_5\leq 1$을 만족시키지 않는다.

(ⅰ), (ⅱ), (ⅲ)에 의하여 $a_5=0$

|2단계| a_4의 값에 따라 경우를 나누어 조건을 만족시키는 a_1의 값 구하기

주어진 수열을 변형하면

$$a_n = \begin{cases} -\frac{1}{2}a_{n+1}-1 & \left(-1 \le a_n < -\frac{1}{2}\right) \\ \frac{1}{2}a_{n+1} & \left(-\frac{1}{2} \le a_n \le \frac{1}{2}\right) \\ -\frac{1}{2}a_{n+1}+1 & \left(\frac{1}{2} < a_n \le 1\right) \end{cases}$$

$a_5=0$이므로 위의 수열에 $n=4$를 대입하여 가능한 a_4의 값을 구하면

$a_4=-1$ 또는 $a_4=0$ 또는 $a_4=1$ **how?❶**

(ⅳ) $a_4=-1$일 때

 $a_3<0$, $a_2<0$, $a_1<0$이므로 조건을 만족시키지 않는다. **why?❷**

(ⅴ) $a_4=0$일 때

 $a_3=-1$ 또는 $a_3=0$ 또는 $a_3=1$

 ㉠ $a_3=-1$일 때, $a_2<0$, $a_1<0$이므로 조건을 만족시키지 않는다.

 ㉡ $a_3=0$일 때, $a_2=-1$ 또는 $a_2=0$ 또는 $a_2=1$

  $a_2=-1$일 때, $a_1=-\frac{1}{2}$이므로 조건을 만족시키지 않는다.

  $a_2=0$일 때, 조건을 만족시키는 a_1의 값은 $a_1=1$

  $a_2=1$일 때, 조건을 만족시키는 a_1의 값은 $a_1=\frac{1}{2}$

 ㉢ $a_3=1$일 때, $a_2=\frac{1}{2}$이므로 조건을 만족시키는 a_1의 값은

  $a_1=\frac{1}{4}$ 또는 $a_1=\frac{3}{4}$

(ⅵ) $a_4=1$일 때, $a_3=\frac{1}{2}$이므로

 $a_2=\frac{1}{4}$ 또는 $a_2=\frac{3}{4}$

 ㉠ $a_2=\frac{1}{4}$일 때, 조건을 만족시키는 a_1의 값은 $a_1=\frac{1}{8}$ 또는 $a_1=\frac{7}{8}$

 ㉡ $a_2=\frac{3}{4}$일 때, 조건을 만족시키는 a_1의 값은 $a_1=\frac{3}{8}$ 또는 $a_1=\frac{5}{8}$

(ⅳ)~(ⅵ)에 의하여 모든 a_1의 값의 합은

$$1+\frac{1}{2}+\left(\frac{1}{4}+\frac{3}{4}\right)+\left(\frac{1}{8}+\frac{7}{8}\right)+\left(\frac{3}{8}+\frac{5}{8}\right)=\frac{9}{2}$$

해설 특강 ✏

how?❶ 변형한 수열에 $n=4$를 대입하면

$$a_4 = \begin{cases} -\frac{1}{2}a_5-1 & \left(-1 \le a_4 < -\frac{1}{2}\right) \\ \frac{1}{2}a_5 & \left(-\frac{1}{2} \le a_4 \le \frac{1}{2}\right) \\ -\frac{1}{2}a_5+1 & \left(\frac{1}{2} < a_4 \le 1\right) \end{cases}$$

 이때 $a_5=0$이므로

 $a_4=-1$ 또는 $a_4=0$ 또는 $a_4=1$

why?❷ $\sum\limits_{k=1}^{5} a_k = a_1+a_2+a_3+a_4+a_5 < 0$이므로 조건을 만족시키지 않는다.

출제영역 수열의 귀납적 정의

주어진 도형에서 이동하는 경로의 수를 파악하여 a_n과 a_{n+1} 사이의 관계식을 찾을 수 있는지를 묻는 문제이다.

> 그림과 같이 모두 합동인 정사각형의 대각선이 일직선 위에 놓이도록 한 꼭짓점을 공유하며 이어 붙인 도형이 있다. 자연수 n에 대하여 점 A_1에서 점 A_{n+1}로 선을 따라 이동할 때, 한 번 지난 점은 다시 지나지 않도록 이동하는 경로의 수를 a_n이라 하자. ❶
>
> $\dfrac{a_{2n}}{a_{n+4}}=81$일 때, 자연수 n의 값을 구하시오.   6
>
>

출제코드 수열의 귀납적 정의를 이용하기

❶ 도형의 각 점에 이름을 붙인 후 한 번 지난 점은 다시 지나지 않도록 이동하는 경로의 수를 살펴본다. 이때 반복되는 기본 도형에서 경로의 수를 구해 보는 것이 실마리가 된다.

해설 **|1단계|** $n=1$일 때 경로의 수 구하기

오른쪽 그림과 같이 첫 번째 정사각형에서 A_1, A_2 이외의 점을 B, C, D라 하면 점 A_1에서 점 A_2로 선을 따라 이동할 때, 한 번 지난 점은 다시 지나지 않도록 이동하는 경로는

A_1BA_2, A_1BCA_2, A_1BCDA_2, A_1CA_2, A_1CBA_2, A_1CDA_2, A_1DA_2, A_1DCA_2, A_1DCBA_2

의 9개이므로 $a_1=9$

|2단계| a_n과 a_{n+1} 사이의 관계식 구하기

또, 점 A_1에서 점 A_{n+1}로 선을 따라 이동할 때, 한 번 지난 점은 다시 지나지 않도록 이동하는 경로의 수가 a_n이고 점 A_{n+1}에서 점 A_{n+2}까지 한 번 지난 점은 다시 지나지 않도록 이동하는 경로의 수는 9이므로 점 A_1에서 점 A_{n+2}로 이동할 때 한 번 지난 점은 다시 지나지 않도록 이동하는 경로의 수 a_{n+1}은

$$a_{n+1}=a_n \times 9 = 9a_n$$

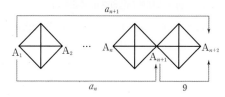

|3단계| a_n을 구한 후 $\dfrac{a_{2n}}{a_{n+4}}=81$을 만족시키는 n의 값 구하기

$a_1=9$, $a_{n+1}=9a_n$이므로

$$a_n=9\times 9^{n-1}=9^n$$

따라서 $\dfrac{a_{2n}}{a_{n+4}}=\dfrac{9^{2n}}{9^{n+4}}=9^{n-4}=3^{2n-8}$이므로

$\dfrac{a_{2n}}{a_{n+4}}=81$에서

$$3^{2n-8}=3^4$$

$$2n-8=4$$

$$\therefore n=6$$

---

4 2018학년도 6월 평가원 나 29 [정답률 35%] 변형 　　|정답 **21**

출제영역 **수열의 귀납적 정의**

귀납적으로 정의된 수열의 일반항을 추론할 수 있는지를 묻는 문제이다.

두 수열 $\{a_n\}$, $\{b_n\}$은

$a_1=b_1$

이고, 모든 자연수 n에 대하여

$2a_{n+1}=a_n+a_{n+2}$ ❶

$b_{n+1}=b_n+(-1)^n a_{n+1}$ ❷

이다. $b_{20}=b_{21}$일 때, $\dfrac{b_{21}}{b_{19}}=\dfrac{q}{p}$이다. ❸ $p+q$의 값을 구하시오. (단, 수열 $\{a_n\}$의 모든 항은 서로 다르고, p와 q는 서로소인 자연수이다.) 21

출제코드 귀납적으로 정의된 수열의 규칙을 찾고, 주어진 조건을 이용하여 특정한 두 항 사이의 비의 값 구하기

❶ 수열 $\{a_n\}$은 등차수열이다.

❷ n에 1, 2, 3, $\cdots$을 차례대로 대입하여 수열 $\{b_n\}$의 규칙을 찾는다.

❸ $b_{20}=b_{21}$임을 이용하여 수열 $\{a_n\}$의 첫째항 a_1과 공차 d 사이의 관계식을 구하고, b_{19}, b_{21}을 a_1, d에 대한 식으로 나타낸다.

해설 | **1단계** 수열 $\{a_n\}$의 일반항 구하기

$2a_{n+1}=a_n+a_{n+2}$에서 수열 $\{a_n\}$은 등차수열이므로 공차를 d로 놓으면

$a_n=a_1+(n-1)d$

이때 $a_{n+1}\neq a_n$이므로 $d\neq 0$이다.

2단계 $n=1, 2, 3, \cdots$을 차례대로 대입하여 b_n 추론하기

$a_1=b_1$, $b_{n+1}=b_n+(-1)^n a_{n+1}$이므로 $n=1, 2, 3, \cdots$을 차례대로 대입하면

$b_1=a_1$

$b_2=b_1-a_2=a_1-a_2=-d$

$b_3=b_2+a_3=-d+(a_1+2d)=a_1+d$

$b_4=b_3-a_4=(a_1+d)-(a_1+3d)=-2d$

$b_5=b_4+a_5=-2d+(a_1+4d)=a_1+2d$

$b_6=b_5-a_6=(a_1+2d)-(a_1+5d)=-3d$

$\vdots$

$\therefore \begin{cases} b_{2k-1}=a_1+(k-1)d \\ b_{2k}=-kd \end{cases}$ (k는 자연수) **why?** ❶

3단계 $b_{20}=b_{21}$을 이용하여 $\dfrac{b_{21}}{b_{19}}$의 값 구하기

$b_{20}=-10d$, $b_{21}=a_1+10d$이므로 $b_{20}=b_{21}$에서

$-10d=a_1+10d$ 　　$\therefore a_1=-20d$

$\therefore \dfrac{b_{21}}{b_{19}}=\dfrac{a_1+10d}{a_1+9d}=\dfrac{-20d+10d}{-20d+9d}=\dfrac{10}{11}$

따라서 $p=11$, $q=10$이므로

$p+q=11+10=21$

참고 $b_{21}=b_{20}+(-1)^{20}a_{21}$이고 $b_{20}=b_{21}$이므로

$b_{20}=b_{20}+(-1)^{20}a_{21}$에서 $a_{21}=0$

이때 $a_{21}=a_1+20d=0$에서 $a_1=-20d$임을 구할 수도 있다.

해설특강 ✏️

why? ❶ 수열 $b_1, b_3, b_5, \cdots$는 첫째항이 a_1, 공차가 d인 등차수열이므로

$b_{2k-1}=a_1+(k-1)d$

수열 $b_2, b_4, b_6, \cdots$은 첫째항이 $-d$, 공차가 $-d$인 등차수열이므로

$b_{2k}=-d+(k-1)\times(-d)=-kd$

---

5 2021학년도 9월 평가원 나 21 [정답률 30%] 변형 　　|정답 **⑤**

출제영역 **수열의 귀납적 정의**

귀납적으로 정의된 수열의 규칙성을 이용하여 특정한 항의 값의 합을 구할 수 있는지를 묻는 문제이다.

수열 $\{a_n\}$은 모든 자연수 n에 대하여

$a_{n+2}=\begin{cases} a_{n+1}-a_n & (a_n \leq a_{n+1}) \\ a_n-2a_{n+1} & (a_n > a_{n+1}) \end{cases}$ ❶

을 만족시킨다. $a_2=3$, $a_4=1$이 되도록 하는 모든 a_1의 값의 합은?

① 14　　　② 15　　　③ 16

④ 17　　✓⑤ 18

출제코드 $a_1 \leq a_2$, $a_1 > a_2$일 때 각각의 a_1의 값 구하기

❶ $a_n \leq a_{n+1}$, $a_n > a_{n+1}$일 때로 경우를 나누어 생각한다.

해설 | **1단계** $a_1 \leq a_2$일 때 a_1의 값 구하기

(i) $a_1 \leq a_2$, 즉 $a_1 \leq 3$일 때

$a_3=a_2-a_1=3-a_1$

㉠ $a_2 \leq a_3$일 때

$3 \leq 3-a_1$이므로 $a_1 \leq 0$

$a_4=a_3-a_2=(3-a_1)-3=-a_1=1$

$\therefore a_1=-1$

㉡ $a_2 > a_3$일 때

$3 > 3-a_1$이므로 $a_1 > 0$

$a_4=a_2-2a_3=3-2(3-a_1)=-3+2a_1=1$

$\therefore a_1=2$

2단계 $a_1 > a_2$일 때 a_1의 값 구하기

(ii) $a_1 > a_2$, 즉 $a_1 > 3$일 때

$a_3=a_1-2a_2=a_1-6$

㉠ $a_2 \leq a_3$일 때

$3 \leq a_1-6$이므로 $a_1 \geq 9$

$a_4=a_3-a_2=(a_1-6)-3=a_1-9=1$

$\therefore a_1=10$

ⓛ $a_2 > a_3$일 때

$3 > a_1 - 6$이므로 $a_1 < 9$

$a_4 = a_2 - 2a_3 = 3 - 2(a_1 - 6) = 15 - 2a_1 = 1$

$\therefore a_1 = 7$

|3단계| 모든 a_1의 값의 합 구하기

(i), (ii)에 의하여 $a_1 = -1$ 또는 $a_1 = 2$ 또는 $a_1 = 7$ 또는 $a_1 = 10$

따라서 모든 a_1의 값의 합은

$-1 + 2 + 7 + 10 = 18$

---

6 2017년 6월 교육청 고2 나 17 [정답률 58%] 변형 |정답 ①

출제영역 수학적 귀납법

수학적 귀납법을 이용하여 부등식으로 주어진 수열에 대한 명제를 증명할 수 있는지를 묻는 문제이다.

다음은 모든 자연수 n에 대하여 부등식

$$\left\{ \frac{1}{2} + \frac{1}{12} + \frac{1}{30} + \cdots + \frac{1}{(2n-1) \times 2n} \right\}(1 + 2 + 3 + \cdots + 2n) < 2n^2$$

$$\cdots\cdots (*)$$

이 성립함을 수학적 귀납법을 이용하여 증명한 것이다.

┌─ 증명 ─┐

주어진 식 $(*)$의 양변을 $n(2n+1)$로 나누면

$$\frac{1}{2} + \frac{1}{12} + \frac{1}{30} + \cdots + \frac{1}{(2n-1) \times 2n} < \frac{2n}{2n+1} \quad \cdots\cdots \text{㉠}$$

이다. 모든 자연수 n에 대하여

(i) $n = 1$일 때,

(좌변)$= \boxed{\text{㉮}}$❶, (우변)$= \frac{2}{3}$이므로 ㉠이 성립한다.

(ii) $n = k$일 때, ㉠이 성립한다고 가정하면

$$\frac{1}{2} + \frac{1}{12} + \frac{1}{30} + \cdots + \frac{1}{(2k-1) \times 2k} < \frac{2k}{2k+1} \quad \cdots\cdots \text{㉡}$$

이다. ㉡의 양변에 $\frac{1}{(2k+1) \times 2(k+1)}$을 더하면

$$\frac{1}{2} + \frac{1}{12} + \frac{1}{30} + \cdots + \frac{1}{(2k-1) \times 2k} + \frac{1}{(2k+1) \times 2(k+1)}$$

$$< \frac{2k+1}{2k+2}$$

이 성립한다. 한편,

$$\boxed{\frac{2k+1}{2k+2} - \boxed{\text{㉯}} = -\frac{1}{(2k+2)(2k+3)} < 0}$$❷

이다. 따라서 $n = k+1$일 때도 ㉠이 성립한다.

(i), (ii)에 의하여 모든 자연수 n에 대하여 ㉠이 성립하므로 $(*)$도 성립한다.

└─────────┘

위의 ㉮에 알맞은 수를 p, ㉯에 알맞은 식을 $f(k)$라 할 때, $30p \times f(6)$의 값은?❸

✓① 14   ② 16   ③ 18

④ 20   ⑤ 22

출제코드 증명 과정에서 빈칸의 앞뒤의 관계를 파악하여 빈칸에 알맞은 수나 식 구하기

❶ ㉠의 좌변에 $n = 1$을 대입하여 ㉮에 알맞은 수를 구한다.

❷ $n = k+1$일 때도 성립함을 증명하기 위한 과정임을 생각하여 ㉯에 알맞은 식을 구한다.

❸ ❶, ❷를 이용하여 $30p \times f(6)$의 값을 구한다.

해설 **|1단계|** ㉠의 좌변에 $n = 1$을 대입하여 ㉮에 알맞은 수 구하기

주어진 식 $(*)$의 양변을 $n(2n+1)$로 나누면 **why?❶**

$$\frac{1}{2} + \frac{1}{12} + \frac{1}{30} + \cdots + \frac{1}{(2n-1) \times 2n} < \frac{2n}{2n+1} \quad \cdots\cdots \text{㉠}$$

이다. 모든 자연수 n에 대하여

(i) $n = 1$일 때,

(좌변)$= \boxed{\frac{1}{2}}$, (우변)$= \frac{2}{3}$이고 $\frac{1}{2} < \frac{2}{3}$이므로 ㉠이 성립한다.

|2단계| ㉯에 알맞은 식 구하기

(ii) $n = k$일 때, ㉠이 성립한다고 가정하면

$$\frac{1}{2} + \frac{1}{12} + \frac{1}{30} + \cdots + \frac{1}{(2k-1) \times 2k} < \frac{2k}{2k+1} \quad \cdots\cdots \text{㉡}$$

이다. ㉡의 양변에 $\frac{1}{(2k+1) \times 2(k+1)}$을 더하면

$$\frac{1}{2} + \frac{1}{12} + \frac{1}{30} + \cdots + \frac{1}{(2k-1) \times 2k} + \frac{1}{(2k+1) \times 2(k+1)}$$

$$< \frac{2k}{2k+1} + \frac{1}{(2k+1) \times 2(k+1)}$$

$$= \frac{2k \times 2(k+1) + 1}{(2k+1) \times 2(k+1)} = \frac{4k^2 + 4k + 1}{(2k+1) \times 2(k+1)}$$

$$= \frac{(2k+1)^2}{(2k+1) \times 2(k+1)} = \frac{2k+1}{2k+2}$$

이 성립한다. 한편,

$$\frac{2k+1}{2k+2} - \boxed{\frac{2k+2}{2k+3}} = \frac{(2k+1)(2k+3) - (2k+2)(2k+2)}{(2k+2)(2k+3)}$$

$$= -\frac{1}{(2k+2)(2k+3)} < 0$$이므로 **why?❷**

$$\frac{2k+1}{2k+2} < \frac{2k+2}{2k+3}$$

$$\therefore \frac{1}{2} + \frac{1}{12} + \frac{1}{30} + \cdots + \frac{1}{(2k-1) \times 2k} + \frac{1}{(2k+1) \times 2(k+1)}$$

$$< \frac{2k+1}{2k+2}$$

$$< \frac{2k+2}{2k+3} = \frac{2(k+1)}{2(k+1) + 1}$$

이다. 따라서 $n = k+1$일 때도 ㉠이 성립한다.

(i), (ii)에 의하여 모든 자연수 n에 대하여 ㉠이 성립하므로 $(*)$도 성립한다.

|3단계| p의 값과 $f(k)$를 구한 후 $30p \times f(6)$의 값 구하기

따라서 $p = \frac{1}{2}$, $f(k) = \frac{2k+2}{2k+3}$이므로

$$30p \times f(6) = 30 \times \frac{1}{2} \times \frac{14}{15} = 14$$

해설특강 ✎

why?❶ 주어진 식 $(*)$에서

$$1 + 2 + 3 + \cdots + 2n = \frac{2n(2n+1)}{2} = n(2n+1)$$

이므로 양변을 $n(2n+1)$로 나누어 간단히 한 것이다.

why?❷ $n = k+1$일 때 ㉠의 우변은 $\frac{2(k+1)}{2(k+1) + 1} = \frac{2k+2}{2k+3}$이므로

$\frac{2k+1}{2k+2} < \frac{2k+2}{2k+3}$임을 증명하기 위하여 $\frac{2k+1}{2k+2} - \frac{2k+2}{2k+3}$의 값의 부호를 조사한 것이다.

06-3. 수열의 귀납적 정의 및 수학적 귀납법   **61**

출제영역 수열의 귀납적 정의＋거듭제곱근

귀납적으로 정의된 수열의 규칙성을 이용하여 각 항의 거듭제곱근 중 음의 실수가 존재하도록 하는 조건을 찾을 수 있는지를 묻는 문제이다.

수열 $\{a_n\}$은 모든 자연수 n에 대하여

$$a_{n+1}=\begin{cases} a_n-2 & (a_n\geq 0) \\ a_n+3 & (a_n<0) \end{cases}$$

을 만족시키고, $a_1\geq 0$, $a_3=-1$이다. $1<m\leq 20$인 자연수 m에 대하여 a_m의 m제곱근 중 음의 실수가 존재하는 m의 개수는?

① 5 　　　　② 6 　　　　✓③ 7
④ 8 　　　　⑤ 9

출제코드 귀납적으로 정의된 수열의 규칙성 찾기

❶ $a_2\geq 0$, $a_2<0$일 때로 경우를 나누어 생각한다.
❷ m이 짝수, 홀수일 때로 경우를 나누어 생각한다.

해설 |1단계| a_2의 값에 따른 a_1의 값 구하기

(i) $a_2\geq 0$일 때

$a_3=a_2-2$에서

$-1=a_2-2$

$\therefore a_2=1$

이때 $a_1\geq 0$이므로 $a_2=a_1-2$에서

$1=a_1-2$

$\therefore a_1=3$

(ii) $a_2<0$일 때

$a_3=a_2+3$에서

$-1=a_2+3$

$\therefore a_2=-4$

이때 $a_1\geq 0$이므로 $a_2=a_1-2$에서

$-4=a_1-2$

$\therefore a_1=-2$

그런데 $a_1\geq 0$이어야 하므로 조건을 만족시키지 않는다.

(i), (ii)에 의하여

$a_1=3$, $a_2=1$

|2단계| 수열 $\{a_n\}$의 규칙 찾기

한편,

$a_2=1$,

$a_3=-1$,

$a_4=a_3+3=-1+3=2$,

$a_5=a_4-2=2-2=0$,

$a_6=a_5-2=0-2=-2$,

$a_7=a_6+3=-2+3=1$,

$a_8=a_7-2=1-2=-1$,

$\vdots$

이므로 $n\geq 2$일 때, $a_{n+5}=a_n$

|3단계| a_m의 m제곱근 중 음의 실수가 존재하는 m의 개수 찾기

$1<m\leq 20$인 자연수 m에 대하여 a_m의 m제곱근 중 음의 실수가 존

재하려면 m이 짝수일 때 $a_m>0$, m이 3 이상의 홀수일 때 $a_m<0$이어야 한다.
$\underbrace{}_{a_2=1,\ a_4=2,\ a_{12}=1,\ a_{14}=2}$ 　　$\underbrace{}_{a_3=-1,\ a_{11}=-2,\ a_{13}=-1}$

따라서 m의 값은 2, 3, 4, 11, 12, 13, 14의 7개이다.

8

출제영역 수열의 귀납적 정의

귀납적으로 정의된 수열의 일반항을 추론하고 수열의 합을 구할 수 있는지를 묻는 문제이다.

두 수열 $\{a_n\}$, $\{b_n\}$은

$$a_1=\frac{1}{2},\ b_1=k$$

이고, 모든 자연수 n에 대하여

$$a_{n+1}=\frac{1}{1-a_n},$$　❶

$$b_{n+1}=\begin{cases} b_n+a_n & (a_n\text{이 정수일 때}) \\ b_n+2a_n & (a_n\text{이 정수가 아닐 때}) \end{cases}$$　❷

이다. $\displaystyle\sum_{i=1}^{20}b_i=150$일 때, $k=\dfrac{q}{p}$이다. $p+q$의 값을 구하시오. **31**
　❸　　　　　　　　　　　　　　　　　　　(단, p와 q는 서로소인 자연수이다.)

킬러코드 수열 $\{a_n\}$의 규칙을 찾고, 이를 이용하여 수열 $\{b_n\}$의 일반항 추론하기

❶ $n=1, 2, 3, \cdots$을 차례대로 대입하여 수열 $\{a_n\}$의 규칙을 찾는다.
❷ $n=1, 2, 3, \cdots$을 차례대로 대입하여 수열 $\{b_n\}$의 일반항을 추론한다.
❸ ❷를 이용하여 $\displaystyle\sum_{i=1}^{20}b_i$의 값을 k에 대한 식으로 나타내면 주어진 값을 이용하여 k의 값을 구할 수 있다.

해설 |1단계| 수열 $\{a_n\}$의 규칙 찾기

$a_1=\dfrac{1}{2}$, $a_{n+1}=\dfrac{1}{1-a_n}$이므로 $n=1, 2, 3, \cdots$을 차례대로 대입하면

$$a_2=\frac{1}{1-a_1}=\frac{1}{1-\frac{1}{2}}=2$$

$$a_3=\frac{1}{1-a_2}=\frac{1}{1-2}=-1$$

$$a_4=\frac{1}{1-a_3}=\frac{1}{1-(-1)}=\frac{1}{2}$$

$$a_5=\frac{1}{1-a_4}=\frac{1}{1-\frac{1}{2}}=2$$

$\vdots$

이므로 수열 $\{a_n\}$은

$$\{a_n\}:\frac{1}{2}, 2, -1, \frac{1}{2}, 2, -1, \frac{1}{2}, \cdots$$

|2단계| 수열 $\{b_n\}$의 일반항 추론하기

$b_1=k$, $b_{n+1}=\begin{cases} b_n+a_n & (a_n\text{이 정수일 때}) \\ b_n+2a_n & (a_n\text{이 정수가 아닐 때}) \end{cases}$

이므로 $n=1, 2, 3, \cdots$을 차례대로 대입하면

$b_2=b_1+2a_1=k+2\times\dfrac{1}{2}=k+1$

$b_3=b_2+a_2=(k+1)+2=k+3$

$b_4=b_3+a_3=(k+3)+(-1)=k+2$

$b_5=b_4+2a_4=(k+2)+2\times\dfrac{1}{2}=k+3$

$b_6=b_5+a_5=(k+3)+2=k+5$

$b_7=b_6+a_6=(k+5)+(-1)=k+4$

$b_8=b_7+2a_7=(k+4)+2\times\dfrac{1}{2}=k+5$

$b_9=b_8+a_8=(k+5)+2=k+7$

$\vdots$

따라서 $b_1=k$, $b_2=k+1$, $b_3=k+3$이고 모든 자연수 n에 대하여 $b_{n+3}=b_n+2$이다. **why?❶**

|3단계| $\sum\limits_{i=1}^{20} b_i$의 값을 k에 대한 식으로 나타내기

$c_m=b_{3m-2}+b_{3m-1}+b_{3m}$ (m은 자연수)으로 놓으면 **why?❷**

$c_1=b_1+b_2+b_3=3k+4$이고

$c_{m+1}=b_{3m+1}+b_{3m+2}+b_{3m+3}$

$\quad\quad=(b_{3m-2}+2)+(b_{3m-1}+2)+(b_{3m}+2)$

$\quad\quad=c_m+6$

이므로 수열 $\{c_m\}$은 첫째항이 $3k+4$이고 공차가 6인 등차수열이다.

$b_{21}=b_{3\times7}=b_3+(7-1)\times2=(k+3)+12=k+15$이므로

$\sum\limits_{i=1}^{20}b_i=\sum\limits_{i=1}^{21}b_i-b_{21}=\sum\limits_{j=1}^{7}c_j-b_{21}$

$\quad\quad=\dfrac{7\{2(3k+4)+(7-1)\times6\}}{2}-(k+15)$ ┌─ 첫째항이 $3k+4$, 공차가 6인 등차수열의 첫째항부터 제7항까지의 합

$\quad\quad=20k+139$

|4단계| k의 값을 구하여 $p+q$의 값 구하기

$\sum\limits_{i=1}^{20}b_i=150$이므로 $20k+139=150$에서 $k=\dfrac{11}{20}$

따라서 $p=20$, $q=11$이므로

$p+q=20+11=31$

해설 특강 ✎

why?❶ 수열 b_1, b_4, b_7, $\cdots$은 공차가 2인 등차수열, 수열 b_2, b_5, b_8, $\cdots$은 공차가 2인 등차수열, 수열 b_3, b_6, b_9, $\cdots$는 공차가 2인 등차수열이다.

why?❷ 세 수열 $\{b_{3m-2}\}$, $\{b_{3m-1}\}$, $\{b_{3m}\}$ (m은 자연수)은 첫째항은 다르지만 모두 공차가 2인 등차수열이므로 수열 $\{b_n\}$의 합 $\sum\limits_{i=1}^{20}b_i$의 값을 구할 때는 b_{3m-2}, b_{3m-1}, b_{3m} (m은 자연수)의 세 항씩 묶어서 계산하면 편리하다.

핵심 개념 등차수열

(1) 등차수열의 일반항

첫째항이 a, 공차가 d인 등차수열의 일반항 a_n은

$a_n=a+(n-1)d$ ($n=1, 2, 3, \cdots$)

(2) 등차수열의 합

등차수열의 첫째항부터 제n항까지의 합을 S_n이라 하면

① 첫째항이 a, 제n항이 l일 때, $S_n=\dfrac{n(a+l)}{2}$

② 첫째항이 a, 공차가 d일 때, $S_n=\dfrac{n\{2a+(n-1)d\}}{2}$

1회 • 고난도 미니 모의고사
본문 52~54쪽

1 ①	2 ⑤	3 100	4 ①	5 101	6 ①

1 정답 ①

(ⅰ) m이 홀수, n이 홀수일 때

mn은 홀수이므로 ← (홀수)×(홀수)=(홀수)

$f(mn)=\log_3 mn=\log_3 m+\log_3 n$

$f(m)+f(n)=\log_3 m+\log_3 n$

따라서 m, n이 모두 홀수일 때는 $f(mn)=f(m)+f(n)$이 항상 성립하므로 순서쌍 (m, n)의 개수는

$\underline{10\times10}=100$ ┌─ 20 이하의 자연수 중 홀수는 1, 3, 5, $\cdots$, 19의 10개이다.

(ⅱ) m이 홀수, n이 짝수일 때

mn은 짝수이므로 ← (홀수)×(짝수)=(짝수)

$f(mn)=\log_2 mn=\log_2 m+\log_2 n$

$f(m)+f(n)=\log_3 m+\log_2 n$

$f(mn)=f(m)+f(n)$이려면 $\log_2 m=\log_3 m$이어야 하므로

$m=1$

따라서 순서쌍 (m, n)의 개수는

$1\times10=10$ ┌─ 20 이하의 자연수 중 짝수는 2, 4, 6, $\cdots$, 20의 10개이다.

(ⅲ) m이 짝수, n이 홀수일 때

mn은 짝수이므로 ← (짝수)×(홀수)=(짝수)

$f(mn)=\log_2 mn=\log_2 m+\log_2 n$

$f(m)+f(n)=\log_2 m+\log_3 n$

$f(mn)=f(m)+f(n)$이려면 $\log_2 n=\log_3 n$이어야 하므로

$n=1$

따라서 순서쌍 (m, n)의 개수는

$10\times1=10$

(ⅳ) m이 짝수, n이 짝수일 때

mn은 짝수이므로 ← (짝수)×(짝수)=(짝수)

$f(mn)=\log_2 mn=\log_2 m+\log_2 n$

$f(m)+f(n)=\log_2 m+\log_2 n$

따라서 m, n이 모두 짝수일 때는 $f(mn)=f(m)+f(n)$이 항상 성립하므로 순서쌍 (m, n)의 개수는

$10\times10=100$

(ⅰ)~(ⅳ)에 의하여 순서쌍 (m, n)의 개수는

$100+10+10+100=220$

2 정답 ⑤

ㄱ. A_4는 $2^a=\dfrac{4}{b}$, 즉 $4=2^a\times b$인 자연수 a, b의 순서쌍 (a, b)를 원소로 갖는 집합이다.

이때 $4=2^1 \times 2$, $4=2^2 \times 1$이므로

$A_4 = \{(1, 2), (2, 1)\}$ (참)

ㄴ. $m = 2^k$일 때, $A_m = A_{2^k}$

A_m은 $2^a = \dfrac{2^k}{b}$, 즉 $2^k = 2^a \times b$인 자연수 a, b의 순서쌍 (a, b)를 원소로 갖는 집합이므로

$A_m = \{(1, 2^{k-1}), (2, 2^{k-2}), (3, 2^{k-3}), \cdots, (k, 2^0)\}$

$\therefore n(A_m) = k$ (참)

ㄷ. A_m은 $2^a = \dfrac{m}{b}$, 즉 $m = 2^a \times b$인 자연수 a, b의 순서쌍 (a, b)를 원소로 갖는 집합이다.

이때 $n(A_m) = 1$이 되기 위해서는 $m = 2^a \times b$가 자연수가 되도록 하는 자연수 a가 오직 하나만 존재해야 한다.

만약 $a \geq 2$이면 $m = 2^a \times b = 2^{a-1} \times 2b = \cdots = 2^1 \times 2^{a-1}b$이므로

$\{(a, b), (a-1, 2b), \cdots, (1, 2^{a-1}b)\} \subset A_m$

즉, $n(A_m) \geq a$이므로 $n(A_m) \geq 2$

따라서 $a = 1$이고 b는 홀수이어야 한다.

즉, $m = 2 \times (홀수)$ 꼴이어야 한다.

두 자리 자연수 중 $2 \times (홀수)$ 꼴인 자연수는

$2 \times 5, 2 \times 7, 2 \times 9, \cdots, 2 \times 49$

이므로 $n(A_m) = 1$이 되도록 하는 두 자리 자연수 m의 개수는 5 이상 49 이하인 홀수의 개수와 같다. $\left\lfloor \dfrac{49-5}{2} + 1 = 23 \right.$

즉, 조건을 만족시키는 두 자리 자연수 m의 개수는 23이다. (참)

따라서 ㄱ, ㄴ, ㄷ 모두 옳다.

3 정답 100

두 해안 도로를 각각 l, m, 두 해안 도로가 만나는 지점을 O, 배의 위치를 P라 하고 수영하는 사람이 두 해안 도로 l, m을 거치는 지점을 각각 A, B라 하자.

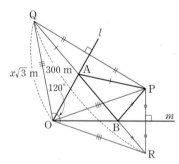

위의 그림과 같이 점 P를 두 직선 l, m에 대하여 대칭이동한 점을 각각 Q, R라 하면

$\angle QOA = \angle POA$, $\angle ROB = \angle POB$

$\therefore \angle QOR = \angle QOA + \angle POA + \angle POB + \angle ROB$

$\qquad = 2\angle POA + 2\angle POB$

$\qquad = 2(\angle POA + \angle POB)$

$\qquad = 2\angle AOB$

$\qquad = 2 \times 60° = 120°$

또, $\overline{PA} = \overline{QA}$, $\overline{PB} = \overline{RB}$이고,

$\overline{OP} = \overline{OQ} = \overline{OR} = x\sqrt{3}$ (m)

즉, 수영 코스의 길이는

$\overline{PA} + \overline{AB} + \overline{PB} = \overline{QA} + \overline{AB} + \overline{RB}$

$\qquad\qquad\qquad\quad \geq \overline{QR}$

$\qquad\qquad\qquad\quad = 300 \,(\text{m})$

따라서 삼각형 OQR에서 코사인법칙에 의하여

$300^2 = (x\sqrt{3})^2 + (x\sqrt{3})^2 - 2 \times x\sqrt{3} \times x\sqrt{3} \times \cos 120°$

$90000 = 3x^2 + 3x^2 - 6x^2 \times \left(-\dfrac{1}{2}\right)$

$90000 = 9x^2$, $x^2 = 10000$

$\therefore x = 100 \,(\because x > 0)$

4 정답 ①

등차수열 $\{a_n\}$의 첫째항을 a, 공차를 d $(d > 0)$라 하면

$a_n = a + (n-1)d$ $(n = 1, 2, 3, \cdots)$

조건 ㈎에서 $a_6 + a_{12} = 18$이므로

$(a+5d) + (a+11d) = 18$

$\therefore a + 8d = 9$ ...... ㉠

조건 ㈏에서 $|a_8| = a_7 + a_9 + a_{11}$이므로

$|a+7d| = (a+6d) + (a+8d) + (a+10d)$

$\qquad\quad = 3a + 24d = 3(a+8d)$

$\qquad\quad = 3 \times 9 = 27$ $(\because ㉠)$

(i) $a + 7d = 27$인 경우

㉠에서 $a = 9 - 8d$이므로

$a + 7d = (9-8d) + 7d = 27$

$\therefore d = -18$

이때 d는 양수가 아니므로 조건을 만족시키지 않는다.

(ii) $a + 7d = -27$인 경우

㉠에서 $a = 9 - 8d$이므로

$a + 7d = (9-8d) + 7d = -27$

$\therefore d = 36$

$d = 36$을 $a = 9 - 8d$에 대입하면

$a = 9 - 8 \times 36 = -279$

(i), (ii)에 의하여 $a = -279$, $d = 36$이므로

$a_5 = a + 4d = -279 + 4 \times 36 = -135$

다른 풀이 $\{a_n\}$은 등차수열이므로 조건 ㈎에서

$a_6 + a_{12} = 2a_9$

$18 = 2a_9$ $\therefore a_9 = 9$

조건 ㈏에서

$a_7 + a_9 + a_{11} = (a_7 + a_{11}) + a_9 = 2a_9 + a_9$

$\qquad\qquad\qquad = 3a_9 = 3 \times 9 = 27$

$\therefore |a_8| = 27$

그런데 수열 $\{a_n\}$의 공차가 양수이므로 $a_8 < a_9$

$\therefore a_8 = -27$

수열 $\{a_n\}$의 공차를 d라 하면

$d = a_9 - a_8 = 9 - (-27) = 36$

$\therefore a_5 = a_9 - 4d = 9 - 4 \times 36 = -135$

5 정답 101

$\overline{P_nP_{n+1}}=a_n$으로 놓으면 규칙 (나)에서 $a_1=1$이고, 규칙 (다)에서

$$a_n=\frac{n-1}{n+1}a_{n-1} \ (n=2, 3, 4, \cdots) \qquad \cdots\cdots \ㄱ$$

㉠에 $n=2, 3, 4, \cdots, n$을 차례대로 대입하면

$$a_2=\frac{1}{3}a_1$$

$$a_3=\frac{2}{4}a_2$$

$$a_4=\frac{3}{5}a_3$$

$$\vdots$$

$$a_n=\frac{n-1}{n+1}a_{n-1}$$

각 변끼리 곱하면

$$a_n=a_1\times\frac{1}{3}\times\frac{2}{4}\times\frac{3}{5}\times\cdots\times\frac{n-2}{n}\times\frac{n-1}{n+1}$$

$$=\frac{2}{n(n+1)} \ (\because a_1=1)$$

따라서 $S_n=\frac{1}{2}a_n=\frac{1}{n(n+1)}$이므로

$$S_1+S_2+S_3+\cdots+S_{50}$$

$$=\sum_{k=1}^{50}S_k$$

$$=\sum_{k=1}^{50}\frac{1}{k(k+1)}$$

$$=\sum_{k=1}^{50}\left(\frac{1}{k}-\frac{1}{k+1}\right)$$

$$=\left(\frac{1}{1}-\frac{1}{2}\right)+\left(\frac{1}{2}-\frac{1}{3}\right)+\left(\frac{1}{3}-\frac{1}{4}\right)+\cdots+\left(\frac{1}{49}-\frac{1}{50}\right)+\left(\frac{1}{50}-\frac{1}{51}\right)$$

$$=1-\frac{1}{51}$$

$$=\frac{50}{51}$$

따라서 $p=51$, $q=50$이므로

$$p+q=51+50=101$$

6 정답 ①

두 점 $B(1, 0)$과 $C(2^m, m)$을 지나는 직선의 방정식은

$$y=\frac{m}{2^m-1}(x-1)$$

이 직선 위의 점 D의 x좌표는 2^n이므로 점 D의 좌표는

$$\left(2^n, \frac{m(2^n-1)}{2^m-1}\right)$$

조건 (나)에서 삼각형 ABD의 넓이는 $\frac{m}{2}$보다 작거나 같으므로

$$\frac{1}{2}\times(2^n-1)\times\frac{m(2^n-1)}{2^m-1}\le\frac{m}{2}$$

$$\frac{(2^n-1)^2}{2^m-1}\le1$$

$$(2^n-1)^2\le2^m-1$$

$$\therefore (2^n-1)^2+1\le2^m$$

$n=1$일 때, $2\le2^m$에서 $a_1=1 \ \leftarrow m\ge1$

$n=2$일 때, $10\le2^m$에서 $a_2=4 \ \leftarrow 2^3=8, \ 2^4=16$이므로 $m\ge4$

$n=3$일 때, $50\le2^m$에서 $a_3=6 \ \leftarrow 2^5=32, \ 2^6=64$이므로 $m\ge6$

$n=4$일 때, $226\le2^m$에서 $a_4=8 \ \leftarrow 2^7=128, \ 2^8=256$이므로 $m\ge8$

$$\vdots$$

즉, $a_1=1$, $a_n=2n \ (n\ge2)$이므로

$$\sum_{n=1}^{10}a_n=1+\sum_{n=2}^{10}2n=1+\sum_{n=1}^{10}2n-2$$

$$=\sum_{n=1}^{10}2n-1=2\times\frac{10\times11}{2}-1=109$$

1 정답 ③

세 점 $P(x_1, y_1)$, $Q(x_2, y_2)$, $R(x_3, y_3)$을 좌표평면 위에 나타내면 다음 그림과 같다.

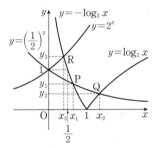

ㄱ. $|\log_2 x|=\begin{cases} \log_2 x & (x\ge1) \\ -\log_2 x & (0<x<1) \end{cases}$

위의 그림에서 $y=1$일 때, $y=-\log_2 x$의 x좌표는

$$1=-\log_2 x$$

$$\log_2 x=-1 \qquad \therefore x=\frac{1}{2}$$

곡선 $y=|\log_2 x|$ 위의 두 점 $\left(\frac{1}{2}, 1\right)$, $P(x_1, y_1)$의 위치를 비교하면 $y_1<1$이므로

$$-\log_2 x_1<1$$

$$\log_2 x_1>-1 \qquad \therefore x_1>\frac{1}{2}$$

$$\therefore \frac{1}{2}<x_1<1 \ (참)$$

ㄴ. 두 함수 $y=2^x$과 $y=\log_2 x$는 서로 역함수 관계이므로 그 그래프는 직선 $y=x$에 대하여 대칭이고, 두 함수 $y=\left(\frac{1}{2}\right)^x$과 $y=-\log_2 x$도 서로 역함수 관계이므로 그 그래프는 직선 $y=x$에 대하여 대칭이다. 점 Q는 두 곡선 $y=\log_2 x$, $y=\left(\frac{1}{2}\right)^x$의 교점이고, 점 R는 두 곡선 $y=2^x$, $y=-\log_2 x$의 교점이므로 두 점 Q, R는 직선 $y=x$에 대하여 대칭이다.

따라서 $x_2=y_3$, $y_2=x_3$이므로

$x_2 y_2 - x_3 y_3 = x_2 x_3 - x_3 x_2 = 0$ (참)

ㄷ.

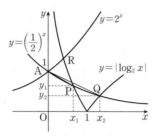

위의 그림과 같이 점 $\mathrm{A}(0, 1)$이라 하면

(직선 AP의 기울기) $=\dfrac{y_1-1}{x_1}$, (직선 AQ의 기울기) $=\dfrac{y_2-1}{x_2}$

$\therefore \dfrac{y_1-1}{x_1} < \dfrac{y_2-1}{x_2}$

이때 점 $\mathrm{P}(x_1, y_1)$은 직선 $y=x$ 위의 점이므로 $y_1=x_1$에서

$\dfrac{x_1-1}{y_1} < \dfrac{y_2-1}{x_2}$

그런데 $y_1>0$, $x_2>0$이므로

$x_2(x_1-1) < y_1(y_2-1)$ (거짓)

따라서 옳은 것은 ㄱ, ㄴ이다.

2 정답 15

함수 $y=a^{-x+4}=a^{-(x-4)}$의 그래프는 함수 $y=a^x$의 그래프를 y축에 대하여 대칭이동한 후 x축의 방향으로 4만큼 평행이동한 것이므로 이 그래프는 a의 값에 관계없이 항상 점 $(4, 1)$을 지난다.

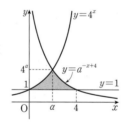

따라서 두 곡선 $y=4^x$, $y=a^{-x+4}$과 직선 $y=1$로 둘러싸인 영역은 위의 그림의 어두운 부분(경계선 포함)과 같다.

두 곡선 $y=4^x$, $y=a^{-x+4}$의 교점을 $\mathrm{P}(\alpha, 4^\alpha)$이라 하면

$4^\alpha = a^{-\alpha+4}$

양변에 상용로그를 취하면

$\log 4^\alpha = \log a^{-\alpha+4}$

$\alpha \log 4 = (-\alpha+4)\log a$

$\alpha(\log 4 + \log a) = 4\log a$

$\alpha \log 4a = 4\log a$

$\therefore \alpha = \dfrac{4\log a}{\log 4a}$

(i) $1 \leq a < 2$일 때

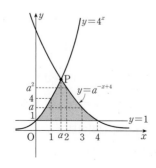

$1 \leq \dfrac{4\log a}{\log 4a} < 2$에서

$\log 4a \leq 4\log a < 2\log 4a \ (\because a>1)$

$\log 4 + \log a \leq 4\log a < 2\log 4 + 2\log a$

$\begin{cases} \log 4 + \log a \leq 4\log a \\ 4\log a < 2\log 4 + 2\log a \end{cases} \Longleftrightarrow \begin{cases} 3\log a \geq \log 4 \\ 2\log a < 2\log 4 \end{cases}$

$\Longleftrightarrow \begin{cases} \log a^3 \geq \log 4 \\ \log a < \log 4 \end{cases}$

$\Longleftrightarrow \begin{cases} a^3 \geq 4 \\ a < 4 \end{cases}$

$\therefore \sqrt[3]{4} \leq a < 4$

a는 자연수이므로

$a=2$ 또는 $a=3$ ...... ㉠

이때 두 곡선과 직선 $y=1$로 둘러싸인 영역의 내부 또는 그 경계에서 x좌표가 0, 1, 2, 3인 점의 개수의 합은

$1+4+a^2+a+1 = a^2+a+6$

$\therefore 20 \leq a^2+a+6 \leq 40$ ...... ㉡

따라서 ㉠, ㉡을 모두 만족시키는 자연수 a는 존재하지 않는다.

(ii) $2 \leq a < 3$일 때

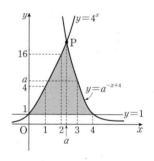

$2 \leq \dfrac{4\log a}{\log 4a} < 3$에서

$2\log 4a \leq 4\log a < 3\log 4a \ (\because a>1)$

$2\log 4 + 2\log a \leq 4\log a < 3\log 4 + 3\log a$

$\begin{cases} 2\log 4 + 2\log a \leq 4\log a \\ 4\log a < 3\log 4 + 3\log a \end{cases} \Longleftrightarrow \begin{cases} 2\log a \geq 2\log 4 \\ \log a < 3\log 4 \end{cases}$

$\Longleftrightarrow \begin{cases} \log a \geq \log 4 \\ \log a < \log 4^3 \end{cases}$

$\Longleftrightarrow \begin{cases} a \geq 4 \\ a < 4^3 \end{cases}$

$\therefore 4 \leq a < 64$ ...... ㉢

이때 두 곡선과 직선 $y=1$로 둘러싸인 영역의 내부 또는 그 경계에서 x좌표가 0, 1, 2, 3, 4인 점의 개수의 합은

$1+4+16+a+1 = a+22$

즉, $20 \leq a+22 \leq 40$이어야 하므로

$-2 \leq a \leq 18$ ...... ㉣

따라서 ㉢, ㉣을 모두 만족시키는 a의 값의 범위는 $4 \leq a \leq 18$이므로 자연수 a는 4, 5, 6, $\cdots$, 18의 15개이다.

(iii) $3 \leq a < 4$일 때

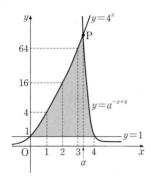

두 곡선과 직선 $y=1$로 둘러싸인 영역의 내부 또는 그 경계에서 x 좌표가 0, 1, 2, 3, 4인 점의 개수의 합은

$1+4+16+64+1=86$

이므로 점의 개수가 a의 값에 관계없이 40보다 많다.

따라서 조건을 만족시키지 않는다.

(i), (ii), (iii)에 의하여 구하는 자연수 a의 개수는 15이다.

3 정답 9

함수 $y=\sin x$의 주기는 2π

함수 $y=\sin(nx)$의 주기는 $\dfrac{2\pi}{n}$

두 함수 $y=\sin x$, $y=\sin 3x$의 주기는 각각 2π, $\dfrac{2\pi}{3}$

$0 \leq x \leq \pi$에서 두 곡선 $y=\sin x$, $y=\sin 3x$를 좌표평면에 나타내면 다음 그림과 같다.

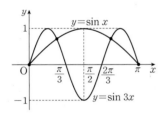

즉, $0 \leq x \leq \pi$에서 두 곡선 $y=\sin x$, $y=\sin 3x$의 교점의 개수가 4 이므로 $a_3=4$

두 함수 $y=\sin x$, $y=\sin 5x$의 주기는 각각 2π, $\dfrac{2\pi}{5}$

$0 \leq x \leq \pi$에서 두 곡선 $y=\sin x$, $y=\sin 5x$를 좌표평면에 나타내면 다음 그림과 같다.

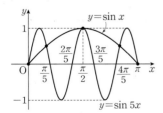

즉, $0 \leq x \leq \pi$에서 두 곡선 $y=\sin x$, $y=\sin 5x$의 교점의 개수가 5 이므로 $a_5=5$

$\therefore a_3+a_5=4+5=9$

4 정답 31

$a_m=3$이면 $\dfrac{m}{3^k}$이 자연수가 되게 하는 음이 아닌 정수 k의 최댓값이 3 이므로 $\dfrac{m}{3^3}$은 자연수이고, $\dfrac{m}{3^4}$은 자연수가 아니다.

$\therefore m=3^3 \times a$ (단, a는 3의 배수가 아닌 자연수)

이때 1, 2, 4, 5, 7, 8은 3의 배수가 아니므로

$a_m=a_{2m}=a_{4m}=a_{5m}=a_{7m}=a_{8m}=3$

$m=3^3 \times a$에서

$3m=3^4 \times a$, $6m=3^4 \times 2a$

이므로 $a_{3m}=a_{6m}=4$

$m=3^3 \times a$에서

$9m=3^5 \times a$

이므로 $a_{9m}=5$

$\therefore a_m+a_{2m}+a_{3m}+\cdots+a_{9m}=3\times6+4\times2+5$
$$=18+8+5=31$$

5 정답 96

조건 ㈎에서

$\displaystyle\sum_{k=1}^{5}(a_k+b_k)$

$=(a_1+b_1)+(a_2+b_2)+(a_3+b_3)+(a_4+b_4)+(a_5+b_5)$

$=4$ ...... ㉠

조건 ㈏에서

$\displaystyle\sum_{k=1}^{5}(a_k+|b_k|)$

$=(a_1+|b_1|)+(a_2+|b_2|)+(a_3+|b_3|)+(a_4+|b_4|)$
$$+(a_5+|b_5|)$$

$=(a_1-b_1)+(a_2+b_2)+(a_3-b_3)+(a_4+b_4)+(a_5-b_5)$

$=46$ ...... ㉡ — 첫째항과 공비가 음수이므로
$b_1<0$, $b_3<0$, $b_5<0$, $b_2>0$, $b_4>0$

$a_n=a_1+(n-1)d$ (a_1은 자연수, d는 음의 정수),

$b_n=b_1r^{n-1}$ (b_1, r는 음의 정수)라 하자.

㉠-㉡에서

$2b_1+2b_3+2b_5=-42$

$b_1+b_3+b_5=-21$

$b_1+b_1r^2+b_1r^4=-21$

$b_1(1+r^2+r^4)=-21$

이때 b_1, r는 모두 음의 정수이므로

$b_1=-1$ 또는 $b_1=-3$ 또는 $b_1=-7$ 또는 $b_1=-21$

(i) $b_1=-1$일 때

$1+r^2+r^4=21$

$r^4+r^2-20=0$, $(r^2+5)(r^2-4)=0$

$r^2+5>0$이므로 $r^2-4=0$에서 $r=-2$ ($\because r<0$)

(ii) $b_1=-3$일 때

$1+r^2+r^4=7$

$r^4+r^2-6=0$, $(r^2+3)(r^2-2)=0$

이를 만족시키는 음의 정수 r는 존재하지 않는다.

(iii) $b_1=-7$일 때

$1+r^2+r^4=3$

$r^4+r^2-2=0$, $(r^2+2)(r^2-1)=0$

$r^2+2>0$이므로 $r^2-1=0$에서 $r=-1$ $(\because r<0)$

(iv) $b_1=-21$일 때

$1+r^2+r^4=1$

$r^4+r^2=0$, $r^2(r^2+1)=0$

이를 만족시키는 음의 정수 r는 존재하지 않는다.

(i)~(iv)에 의하여

$b_n=-(-2)^{n-1}$ 또는 $b_n=-7\times(-1)^{n-1}$

(v) $b_n=-(-2)^{n-1}$일 때

$\displaystyle\sum_{k=1}^{5}a_k=4-\sum_{k=1}^{5}b_k$

$\qquad=4-\dfrac{-\{1-(-2)^5\}}{1-(-2)}$

$\qquad=15$

$\dfrac{5(2a_1+4d)}{2}=15$, $a_1+2d=3$

$\therefore a_3=3$

(vi) $b_n=-7\times(-1)^{n-1}$일 때

$\displaystyle\sum_{k=1}^{5}a_k=4-\sum_{k=1}^{5}b_k$

$\qquad=4-\dfrac{-7\times\{1-(-1)^5\}}{1-(-1)}$

$\qquad=11$

$\dfrac{5(2a_1+4d)}{2}=11$, $a_1+2d=\dfrac{11}{5}$

이를 만족시키는 자연수 a_1, 음의 정수 d는 존재하지 않는다.

(v), (vi)에 의하여

$a_3=3$, $b_n=-(-2)^{n-1}$

$\therefore a_3b_6=3\times32=96$

6 정답 ⑤

주어진 식에 $n=1, 2, 3, \cdots$을 차례대로 대입하면

$a_2=a_1+(-1)^1\times2=a-2$

$a_3=a_2+(-1)^2\times2=(a-2)+2=a$

$a_4=a_3+1=a+1$

$a_5=a_4+(-1)^4\times2=(a+1)+2=a+3$

$a_6=a_5+(-1)^5\times2=(a+3)-2=a+1$

$a_7=a_6+1=(a+1)+1=a+2$

$\vdots$ ┌ $a_1=a$, $a_4=a+1$, $a_7=a+2$, $\cdots$이므로 a_1에서부터
　 └ 항이 3씩 건너뛸 때마다 상수항이 1씩 늘어난다.

이므로 $a_1=a$, $a_{3k+1}=a+k$ (k는 자연수)

$a_{13}=a_{3\times4+1}=a+4$

$a_{14}=a_{13}+(-1)^{13}\times2=(a+4)-2=a+2$

$a_{15}=a_{14}+(-1)^{14}\times2=(a+2)+2=a+4$

따라서 $a+4=43$이므로 $a=39$

1 정답 ③

두 점 P, Q는 곡선 $y=\log_a x$ 위에 있으므로 $P(p, \log_a p)$,

$Q(q, \log_a q)$ $(p>q)$로 놓자.

선분 PQ의 중점이 원의 중심 $\left(\dfrac{5}{4}, 0\right)$이므로

$\dfrac{p+q}{2}=\dfrac{5}{4}$, $\dfrac{\log_a p+\log_a q}{2}=0$

$\therefore p+q=\dfrac{5}{2}$, $pq=1$ ┌ $\log_a p+\log_a q=0$, $\log_a pq=0$
　　　　　　　　　　　　　└ $\therefore pq=a^0=1$

p, q를 두 실근으로 갖는 t에 대한 이차방정식은

$t^2-\dfrac{5}{2}t+1=0$, $2t^2-5t+2=0$

$(2t-1)(t-2)=0$

$\therefore t=\dfrac{1}{2}$ 또는 $t=2$

이때 $p>q$이므로

$p=2$, $q=\dfrac{1}{2}$

즉, $P(2, \log_a 2)$, $Q\left(\dfrac{1}{2}, -\log_a 2\right)$이고, 선분 PQ의 길이가 원의 지

름의 길이 $\dfrac{\sqrt{13}}{2}$과 같으므로

$\sqrt{\left(\dfrac{1}{2}-2\right)^2+(-\log_a 2-\log_a 2)^2}=\dfrac{\sqrt{13}}{2}$

$\dfrac{9}{4}+4(\log_a 2)^2=\dfrac{13}{4}$

$(\log_a 2)^2=\dfrac{1}{4}$

이때 $a>1$에서 $\log_a 2>0$이므로

$\log_a 2=\dfrac{1}{2}$

$a^{\frac{1}{2}}=2$　　$\therefore a=4$

2 정답 75

조건 ㈎에서 $3^a=5^b=k^c=d$ $(d>1)$로 놓으면

$3^a=d$에서 $a=\log_3 d$ $\qquad\cdots\cdots$ ㉠

$5^b=d$에서 $b=\log_5 d$ $\qquad\cdots\cdots$ ㉡

$k^c=d$에서 $c=\log_k d$ $\qquad\cdots\cdots$ ㉢

조건 ㈏에서

$\log c=\log 2ab-\log(2a+b)=\log\dfrac{2ab}{2a+b}$

즉, $c=\dfrac{2ab}{2a+b}$이므로

$c(2a+b)=2ab$

㉠, ㉡, ㉢을 위의 식에 대입하면

$\log_k d\times(2\log_3 d+\log_5 d)=2\log_3 d\times\log_5 d$

$$\frac{1}{\log_d k} \times \left(\frac{2}{\log_d 3} + \frac{1}{\log_d 5} \right) = \frac{2}{\log_d 3} \times \frac{1}{\log_d 5}$$

$$\frac{1}{\log_d k} \times \frac{2\log_d 5 + \log_d 3}{\log_d 3 \times \log_d 5} = \frac{2}{\log_d 3 \times \log_d 5}$$

즉, $2\log_d 5 + \log_d 3 = 2\log_d k$에서

$$\log_d 5^2 + \log_d 3 = \log_d k^2$$

$$\log_d 75 = \log_d k^2$$

$$\therefore k^2 = 75$$

3 정답 ②

(i) $m > 0$인 경우

n의 값에 관계없이 m의 n제곱근 중에서 실수인 것이 존재한다.

따라서 $m > 0$인 순서쌍 (m, n)의 개수는 $_{10}C_2 = \boxed{45}$이다.

(ii) $m < 0$인 경우

n이 홀수이면 m의 n제곱근 중에서 실수인 것이 항상 존재한다.
한편, n이 짝수이면 m의 n제곱근 중에서 실수인 것은 존재하지 않는다.

$n=3$일 때, $m=-1$ 또는 $m=-2$이므로 순서쌍 (m, n)의 개수는 2이다.

$n=5$일 때, $m=-1$ 또는 $m=-2$ 또는 $m=-3$ 또는 $m=-4$이므로 순서쌍 (m, n)의 개수는 4이다.

$n=7$일 때, $m=-1$ 또는 $m=-2$ 또는 $\cdots$ 또는 $m=-6$이므로 순서쌍 (m, n)의 개수는 6이다.

$n=9$일 때, $m=-1$ 또는 $m=-2$ 또는 $\cdots$ 또는 $m=-8$이므로 순서쌍 (m, n)의 개수는 8이다.

따라서 $m < 0$인 순서쌍 (m, n)의 개수는
$2+4+6+8 = \boxed{20}$이다.

(i), (ii)에 의하여 m의 n제곱근 중에서 실수인 것이 존재하도록 하는 순서쌍 (m, n)의 개수는 $\boxed{45} + \boxed{20}$이다.

즉, $p=45$, $q=20$이므로

$$p+q = 45+20 = 65$$

핵심 개념 실수인 거듭제곱근

실수 a와 2 이상의 자연수 n에 대하여 a의 n제곱근 중 실수인 것은 다음과 같다.

	$a > 0$	$a = 0$	$a < 0$
n이 홀수	$\sqrt[n]{a}$ (1개)	0 (1개)	$\sqrt[n]{a}$ (1개)
n이 짝수	$\sqrt[n]{a}, -\sqrt[n]{a}$ (2개)	0 (1개)	없다.

4 정답 ⑤

조건 ㈎에서 함수 $y=f(x)$는 주기가 π인 함수이다.

조건 ㈏에서 함수 $y=\sin 4x$의 주기는 $\dfrac{2\pi}{4} = \dfrac{\pi}{2}$

조건 ㈐에서 함수 $y=-\sin 4x$의 주기는 $\dfrac{2\pi}{4} = \dfrac{\pi}{2}$

따라서 함수 $y=f(x)$의 그래프와 직선 $y=\dfrac{x}{\pi}$는 다음 그림과 같다.

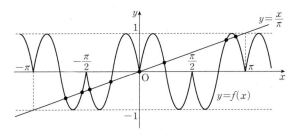

직선 $y=\dfrac{x}{\pi}$는 두 점 $(-\pi, -1)$, $(\pi, 1)$을 지나므로 위의 그림과 같이 함수 $y=f(x)$의 그래프와 직선 $y=\dfrac{x}{\pi}$가 만나는 점은 8개이다.

5 정답 ①

점 A의 좌표를 $(-a, 0)$ $(a > 0)$이라 하고, 직선 AB의 기울기를 m $(m > 0)$이라 하면 점 B의 좌표는 $(0, am)$이다.

$\overline{AB} \perp \overline{BC}$이므로 직선 BC의 기울기는 $-\dfrac{1}{m}$이고, 점 $B(0, am)$을 지나므로 직선 BC의 방정식은

$$y = -\frac{1}{m}x + am$$

점 C는 직선 BC와 x축이 만나는 점이므로 $C(am^2, 0)$이다.

마찬가지로 하면 점 D의 좌표는 $(0, -am^3)$, 점 E의 좌표는 $(-am^4, 0)$이다.

$\overline{AO}$, $\overline{OC}$, $\overline{EA}$의 길이가 이 순서대로 등차수열을 이루므로

$$2\overline{OC} = \overline{AO} + \overline{EA} = \overline{OE}$$

$$2am^2 = am^4$$

$$m^2(m^2 - 2) = 0 \ (\because a > 0)$$

$$\therefore m = \sqrt{2} \ (\because m > 0)$$

따라서 직선 AB의 기울기는 $\sqrt{2}$이다.

6 정답 ②

등비수열 $\{a_n\}$의 공비를 r $(r \neq 0$인 정수$)$라 하면 조건 ㈎에서

$$2r^2 \leq 4 - 2r, \ r^2 + r - 2 \leq 0$$

$$(r+2)(r-1) \leq 0$$

$$\therefore -2 \leq r \leq 1$$

이때 r는 $r \neq 0$인 정수이므로

$r=-2$ 또는 $r=-1$ 또는 $r=1$

조건 ㈏에서 $\displaystyle\sum_{k=1}^{m} a_{2k} = \sum_{k=1}^{2m+1} a_k - 42$이므로

$$a_2 + a_4 + \cdots + a_{2m-2} + a_{2m} = a_1 + a_2 + \cdots + a_{2m} + a_{2m+1} - 42$$

$$\therefore a_1 + a_3 + a_5 + \cdots + a_{2m+1} = 42 \qquad \cdots\cdots \ \text{㉠}$$

(i) $r=-2$일 때

$a_n=2\times(-2)^{n-1}$이므로 ㉠에서

$a_1+a_3+a_5+\cdots+a_{2m+1}=\dfrac{2(4^{m+1}-1)}{4-1}=\dfrac{2(4^{m+1}-1)}{3}=42$

$4^{m+1}=64=4^3$

$\therefore m=2$

(ii) $r=-1$일 때

$a_n=2\times(-1)^{n-1}$이므로 ㉠에서

$a_1+a_3+a_5+\cdots+a_{2m+1}=2+2+2+\cdots+2=2(m+1)=42$

$\therefore m=20$

(iii) $r=1$일 때

$a_n=2\times1^{n-1}=2$이므로 ㉠에서

$a_1+a_3+a_5+\cdots+a_{2m+1}=2+2+2+\cdots+2=2(m+1)=42$

$\therefore m=20$

(i), (ii), (iii)에 의하여 자연수 m의 최솟값은 2이다.

따라서 $m=2$일 때, 등비수열 $\{a_n\}$의 일반항은

$a_n=2\times(-2)^{n-1}$

$\therefore a_m+a_{m+1}+a_{m+2}=a_2+a_3+a_4$

$\qquad\qquad\qquad\quad=2\times(-2)+2\times(-2)^2+2\times(-2)^3$

$\qquad\qquad\qquad\quad=-4+8-16=-12$

4회 · 고난도 미니 모의고사

본문 61~63쪽

1 ③	2 86	3 39	4 ⑤	5 108	6 ①

1 정답 ③

어떤 실수의 세제곱근 중 실수인 것은 항상 1개이므로 자연수 n에 대하여 $n(n-4)$의 세제곱근 중 실수인 것은 n의 값에 관계없이 항상 1개이다.

$\therefore f(n)=1$

즉, $f(n)>g(n)$에서 $g(n)<1$이어야 한다.

한편, $n(n-4)$의 네제곱근 중 실수인 것의 개수는 다음과 같이 $n(n-4)$의 값의 부호에 따라 나누어 생각할 수 있다.

(i) $n(n-4)>0$일 때

양수의 네제곱근 중 실수인 것은 2개이므로

$g(n)=2$

(ii) $n(n-4)=0$일 때

0의 네제곱근은 0 하나뿐이므로

$g(n)=1$

(iii) $n(n-4)<0$일 때

음수의 네제곱근 중 실수인 것은 없으므로

$g(n)=0$

(i), (ii), (iii)에 의하여 $g(n)<1$인 경우는

$n(n-4)<0$ $\therefore 0<n<4$

따라서 자연수 n의 값은 1, 2, 3이므로 그 합은

$1+2+3=6$

2 정답 86

점 $(2,0)$을 지나고 기울기가 $\dfrac{1}{2}$인 직선의 방정식은

$y=\dfrac{1}{2}(x-2)$

이 직선을 기준으로 조건 ㈎, ㈏를 만족시키는 직선을 그려 보면 다음 그림과 같다.

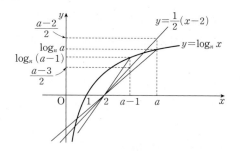

3보다 큰 자연수 n에 대하여 조건 ㈏를 만족시키는 가장 작은 자연수 a는 위의 그림에서와 같이 다음 두 부등식을 동시에 만족시켜야 한다.

$\log_n a\leq\dfrac{a-2}{2}$ $\cdots\cdots$ ㉠

$\quad\quad\quad$└ $x=a$일 때, $\log_n x\leq\dfrac{1}{2}(x-2)$

$\log_n(a-1)>\dfrac{a-3}{2}$ $\cdots\cdots$ ㉡

$\quad\quad\quad$└ $x=a-1$일 때, $\log_n x>\dfrac{1}{2}(x-2)$

(i) $a=3$일 때

㉠에서 $\log_n 3\leq\dfrac{1}{2}$

$\log_n 3$의 밑이 1보다 크므로

$\sqrt{n}\geq3$ $\therefore n\geq9$

㉡에서 $\log_n 2>0$

따라서 $n\geq9$인 모든 자연수 n에 대하여

$f(n)=3$

(ii) $a=4$일 때

㉠에서 $\log_n 4\leq1$

$\log_n 4$의 밑이 1보다 크므로 $n\geq4$

㉡에서 $\log_n 3>\dfrac{1}{2}$

$\log_n 3$의 밑이 1보다 크므로

$\sqrt{n}<3$ $\therefore n<9$

따라서 $4\leq n<9$인 모든 자연수 n에 대하여

$f(n)=4$

(i), (ii)에 의하여 $f(n)=\begin{cases}4 & (4\leq n<9)\\3 & (n\geq9)\end{cases}$

$\therefore \displaystyle\sum_{n=4}^{30}f(n)=\sum_{n=4}^{8}f(n)+\sum_{n=9}^{30}f(n)=\sum_{n=4}^{8}4+\sum_{n=9}^{30}3$

$\qquad\qquad\quad=5\times4+22\times3=86$

$\quad\quad$└ $8-4+1$ └ $30-9+1$

3 정답 39

(i) $a \geq b$일 때

두 함수 $y = a^{x+1}$, $y = b^x$의 그래프는 다음 그림과 같다.

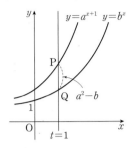

이때 $t \geq 1$이면 $\overline{PQ} = a^{t+1} - b^t$이고,

$t = 1$에서 $\overline{PQ}$는 최솟값을 가지므로

$a^2 - b \leq 10$

즉, $a^2 - 10 \leq b$에서 $a^2 - 10 \leq b \leq a$

따라서 $2 \leq a \leq 10$, $2 \leq b \leq 10$에서 조건을 만족시키는 순서쌍 (a, b)는

$(2, 2)$, $(3, 2)$, $(3, 3)$

의 3개이다.

(ii) $a < b$일 때

두 함수 $y = a^{x+1}$, $y = b^x$의 그래프는 다음 그림과 같다.

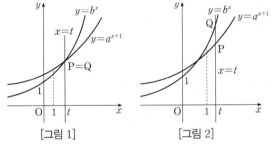

[그림 1]   [그림 2]

[그림 1]과 같이 두 지수함수의 그래프의 교점의 x좌표가 1 이상일 때, $t \geq 1$인 어떤 실수 t에 대하여 $\overline{PQ} = 0$인 t가 존재하여 $a < b$인 모든 a, b에 대하여 조건 (나)를 만족시킨다.

이때 $a^2 - b \geq 0$이므로 $a < b \leq a^2$ ($\because a < b$)

따라서 $2 \leq a \leq 10$, $2 \leq b \leq 10$에서 조건을 만족시키는 순서쌍 (a, b)는

$(2, 3)$, $(2, 4)$,

$(3, 4)$, $(3, 5)$, $(3, 6)$, $(3, 7)$, $(3, 8)$ $(3, 9)$,

$(4, 5)$, $(4, 6)$, $(4, 7)$, $(4, 8)$, $(4, 9)$, $(4, 10)$,

$(5, 6)$, $(5, 7)$, $(5, 8)$, $(5, 9)$, $(5, 10)$,

$\cdots$,

$(9, 10)$

의 29개이다.

[그림 2]와 같이 두 지수함수의 그래프의 교점의 좌표가 1보다 작을 때, $t = 1$에서 $\overline{PQ}$는 최솟값을 가지므로

$0 < b - a^2 \leq 10$

$\therefore a^2 < b \leq a^2 + 10$

따라서 $2 \leq a \leq 10$, $2 \leq b \leq 10$에서 조건을 만족시키는 순서쌍 (a, b)는

$(2, 5)$, $(2, 6)$, $(2, 7)$, $(2, 8)$, $(2, 9)$, $(2, 10)$,

$(3, 10)$

의 7개이다.

(i), (ii)에 의하여 구하는 순서쌍 (a, b)의 개수는

$3 + 29 + 7 = 39$

4 정답 ⑤

ㄱ. $\angle ACB = \dfrac{\pi}{2}$이므로

$\cos(\angle CBA) = \dfrac{\overline{BC}}{\overline{AB}} = \dfrac{6}{14} = \dfrac{3}{7}$

$\therefore \sin(\angle CBA) = \sqrt{1 - \left(\dfrac{3}{7}\right)^2}$

$= \dfrac{2\sqrt{10}}{7}$ (참)

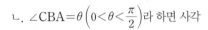

ㄴ. $\angle CBA = \theta$ $\left(0 < \theta < \dfrac{\pi}{2}\right)$라 하면 사각형 ABCD가 원에 내접하므로

$\angle ADC = \pi - \theta$

$\overline{AC} = \overline{AB} \times \sin\theta$

$= 14 \times \dfrac{2\sqrt{10}}{7}$ ($\because$ ㄱ)

$= 4\sqrt{10}$

$\overline{AD} = k$라 하면 삼각형 ACD에서 코사인법칙에 의하여

$(4\sqrt{10})^2 = k^2 + 7^2 - 2 \times k \times 7 \times \cos(\pi - \theta)$ ($\because \overline{CD} = 7$)

$k^2 + 49 + 14k\cos\theta = 160$

ㄱ에서 $\cos\theta = \dfrac{3}{7}$이므로

$k^2 + 6k - 111 = 0$ $\therefore k = -3 + 2\sqrt{30}$ ($\because k > 0$)

즉, $\overline{AD} = -3 + 2\sqrt{30}$ (참)

ㄷ. 삼각형 ACD의 넓이가 최대일 때 사각형 ABCD의 넓이가 최대이므로 점 D는 선분 AC의 수직이등분선이 호 AC와 만나는 점이다.

따라서 삼각형 ACD는 $\overline{AD} = \overline{CD}$인 이등변삼각형이다.

$\overline{AD} = x$라 하면 삼각형 ACD에서 코사인법칙에 의하여

$(4\sqrt{10})^2 = x^2 + x^2 - 2 \times x \times x \times \underline{\cos(\angle ADC)}$

ㄱ에서 $\cos(\angle CBA) = \dfrac{3}{7}$이므로

$\cos(\angle ADC) = \cos(\pi - \angle CBA) = -\cos(\angle CBA) = -\dfrac{3}{7}$

$2x^2 + 2x^2 \times \dfrac{3}{7} = 160$

$x^2 = 56$ $\therefore x = 2\sqrt{14}$

$\therefore \overline{AD} = 2\sqrt{14}$

사각형 ABCD의 넓이의 최댓값은

$\dfrac{1}{2} \times \overline{AD} \times \overline{CD} \times \underline{\sin(\angle ADC)} + \dfrac{1}{2} \times \overline{AC} \times \overline{BC}$

$\cos(\angle ADC) = -\dfrac{3}{7}$이므로

$\sin(\angle ADC) = \sqrt{1 - \left(-\dfrac{3}{7}\right)^2} = \dfrac{2\sqrt{10}}{7}$

$= \dfrac{1}{2} \times (2\sqrt{14})^2 \times \dfrac{2\sqrt{10}}{7} + \dfrac{1}{2} \times 4\sqrt{10} \times 6$

$= 8\sqrt{10} + 12\sqrt{10}$

$= 20\sqrt{10}$ (참)

따라서 ㄱ, ㄴ, ㄷ 모두 옳다.

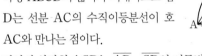

5 정답 108

세 수 a^n, $2^4 \times 3^6$, b^n이 이 순서대로 등비수열을 이루므로

$a^n \times b^n = (2^4 \times 3^6)^2$

$\therefore (ab)^n = 2^8 \times 3^{12}$

a, b, n이 자연수이므로 n이 될 수 있는 수는 8과 12의 공약수이다.

$n=4$일 때, $(ab)^4 = 2^8 \times 3^{12} = (2^2 \times 3^3)^4$이므로 $ab = 2^2 \times 3^3$

$n=2$일 때, $(ab)^2 = 2^8 \times 3^{12} = (2^4 \times 3^6)^2$이므로 $ab = 2^4 \times 3^6$

$n=1$일 때, $ab = 2^8 \times 3^{12}$

이때 n의 값이 클수록 ab의 값이 작아지므로 n이 8과 12의 최대공약수인 4일 때 ab의 값은 최소가 된다.

즉, ab의 최솟값은

$2^2 \times 3^3 = 108$

핵심 개념 등비중항

0이 아닌 세 수 a, b, c가 이 순서대로 등비수열을 이루면 b가 a와 c의 등비중항이므로

$\dfrac{b}{a} = \dfrac{c}{b}$ $\therefore b^2 = ac$

---

6 정답 ①

(i) $n=1$일 때

$(좌변) = \left(\displaystyle\sum_{k=1}^{1} a_k\right)^2$ ⎿$_{a_k=k+1}$

$= (a_1)^2$

$= (1+1)^2$

$= \boxed{4}$

$(우변) = \displaystyle\sum_{k=1}^{1} (a_k)^3 - 2\sum_{k=1}^{1} a_k$

$= (a_1)^3 - 2a_1$

$= (1+1)^3 - 2(1+1)$

$= \boxed{4}$

이므로 ($*$)이 성립한다.

(ii) $n=m$ $(m \geq 1)$일 때, ($*$)이 성립한다고 가정하면

$\left(\displaystyle\sum_{k=1}^{m} a_k\right)^2 = \sum_{k=1}^{m} (a_k)^3 - 2\sum_{k=1}^{m} a_k$이므로

$\left(\displaystyle\sum_{k=1}^{m+1} a_k\right)^2 = \left(\sum_{k=1}^{m} a_k + a_{m+1}\right)^2$

$= \left(\displaystyle\sum_{k=1}^{m} a_k\right)^2 + 2\left(\sum_{k=1}^{m} a_k\right)a_{m+1} + (a_{m+1})^2$

$= \displaystyle\sum_{k=1}^{m} (a_k)^3 - 2\sum_{k=1}^{m} a_k + 2\left(\sum_{k=1}^{m} a_k\right)a_{m+1} + (a_{m+1})^2$

$= \displaystyle\sum_{k=1}^{m} (a_k)^3 + (2a_{m+1} - 2)\sum_{k=1}^{m} a_k + (a_{m+1})^2$

$= \displaystyle\sum_{k=1}^{m} (a_k)^3 + \{2(m+2) - 2\}\sum_{k=1}^{m} a_k + (a_{m+1})^2$

$= \displaystyle\sum_{k=1}^{m} (a_k)^3 + (\boxed{2m+2})\sum_{k=1}^{m} a_k + (a_{m+1})^2$

$= \displaystyle\sum_{k=1}^{m} (a_k)^3 + 2(m+1)\sum_{k=1}^{m} (k+1) + (m+2)^2$

$= \displaystyle\sum_{k=1}^{m} (a_k)^3 + 2(m+1)\left\{\frac{m(m+1)}{2} + m\right\} + (m+2)^2$

$= \displaystyle\sum_{k=1}^{m} (a_k)^3 + m^3 + 5m^2 + 7m + 4$

$= \displaystyle\sum_{k=1}^{m} (a_k)^3 + (m+2)^3 - (m^2 + 5m + 4)$

$= \displaystyle\sum_{k=1}^{m} (a_k)^3 + (a_{m+1})^3 - (m^2 + 5m + 4)$

$= \left\{\displaystyle\sum_{k=1}^{m} (a_k)^3 + (a_{m+1})^3\right\}$

$\qquad\qquad -2\left\{\dfrac{(m+1)(m+2)}{2} + (m+1)\right\}$

$= \displaystyle\sum_{k=1}^{m+1} (a_k)^3 - 2\left(\sum_{k=1}^{m+1} k + \sum_{k=1}^{m+1} 1\right)$

$= \displaystyle\sum_{k=1}^{m+1} (a_k)^3 - 2\sum_{k=1}^{m+1} (k+1)$

$= \displaystyle\sum_{k=1}^{m+1} (a_k)^3 - 2\sum_{k=1}^{m+1} a_k$

이다. 따라서 $n=m+1$일 때에도 ($*$)이 성립한다.

(i), (ii)에 의하여 모든 자연수 n에 대하여 ($*$)이 성립한다.

따라서 $p=4$, $f(m) = 2m+2$이므로

$f(p) = f(4) = 2 \times 4 + 2 = 10$

참고 증명의 전체 과정을 이해하지 못하더라도 ㈐의 윗줄에 있는 식을 변형하여 ㈐에 알맞은 식을 구할 수 있다. 이와 같이 빈칸 추론 문제는 빈칸의 앞뒤 관계를 파악하기만 해도 답을 구할 수 있다.

수능 고난도 상위 5문항 정복

HIGH-END

수능 하이엔드

수능 고난도 상위 5문항 정복

HIGH-END

수능 하이엔드